工业和信息化精品系列教材
网络技术

微课版

Network Technique

无线局域网技术与应用

项目教程

张运嵩 蒋建峰 ◉主编

张娴 蒋建锋 卢晨 ◉副主编

人民邮电出版社
北 京

图书在版编目（CIP）数据

无线局域网技术与应用项目教程：微课版 / 张运嵩，
蒋建峰主编. -- 北京：人民邮电出版社，2022.7（2024.6重印）
工业和信息化精品系列教材. 网络技术
ISBN 978-7-115-59163-0

Ⅰ. ①无… Ⅱ. ①张… ②蒋… Ⅲ. ①无线电通信－
局域网－高等职业教育－教材 Ⅳ. ①TN926

中国版本图书馆CIP数据核字(2022)第064882号

内 容 提 要

本书以华为技术有限公司的无线技术和无线产品为基础，系统、全面地介绍无线局域网（WLAN）的基本概念和组网技术。全书共 9 个项目，内容包括认识无线网络、了解 WLAN 标准及关键技术、认识 WLAN 组网设备与组网模式、组建家庭和办公室 WLAN、组建校园 WLAN、组建安全 WLAN、组建漫游 WLAN、组建可靠 WLAN 和实施 WLAN 规划。

本书既可作为高职高专院校计算机网络技术及其相关专业的教材，也可作为广大计算机爱好者自学 WLAN 组网技术的参考书。

◆ 主　　编　张运嵩　蒋建峰
　　副主编　张　娴　蒋建锋　卢　晨
　　责任编辑　郭　雯
　　责任印制　王　郁　焦志炜

◆ 人民邮电出版社出版发行　　北京市丰台区成寿寺路 11 号
　　邮编　100164　　电子邮件　315@ptpress.com.cn
　　网址　https://www.ptpress.com.cn
　　山东华立印务有限公司印刷

◆ 开本：787×1092　1/16
　　印张：18　　　　　　　　　　2022 年 7 月第 1 版
　　字数：518 千字　　　　　　　2024 年 6 月山东第 3 次印刷

定价：59.80 元

读者服务热线：(010)81055256　印装质量热线：(010)81055316
反盗版热线：(010)81055315
广告经营许可证：京东市监广登字 20170147 号

前言 FOREWORD

自意大利无线电工程师马可尼在 20 世纪初首次将无线电应用于通信领域起，无线通信技术深刻改变了人类的生活和生产方式。在计算机网络领域，以无线局域网（WLAN）为代表的无线网络以其灵活、低成本、易扩展等特点在社会经济生活的各个方面得到了广泛的应用。随之而来的是企业对无线网络相关技术人才的迫切需求。本书以培养掌握 WLAN 基本概念和组网技术的人才为目标，以华为公司的无线产品为平台，内容包括无线网络基础知识、无线射频和频段基本概念、WLAN 相关标准和关键技术、WLAN 组网设备和组网模式、CAPWAP 隧道协议、WLAN 认证和加密技术、WLAN 漫游技术和 WLAN 可靠性技术等。本书以"理实一体、学做结合"的理念为指导，按照 WLAN 知识体系的逻辑关系设计全书结构，采用项目教学和情景式教学的方法组织内容。全书共 9 个项目，每个项目都有引例描述，旨在让读者迅速进入学习情境，激发读者的学习兴趣。每个项目都包括若干任务，每个任务都可以作为教学设计中的一个教学模块来实施。任务由任务陈述、知识准备、任务实施、拓展知识和拓展实训 5 部分组成。任务陈述部分给出明确的任务目标，展示任务效果；知识准备部分通过丰富的示例和图表详细介绍完成任务目标所需的知识与技能；任务实施部分通过精心设计的大量实验，指导读者逐步实现任务需求，本部分的实验大多选自华为官方 WLAN 认证资料，并根据实际需要进行适当扩充和删减；拓展知识部分介绍一些与任务相关的辅助知识，作为读者自学的补充材料；拓展实训部分要求读者按照要求完成实训内容，以实现知识目标和技能目标。每个项目还附有适量的练习题，以方便读者检验学习效果。

本书采用情景式教学的方法设计案例，一方面让读者在真实情景中感受无线网络的应用场景和现实问题；另一方面让读者以项目管理的方法开展学习，在项目管理和任务实施中提高应用理论知识解决实际问题的能力，同时培养其项目管理能力、团队沟通与协作能力，提高质量意识。

本书坚持立德树人和德技并修的根本原则，注重培养读者的职业素养和职业精神，并促成其形成优秀的品格和正确的价值观，包括求知欲、进取心、敬畏法律、崇尚劳动等。

本书配套了丰富的数字化学习资源，包括微课视频、课程标准、教学课件及习题答案解析等，读者可登录人邮教育社区（www.ryjiaoyu.com）免费下载。针对书中重难点，读者扫描对应二维码即可观看相关知识点的详细讲解。本书的参考学时为 64 学时，各项目的参考学时见学时分配表。

学时分配表

项目	课程内容	学时
项目 1	认识无线网络	4
项目 2	了解 WLAN 标准及关键技术	4
项目 3	认识 WLAN 组网设备与组网模式	6
项目 4	组建家庭和办公室 WLAN	6
项目 5	组建校园 WLAN	14
项目 6	组建安全 WLAN	10
项目 7	组建漫游 WLAN	8
项目 8	组建可靠 WLAN	8
项目 9	实施 WLAN 规划	4
总计		64

本书由张运嵩、蒋建峰任主编，张娴、蒋建锋、卢晨任副主编，本书是江苏省首批省级职业教育教师教学创新团队（计算机网络技术）和江苏省高等教育教学改革研究课题的成果。

由于编者水平有限，书中疏漏和不足之处在所难免，殷切希望广大读者批评指正。同时，恳请读者发现问题后及时与编者联系，以便尽快更正，编者将不胜感激，编者邮箱为 zyunsong@qq.com。

编　者

2021 年 12 月

目录 CONTENTS

本书常用图标

无线控制器（AC）

无线接入点（AP）

笔记本电脑（PC、STA）

接入交换机（Switch）

汇聚交换机（Switch）

核心交换机（Switch）

路由器（Router）

服务器

认证服务器

无线电波

计算机网络

项目1
认识无线网络

01

学习目标

【知识目标】
（1）了解无线网络的发展历史、分类、相关组织和无线传输技术。
（2）熟悉电磁波的基本概念及属性。
（3）了解电磁波的频谱及不同电磁波的特点和应用。
（4）熟悉射频传播的特性及工作原理。
（5）了解无线局域网频段和信道的划分及应用。

【技能目标】
（1）能够利用互联网资源学习无线网络的基础知识。
（2）能够列举无线传输技术的典型应用场景。
（3）能够阐明电磁波的基本概念和属性。
（4）能够解释射频传播的特性及工作原理。
（5）能够阐明无线局域网频段和信道的基本概念。

【素养目标】
（1）培养探索未知领域的开拓精神。
（2）增强勇于奋斗、敢于接受挑战的勇气。
（3）激发好奇心和求知欲。

引例描述

　　小郭是某职业院校计算机网络技术专业的大二学生。大二上学期刚结束，按照学校的安排，小郭即将开始寒假生活。回顾过去一年半的专业学习，小郭对自己的总体表现还算满意。在专业课上，他已经学完了计算机网络基础、Linux系统管理、路由和交换等课程。在专业能力上，他也实现了"华丽转身"——从入学时的一脸茫然，到现在俨然成为同学们眼中的"网络小达人"，小郭现在经常帮助同学们排查各种网络实验错误。在查看下学期的课程安排时，小郭看到有一门课程是WLAN技术应用，这引起了小郭的极大兴趣。他忽然意识到自己虽然每天都在使用无线网络，可是对无线网络的工作原理、相关技术还知之甚少，更没有在无线网络设备上做过实验，因此他决定利用寒假的时间先自学这门课程。和往常一样，每当有新的想法或遇到无法解决的"疑难杂症"时，小郭总是第一时间想到张老师。

　　张老师很欣赏小郭的求知欲和探索精神。他告诉小郭，只要能保持这份学习的热情，事情就成功一半了。具体到这门课程，张老师告诉小郭首先要做好"打硬仗"的心理准备，因为无线网络的知识体系非常庞杂，涉及无线通信技术和计算机网络技术的诸多方面，掌握这些知识绝不是一件轻松、容易的事。张老师建议小郭制订明确的学习目标。在理论知识的学习上，要把握"适度够用"的原则，学有余力的话可以适当拓展学习。在实践应用方面，要尽可能多练习，做到"拳不离手，曲不离口"。张老师还和小郭一起制订了学习路线图，先从无线网络的基础知识开始，逐渐过渡到无线网络应用技术的学习。张老师又借给了小郭两本参考书，叮嘱小郭"书山有路勤为径，学海无涯苦作舟"，要充分利用寒假时间提高专业技能。带着张老师的嘱托和期望，小郭暗下决心，就算前方的道路有再多艰难险阻，自己也会一步一个脚印地走下去，一往无前，绝不退缩。他相信自己一定能啃下这块"硬骨头"。

任务 1.1　了解无线网络基础知识

📝 任务陈述

以电缆或光纤作为传输介质的有线网络在社会经济生活中发挥着重要的作用。即使相隔千里，人们也可以借助有线网络实时传输数据，工作和生活由此得到了极大的便利。但是有线网络铺设成本高、接入点位置固定、移动性差。人们对网络移动性和便携性的要求越来越高，无线网络应运而生。随着无线网络的迅速发展及无线智能终端的普及，以无线局域网为代表的无线网络正逐渐取代有线网络，成为人们工作和生活中使用的主流网络。本任务首先介绍无线网络发展历史、无线网络分类及无线传输技术，然后简单介绍无线网络组织。

📝 知识准备

1.1.1　无线网络发展历史

V1-1　无线网络
发展历史

现如今，我们每天都在享受无线网络带来的巨大便利。在家里，我们不必再纠结台式计算机放在哪里比较合适。借助无线路由器，我们可以在客厅、卧室、厨房随时随地接入无线网络，享受无线网络带来的上网自由。出门在外，不管是在机场、火车站，还是在酒店、咖啡馆，我们首先做的往往是连接那里的无线网络。借助无线网络，我们可以完成相同的在有线网络中能完成的事情，如上网、玩游戏、聊天、开视频会议等。甚至在地球之外，乘坐"神舟十二号"载人飞船进入我国首个空间站的 3 位宇航员（聂海胜、刘伯明、汤洪波）也可以使用先进的无线通信技术与家人进行视频通话。近年来，随着我国无线通信技术和物联网技术的不断发展，设计师持续升级和改进设计方案，采用全新的信息技术，让我国空间站有了"移动 Wi-Fi"。毫不夸张地说，作为普通用户，我们对无线网络的依赖已远超有线网络。

无线网络采用无线通信技术，在一定范围内实现无线终端的网络连接和数据传输，是无线通信技术和计算机网络技术相结合的产物。无线网络并不是随着有线网络的产生而自然产生的。事实上，无线网络的诞生和发展经历了漫长的过程。无线网络通信标准和无线应用是推动无线网络迅速普及的两个主要因素。下面我们来了解无线网络发展历史。

1．无线电的诞生

1901 年 12 月 12 日，意大利无线电工程师克列尔莫·马可尼计划在英国康沃尔郡和加拿大纽芬兰省之间，用大功率发射电台实现横跨大西洋的超远距离无线电通信。试验当天，纽芬兰省遭遇了强烈的风暴，预先被吊起的气球天线被狂风吹跑。无奈之下，马可尼只能借用风筝临时架设简易的天线。马可尼发送的是 3 个"S"的国际莫尔斯电码。当短促和微弱的"嘀、嘀、嘀"无线电信号到达大西洋对岸时，人类历史上首次横跨大西洋的无线电通信宣告成功。那一年，马可尼只有 27 岁。

但是无线电的应用并没有马上进入"快车道"。实际上，当时就连马可尼本人也不明白，为什么无线电信号可以不受地球表面起伏不平的障碍物的影响而传播那么远的距离，后来人们才知道是因为电离层反射了无线电信号。马可尼跨海无线电通信成功的消息很快传遍全球，世人为之震惊。各国政府随后纷纷跟进，投入巨资研究无线电通信技术，人类的通信方式也开始发生巨变。

2．无线网络的早期应用

1943 年，加尔文制造公司（1947 年更名为摩托罗拉公司）设计出世界上首个背负式调频步话机 SCR-300，如图 1-1 所示。这款设备重约 16kg，通话范围约 16km，供美国通信兵使用。

与此同时，加尔文制造公司开始规模化生产早先设计的手持式电台 SCR-536，如图 1-2 所示。这个外形上类似"大哥大"的设备重约 2.3kg，相比 SCR-300 轻便不少。SCR-536 工作于 3.5～6MHz 的短波波段，使用 2.5m 长的鞭状天线，功率为 360mW，具备防水能力。SCR-536 通信的范围在开阔地带达到 1.5km，在树林中大概只有 300m。

图 1-1　背负式调频步话机 SCR-300　　　　图 1-2　手持式电台 SCR-536

无线电通信技术和加密技术为美国及盟军取得战场上的胜利发挥了重要作用。当时的人们可能没想到，在战争结束几十年后，无线电通信技术会重新定义人类的生活和生产方式。

3．无线局域网的雏形

本书的关注点仅限于无线局域网，而真正意义上的无线局域网则要等到 1971 年才算正式诞生。1971 年，为了解决美国夏威夷群岛之间的通信问题，夏威夷大学的研究人员发起了一个研究计划，即采用无线电替代线缆以克服当地地理环境带来的网络布线困难，搭建一个基于分组交换技术的无线网络。研究人员将这个项目命名为 ALOHANET（ALOHA 是夏威夷人致意的问候语）。

ALOHANET 可以算是相当早期的无线局域网。ALOHANET 使分散在夏威夷 4 个小岛上的 7 个校园中的计算机可以利用无线电与位于瓦胡岛上的中心计算机进行通信。中心计算机与远程工作站采用星形拓扑方式连接，能提供双向数据通信功能。

ALOHANET 使用的 ALOHA 协议采用了新的介质访问技术，处于开放系统互连（Open System Interconnection，OSI）参考模型的第 2 层，即数据链路层。ALOHA 协议是一种随机存取协议（Random Access Protocol，RAP），用于以太网的载波监听多路访问/冲突检测（Carrier Sense Multiple Access with Collision Detection，CSMA/CD）和无线局域网的载波侦听多路访问/冲突避免（Carrier Sense Multiple Access with Collision Avoidance，CSMA/CA）这两种介质访问控制技术即衍生自 ALOHA 协议。另外，在 ALOHANET 诞生之时，美国尚未批准用于计算机网络通信的无线频段，因此 ALOHANET 使用常用于移动通信和广播电视的特高频（UltraHigh Frequency，UHF）进行通信。

> **注意** CSMA/CD 也常被译为"带冲突检测的载波监听多路访问"。相应的，CSMA/CA 也常被译为"带冲突避免的载波监听多路访问"。

4. ISM 频段

无线电波被划分为许多频段，不同的应用领域如广播、电视或移动电话使用不同频段的无线电波进行通信。值得注意的是，无线电频谱资源属于国家所有，因此这些频段的使用需要得到各个国家的无线电主管机构的批准。1985 年，美国联邦通信委员会（Federal Communications Commission，FCC）颁布了无线电波管理法规，为无线局域网分配了两种频段，从而促进了无线局域网的应用和发展。无线局域网使用的是其中的免许可证频段，即工业、科学和医疗（Industrial Scientific and Medical，ISM）频段，许多工业、科学和医疗设备的发射频率均集中于该频段。

ISM 频段对无线局域网的发展具有重要的意义。ISM 频段是免费的，公司和终端用户不需要 FCC 的许可证就可以使用无线产品，只要这些产品的发射功率满足一定要求（一般小于 1W），且不对其他频段造成干扰。免费的频段降低了无线网络的使用成本，但同时带来了多种无线技术使用相同频段时产生的同频干扰问题。另外，各个国家和地区允许使用的 ISM 频段并不相同，具体实施时需要依照当地法律和法规的要求。

5. 无线局域网标准化

在无线网络发展初期，各个生产商的无线技术都是专有的，建立在相互竞争的专有标准基础上，而且只提供低速无线传输功能。如在 20 世纪 90 年代，美国贝尔实验室（Bell Labs）就已经研发出了 WaveLAN 等无线局域网设备，但由于价格、性能和兼容性等原因，它们最终并未得到广泛应用。

为了实现各厂商的技术和产品相互兼容，促进无线网络的良性发展，电气电子工程师学会（Institute of Electrical and Electronics Engineers，IEEE）成立了 IEEE 802.11 标准工作组，负责制定无线局域网物理层及介质访问控制（Medium Access Control，MAC）层的通信标准。1997 年，IEEE 802.11-1997 标准正式发布（简称 IEEE 802.11 标准），成为无线局域网发展史上的又一里程碑。IEEE 802.11 标准支持的最高传输速率只有 2Mbit/s，无法满足人们日常的工作和生活需要，因此主要用于仓储与制造业，如使用无线条码扫描仪进行低速数据采集。

1999 年，IEEE 又批准通过了 IEEE 802.11b 修订案，其支持的最高传输速率达到了 11Mbit/s，而且成本更低。802.11b 标准工作于 2.4GHz 频段，这一频段为世界上绝大多数国家所使用，因此 802.11b 标准得到了广泛的应用，相关产品在 2000 年初即登陆市场。随着用户需求的不断增加及应用场景的多元化，IEEE 又陆续推出了一系列无线局域网标准，如 802.11a、802.11g、802.11h、802.11n、802.11ac 和 802.11ax 等。这些标准的发布极大地提高了无线局域网产品的标准化和兼容性。项目 2 将详细讨论无线局域网相关标准，这里不再赘述。

1.1.2 无线网络分类

无线网络有多种分类方式。和有线网络类似，根据网络覆盖范围的不同，无线网络可分为无线个域网（Wireless Personal Area Network，WPAN）、无线局域网（Wireless Local Area Network，WLAN）、无线城域网（Wireless Metropolitan Area Network，WMAN）和无线广域网（Wireless Wide Area Network，WWAN），如图 1-3 所示。

图 1-3 无线网络分类

1. WPAN

WPAN 是采用无线通信技术连接的个人网络，主要用于满足与附近几米范围内的终端进行通信的需求。这些终端建立临时的点对点连接，不需要任何中心管理设备。在网络构成上，WPAN 通常位于网络末端，能有效解决"最后几米电缆"的问题，如手机和蓝牙耳机的连接。在传输频率上，WPAN 工作在 2.4GHz 频段，具有设备价格低、体积小、便携、操作简单和功耗低等优点。WPAN 的应用场景如图 1-4 所示。

蓝牙耳机　　笔记本电脑

智能手机　智能手表　平板电脑

图 1-4 WPAN 的应用场景

IEEE 802.15 工作组是 IEEE 正式批准的负责制定 WPAN 标准的机构，主要致力于 WPAN 物理层和 MAC 层的标准化工作，目标是为在个人操作空间（Personal Operating Space，POS）内相互通信的无线终端提供通信标准。POS 一般是指用户附近 10m 左右的空间范围，这也是 WPAN 的有效工作范围。

目前，WPAN 使用的通信技术主要包括红外线（Infrared，IR）、蓝牙（Bluetooth）、ZigBee、超宽带（Ultra-Wide Band，UWB）、射频识别（Radio Frequency Identification，RFID）等，其中蓝牙技术在 WPAN 中使用得最广泛。1.1.3 小节将简要介绍这些通信技术。

2. WLAN

WLAN 是指利用射频（Radio Frequency，RF）技术，将射频信号覆盖范围内的计算机及智能终端连接起来，构成能够互相通信和资源共享的无线网络。WLAN 具有安装灵活、扩展性好、管理与维护简单、移动性高和保密性强等诸多优点。WLAN 的出现满足了人们摆脱有线束缚的需求，使用户能够真正实现随时随地接入宽带网络。WLAN 的应用场景如图 1-5 所示。

图 1-5　WLAN 的应用场景

除了家庭范围内的应用，各企业组织也广泛应用 WLAN 构建办公网络。在应用 WLAN 的早期阶段，企业构建 WLAN 主要用于解决无线接入问题，使终端可以在一定范围内自由移动，这是 WLAN 最直接的应用。这一阶段的 WLAN 作为有线网络的延伸，在安全、容量和漫游等方面没有太多要求。随着无线终端的普及和无线通信技术的发展，WLAN 也从最初的作为有线网络的补充，发展为和有线网络一样不可或缺。这一阶段的 WLAN 具有更高的传输速率，稳定性和安全性也越来越高，能够有效支持办公场景下的语音、视频等大带宽业务。

IEEE 802.11 标准工作组负责制定 WLAN 物理层及 MAC 层的通信标准。WLAN 工作在 2.4GHz 和 5GHz 频段，目前使用的主要标准有 802.11b、802.11g 、802.11n、802.11ac 及 802.11ax 等。

3. WMAN

WMAN 是在 WLAN 的基础上搭建的覆盖范围更大的无线网络，主要用于解决城域网的宽带接入问题。无法使用数字用户线（Digital Subscriber Line，DSL）或有线宽带接入技术的用户，可以把 WMAN 作为 DSL 和线缆的无线扩展技术，从而实现无线宽带的接入。WMAN 的应用场景如图 1-6 所示。

图 1-6　WMAN 的应用场景

宽带无线接入技术在 20 世纪 90 年代快速发展，但受限于没有全球统一的技术标准。IEEE 802.16 标准工作组就是为制定全球统一的宽带无线接入标准而成立的。该工作组制定并推广的 WiMAX 技术定义了一种新的无线通信标准，既可将 802.11a 无线接入热点连接到互联网，又可将家庭和公司等环境连接至有线骨干线路。WiMAX 除了支持固定的无线接入外，还可提供移动接入功能。其中，IEEE 802.16d 是一种固定无线接入技术，而 IEEE 802.16e 是一种移动宽带接入技术，支持 120km/h 的移动速度，覆盖范围可达几千米。

4. WWAN

WWAN 也被称为移动宽带网络，是一种提供远程互联网接入功能的高速数字蜂窝网络，使用户可以在高速移动中享受宽带接入服务。和 WLAN 相比，WWAN 的覆盖范围要大得多，传输距离可达 100～1000km。WWAN 需要使用移动电话信号，只要能获得移动运营商提供的移动电话服务，就能连接至该运营商提供的 WWAN。WWAN 的建设和维护一般依靠特定的移动运营商，如中国移动、中国联通、中国电信等。WWAN 的应用场景如图 1-7 所示。

图 1-7　WWAN 的应用场景

WWAN 主要用于移动运营商的无线覆盖，特征有带宽小、基于时长或流量计费等。在传输技术上，WWAN 主要使用 4G、5G 及卫星通信等技术实现数据传输。

需要说明的是，随着无线技术的不断发展和进步，不同类型的无线网络相互融合，无线网络的界线越来越模糊。因此，不能简单地以覆盖范围严格划分无线网络。

1.1.3　无线传输技术

无线网络可使用多种频段实现不同类型的无线通信，其中涉及多种无线传输技术。本小节简要介绍以下几种常见的无线传输技术。

V1-2　无线网络
技术与分类

1. 红外线技术

红外线是波长大约为 760nm～1mm 的电磁波，频率介于微波和可见光之间，是一种人眼不可见的光线。红外线数据协会（the Infrared Data Association，IrDA）制定了统一的红外通信标准，将红外通信采用的光波波长限定为 850～900nm。

红外通信的特点是传输距离较短，不能穿透坚硬的物体，适用于点对点的直线数据传输。凭借成本低、连接方便和简单易用等特点，红外通信在小型移动设备中获得了广泛的应用。例如，常见的家用红外线遥控器、教学中广泛使用的红外线激光笔等。

2. 蓝牙技术

蓝牙是一种在设备间进行短距离通信的无线电技术，能在包括手机、蓝牙耳机、PC 等众多设备之间进行无线数据交换。蓝牙技术能够有效地简化移动通信终端之间的通信，从而使数据传输变得更加迅速、高效。蓝牙技术最初于 1994 年由爱立信公司创立，如今由蓝牙特别兴趣小组（Bluetooth Special Interest Group，SIG）即蓝牙技术联盟管理。

蓝牙设备工作于全球通用的 2.4GHz 免费 ISM 频段。蓝牙技术使用方便，在一个蓝牙设备上可以快速搜索到另外一个蓝牙设备，并在两个设备间建立联系，这个过程称为"配对"。首次配对时需要用户输入验证码进行验证。蓝牙主要用于小范围内的移动设备间的连接，传输距离较短，一般在 10m 以内。蓝牙技术弥补了红外线技术的缺陷，可穿透墙壁等障碍物，在各种设备间实现灵活、安全、低成本、低功耗的语音和数据通信。

3. Home RF 技术

1998 年，英特尔、IBM、微软、摩托罗拉等公司成立了家用射频工作组（Home RF Working Group，HRFWG）。这个工作组由美国家用射频委员会领导，主要任务是为家庭用户建立具有互操作性的语音和数据通信网络。家用射频（Home RF）技术是专门为家庭用户设计的，它是 IEEE 802.11 标准与数字增强无绳通信（Digital Enhanced Cordless Telecommunications，DECT）标准的结合，工作在 2.4GHz 频段，能在 100m 的范围内提供最大可达 2Mbit/s 的数据传输速率。

当使用 Home RF 进行语音通信时，采用 DECT 标准；当进行数据通信时，则采用 IEEE 802.11 的相关标准。但是，Home RF 与 IEEE 802.11b 不兼容，并占据了与 IEEE 802.11b 和蓝牙相同的 2.4GHz 频段，所以它在应用范围上有很大的局限性，更多的是在家庭网络中使用。

4. RFID 技术

RFID 技术是自动识别技术的一种，通过无线射频信号进行非接触双向数据通信，从而达到识别目标和数据交换的目的。RFID 被认为是 21 世纪最具发展潜力的信息技术之一。RFID 技术应用广泛，典型的应用场景有门禁系统、闸机、生产线自动化、物料管理等。最典型的应用当属我们早已熟知的我国第二代居民身份证。日常生活中，不管是在银行办理业务，还是入住酒店，只要涉及刷身份证的场景，其实都会使用到 RFID 技术。

一套完整的 RFID 系统应包括阅读器（Reader）、应答器（Transponder，也称为电子标签）及应用软件 3 个部分。在实际应用中，读卡机就是阅读器，射频卡就是应答器。RFID 技术的基本工作原理并不复杂：阅读器向应答器发送一个特定频率的射频信号，应答器利用感应电流产生的能量将存储在自身芯片中的数据发送给阅读器，阅读器读取数据并解码后，交由应用软件进行相应处理。RFID 系统的读写速率极快，一次典型的 RFID 传输过程用时通常不到 100ms。高频段的 RFID 阅读器甚至可以同时识别和读取多个应答器的内容，极大地提高了数据传输效率。

5. GSM、UMTS、LTE 和 5G

全球移动通信系统（Global System for Mobile Communications，GSM）、通用移动通信系统（Universal Mobile Telecommunications System，UMTS）、长期演进（Long Term Evolution，LTE）都属于无线广域网的范畴，也就是我们平时所说的 2G、3G、4G，主要用于移动运营商进行大范围的无线网络覆盖。

如今，第五代移动通信技术（5G）在我国已进入商用阶段。5G 并不是独立的、全新的无线接入技术，而是对现有无线接入技术（包括 2G、3G、4G 等）的演进，以及对一些新增的无线接入技术进行集成后形成的解决方案的总称。5G 具有诸多特性，如光纤般的接入速率、"零"时延的使用体验、千亿设备的连接能力、超高流量密度、超高连接数密度和超高移动性，以及超百倍的能效提升和超百倍的比特成本降低等。5G 有助于最终实现"信息随心至，万物触手及"的社会发展愿景。基于高速率、低时延、广覆盖等优势，5G 将开启万物广泛互联、人机深度交互的新时代。5G 不仅会进一步提升移动互联网的用户体验，还会满足未来海量物联网设备的联网需求，其发展空间极其广阔。

1.1.4 无线网络组织

为了规范无线网络的搭建和运行，各国的通信监管机构制定了专门的规章制度，用以规范无线网络的通信频率、发射功率和传输方式等。另外，为了促进无线设备的标准化，提高产品兼容性，世界上几个重要的行业组织也制定了一系列无线通信协议，这些通信协议必须符合各国通信监管机构的相关规定。本小节简要介绍几个和无线网络相关的政府机构和行业组织，重点说明其职能及与无线网络相关的主要成果。

1. 工业和信息化部无线电管理局

工业和信息化部无线电管理局（国家无线电办公室）是主管我国无线电管理工作的职能机构。无线电管理局的主要职责如下：编制无线电频谱规划；划分、分配与指配无线电频率；依法监督管理无线电台（站）；协调和管理卫星轨道位置；协调处理军地间无线电管理相关事宜；无线电监测、检测和干扰查处，协调处理电磁干扰事宜，维护空中电波秩序；依法组织实施无线电管制；负责涉外无线电管理工作。在中国大陆生产无线电发射设备或向中国大陆以外出口的无线电发射设备，均需经无线电管理局对其进行型号核准，核发"无线电发射设备型号核准证"。

2. FCC

FCC 成立于 1934 年，负责监管美国各州与国际间的无线电、电视、电话、卫星和电报通信。前文说过，在 WLAN 领域，FCC 于 1985 年组织颁布的无线电波管理法规为 WLAN 分配了两种频段，即专用频段和免许可证的 ISM 频段。无线设备在免费的 ISM 频段上通信不需要 FCC 的许可证，只要这些设备的发射功率满足一定要求，且不对其他频段造成干扰。这部法规为 WLAN 的发展扫清了障碍，对 WLAN 的发展具有重要的意义。

3. ETSI

欧洲电信标准组织（European Telecommunications Standards Institute，ETSI）是成立于 1988 年的一个非营利性电信标准化组织，负责制定可以在欧洲或者更广范围使用的通信标准，致力于研究在欧洲和世界各地应用的电信、广播和信息技术。ETSI 下属的宽带无线电接入网络小组制定的 HiperLAN 是目前 WLAN 领域的两个典型标准之一（另一个是 IEEE 802.11 系列标准）。HiperLAN 具有高传输速率、高安全性、自动频率分配等特点，但由于技术过于复杂，不利于推广，远没有 IEEE 802.11 系列标准流行。

4. IEEE

IEEE 成立于 1963 年，由美国无线电工程师学会和美国电气工程师学会合并而成。IEEE 是目前全球最大的非营利性专业技术学会，会员超过 40 万名。IEEE 通过召开会议、出版期刊、制定标准、继续教育、颁发奖项和认证等方式为电气电子方面的科学家、工程师、制造商提供国际联络、交流的场合，并提供专业教育和提高专业能力的服务。

在计算机网络领域，IEEE 通过 802 项目制定了大量的局域网标准。其中，广为人知的是 IEEE 802.3 标准工作组制定的以太网标准和 IEEE 802.11 标准工作组制定的 WLAN 标准。如今，说到有线局域网一般指的都是以太网，而 IEEE 802.11 标准也成了 WLAN 标准的代名词。

5. Wi-Fi 联盟

1999 年，无线以太网兼容性联盟（Wireless Ethernet Compatibility Alliance，WECA）成立，其宗旨是检验基于 IEEE 802.11b 标准的 WLAN 产品的互操作能力，并在市场中推广该标准。作为全球非营利性协会，WECA 致力于提高无线技术的兼容性和无线产品的用户体验。2000 年，WECA 采用"Wi-Fi"作为其技术工作的专有名称，同时宣告了 Wi-Fi 联盟（Wi-Fi Alliance）的成立。Wi-Fi 联盟负责对无线设备进行认证测试及 Wi-Fi 商标授权，其主要目的是在全球范围内推广 Wi-Fi 产品的兼容认证，发展基于 IEEE 802.11 标准的 WLAN 技术。Wi-Fi 联盟组织实施的 Wi-Fi 认证（Wi-Fi CERTIFIED）是国际公认的产品认证标准，表示无线产品在互操作性和安全性等方面达到了行业公认的标准。当某个产品通过 Wi-Fi 认证测试时，便会被授权使用 Wi-Fi CERTIFIED 标志。

Wi-Fi 这个术语经常被人们误认为是无线保真（Wireless Fidelity）的简称。事实上，Wi-Fi 一词没有任何意义，也没有英文全称，只是 Wi-Fi 联盟的商标。使用 Wi-Fi 是因为它比 IEEE 802.11 标准更容易记忆。时至今日，Wi-Fi 已成为 IEEE 802.11 无线网络的代名词。另外，普通用户也常常混淆 Wi-Fi 与 WLAN 这两个概念。可以这样简单理解它们的关系：IEEE 802.11 标准是 WLAN 的一种标准，而 Wi-Fi 是 IEEE 802.11 标准的一种实现。在日常交流中，如果没有特别需要，不用特意区分 WLAN、Wi-Fi 和 IEEE 802.11 标准的区别。

6. WAPI 产业联盟

无线局域网鉴别和保密基础结构（Wireless LAN Authentication and Privacy Infrastructure，WAPI）是我国首个在计算机宽带无线网络通信领域自主创新并拥有知识产权的安全接入技术标准。

WAPI 产业联盟成立于 2006 年，是由 WLAN 的产品研制企业和团体组成的民间社团组织及产业合作平台。WAPI 产业联盟以 WAPI 安全协议为基础，致力于整合及协调产业、社会资源，提升联盟成员在 WLAN 相关领域的研发、制造和服务水平。

✎ 任务实施

（1）无线网络自诞生以来极大地改变了人类的生活和生产方式。请读者查阅相关资料，梳理无线网络的发展历史，了解在无线网络的发展历史中，有哪些重要的人物或事件。同时，认识无线网络的发展现状、面临的挑战及发展趋势。

（2）和有线网络一样，可以从不同的角度对无线网络进行分类。常用的分类方法是根据无线网络覆盖的范围将无线网络分为 WPAN、WLAN、WMAN 和 WWAN。请读者查阅相关资料，了解每种无线网络的技术特点、适用范围。

（3）无线网络使用电磁波作为传输介质进行通信。不同频段的电磁波衍生出了许多不同的无线技术。请读者查阅相关资料，分析几种常见的无线传输技术的特点、应用场景及优缺点。

（4）无线网络的发展离不开政府机构的有效管理和行业组织制定的通信标准。请读者查阅相关资料，了解和无线网络相关的几个组织的主要职能及成果。

✎ 拓展知识

电磁波发展史上的先驱者

马可尼是一位成功的发明家和企业家。严格来说，马可尼并没有"发明"无线电，因为无线电是客观存在的，只能被"发现"而不能被"发明"。马可尼的贡献在于他首先将无线电应用于通信领域。在马可尼之前，有许多科学家和先驱者进行过无线通信实验，他们发现并创立了与电磁波有关的诸多理论。下面仅列举几个在人类探索和利用电磁波的历程中具有里程碑意义的重要人物及其事件。

（1）1820 年，丹麦物理学家汉斯·奥斯特在一次讲座上偶然发现通电的导线能让旁边的小磁针发生偏转，这个微小的现象引起了奥斯特的注意。奥斯特经过多次实验后发现了电流的磁效应，即任何通电的导线都可以在其周围产生磁场。奥斯特于 1820 年 7 月 21 日发表了题为《关于磁针上电流碰撞的实验》的论文，向科学界宣布了电流的磁效应。这一天被当作一个划时代的日子载入史册且奥斯特的这篇论文揭开了电磁学的序幕，标志着"电磁学时代"的到来。

（2）1820 年，英国人迈克尔·法拉第在帮助其老师收集材料的过程中，对电磁现象产生了极大的热情，并开始转向电磁学的研究。在认真分析了电流的磁效应等现象后，法拉第认为既然电能够产生磁，磁也应该能够产生电。最开始，法拉第尝试利用静止的磁力对导线或线圈的作用产生电流，但是这种尝试失败了。后来，法拉第又设计了各种实验，经过近 10 年的不断尝试，他最终用实验揭示了电磁感应定律。

（3）英国人詹姆斯·麦克斯韦被认为是和牛顿齐名的伟大科学家。麦克斯韦在总结前人工作的基础上，于 1864 年发表了一篇名为《电磁场的动力学理论》的论文，由此创立了电磁理论学说。于 1873 年出版的《论电和磁》也被尊为继牛顿的《自然哲学的数学原理》之后的一部重要的物理学经典。以麦克斯韦的名字命名的麦克斯韦方程是现代无线电技术、微电子技术的基础。麦克斯韦从理论上预测了光也是一种电磁波，利用麦克斯韦方程还可以推导出电磁波在真空中以光速传播。

（4）1888 年，也就是麦克斯韦创立电磁理论学说 24 年之后，德国科学家海因里希·赫兹完成了著名的电磁波辐射实验，证明了麦克斯韦的电磁理论学说及电磁波存在的预言。后人为了纪念赫兹的贡献，将频率的单位命名为赫兹（Hz）。

拓展实训

无线网络知识体系非常庞杂，涉及无线通信技术和计算机网络技术。本任务介绍了无线网络的基本知识，包括无线网络发展历史、无线网络分类、无线传输技术及无线网络组织。请读者查阅相关资料，完成下面的实训内容。

【实训目的】

（1）了解无线网络发展历史中的重要人物和事件。

（2）熟悉无线网络的分类、技术特点。

（3）了解常见的无线传输技术的特点及应用场景。

（4）了解无线网络的相关组织。

【实训内容】

（1）学习无线网络的发展历史。

（2）研究无线网络的分类标准。

（3）研究常见的无线传输技术的特点和应用场景。

（4）梳理无线网络相关组织的主要职能和研究成果。

任务1.2 了解射频基础知识

任务陈述

无线网络使用无线通信技术传输数据，各种无线通信技术的主要区别在于其使用的电磁波的频率。射频也是一种电磁波，WLAN 就是使用射频传输数据的。本任务主要介绍射频的基础知识，包括电磁波概述、电磁波频谱、射频传播特性，以及射频工作原理。掌握这些基础知识和相关术语可以为后续的深入学习打下基础，也有助于日后顺利组建和维护 WLAN。

知识准备

1.2.1 电磁波概述

在电磁学理论中提到，变化的电场会产生磁场，变化的磁场也会产生电场。电磁波又称电磁辐射，是由同相振荡且互相垂直的电场与磁场在空间中以波的形式传播产生的，其传播方向垂直于电场与磁场构成的平面，能有效地传递能量和动量。

V1-3 电磁波参数

电磁波是波的一种形式，和机械波（如声波、水波、地震波）一样，具有振幅、周期、频率、波长和相位等几个重要的参数。

1. 振幅

电磁波的振幅表示电磁波的强度或功率，在数值上等于电磁波振动时离开平衡位置的最大距离，如图 1-8 所示。在 WLAN 中，信号强度通常指信号功率，用于表示发送信号和接收信号的振幅大小。例如，无线接入点的发射功率是 50mW，指的是发送信号的振幅。通过现场勘测得到的信号强度，其实指的是接收振幅。信号的振幅越大，越容易被接收设备识别和接收。对于传输距离要求较高的无线通信，如调幅电台，往往需要传输高达 50000W 的窄带信号。而对于室内的 WLAN 场景，发射功率一般在 1～100mW。

图 1-8　电磁波振幅

2. 周期和频率

电磁波完成一次全振动经过的时间称为周期，单位为秒（s），如图 1-9（a）所示。而频率是指电磁波在单位时间内完成周期性变化的次数，单位为赫兹。周期和频率互为倒数。如果用 T 和 f 分别表示周期和频率，则有 $f=1/T$。显然，周期越长，频率越低；周期越短，频率越高。图 1-9（b）所示为一段高频波（上）和一段低频波（下）。当电磁波频率低于 100kHz 时，电磁波能量会被地表吸收，无法形成有效传输。但是当电磁波频率高于 100kHz 时，电磁波可以在空气中传播，并经大气层外缘的电离层反射，形成远距离传输能力。电磁波的频率越高，能量越大，直射能力也越强。同时，频率越高的电磁波在传输过程中能量衰减也越快，因此传输距离越短。

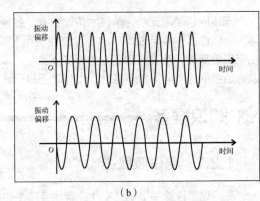

（a）　　　　　　　　　　　　　　　　（b）

图 1-9　电磁波周期和频率

3. 波长

电磁波由很多前后相继的波峰和波谷组成，两个相邻的波峰或波谷之间的距离称为波长，如图 1-10 所示。电磁波的波长是信号在一个周期内的振荡距离。如果用 c、f、γ 分别表示光速、频率和波长，那么这三者的关系是 $\gamma=c/f$。也就是说，波长和频率成反比关系：频率越低，波长越长；频率越高，波长越短。电磁波的波长范围非常大。例如，无线电波的波长可达上万千米，而伽马射线的波长比原子半径还短。

4. 相位

对于单个电磁波而言，相位表示某一时刻电磁波在其振动循环中的位置，即该时刻电磁波处于波峰、波谷还是它们之间的某个位置，如图 1-11 所示。通常用度（°）或弧度（rad）作为相位的单位。将一个周期的电磁波划分为 360 等份，每一份称为 1°。波形循环一周即表示经过 360°，或 2π 弧度。度和弧度的换算关系是 1 弧度≈57.3°。

图 1-10　电磁波波长

图 1-11　电磁波相位

相位也可以用来表示两个信号或波之间的关系。对于两个频率相同的信号，如果在同一时刻两个信号均处于波峰位置，则称它们为同相信号。同相信号是精确对齐的。如果同一时刻两个信号没有精确对齐，则称它们为异相信号。举例来说，将 0° 作为信号传播的起始位置，如果一个信号（主信号）在 0° 时开始传播，而另一个信号在 90° 时开始传播，则称二者为 90° 异相。同理，如果另一个信号从 180° 开始传播，则称二者为 180° 异相，如图 1-12 所示。相同频率的电磁波从不同相位开始传播会对电磁波的接收带来较大影响，这一点在下文讲到无线信号干扰时会详细说明。

图 1-12　相位关系

1.2.2　电磁波频谱

V1-4　电磁波频谱

频率的分布就是频谱。电磁波频谱包含所有可能的波长或频率的电磁辐射，如图 1-13 所示。我们之前多次提到的"频段"的概念，其实指的就是电磁波的频率范围。如果按照频率对频谱进行分段，则可得到不同的频段。同样，按照波长来划分频谱可得到波段。由电磁波频率和波长的关系可知，频段和波段这两种划分方式是等价的，可以相互转换。

图 1-13　电磁波频谱

电磁波的频率范围非常大，跨度达几十个数量级。按照频率从高到低的顺序排列，可将电磁波依次分为伽马射线、X 射线、紫外线、可见光、红外线、微波和无线电波。下面简要介绍不同类型电磁波的特点和应用。

（1）伽马射线（γ 射线）。伽马射线是波长为 $10^{-10}\sim10^{-14}$m 的电磁波。伽马射线从原子核内发出，具有很强的穿透力。伽马射线对生物体的破坏力很大，医学上常用伽马射线治疗肿瘤。

（2）X 射线（伦琴射线）。X 射线的波长为 0.01～10nm。X 射线是原子的内层电子由一个能态跳至另一个能态，或电子在原子核电场内减速时所发出的。随着 X 射线技术的发展，它的波长范围也不断朝两个方向扩展：在长波段已与紫外线有所重叠，在短波段已进入伽马射线波长范围。

（3）紫外线。紫外线的波长比可见光要短，波长为 10～380nm。紫外线是由原子的外层电子受到激发后产生的。由于它的能量和一般化学反应牵涉的能量大小相当，因此紫外线的化学效应最强。自然界的紫外线光源主要是太阳。太阳光透过大气层时，波长小于 290nm 的紫外线会被大气层中的臭氧吸收。紫外线具有杀菌作用，因此可在医院利用紫外线消毒。紫外线照射人体时能促进人体合成维生素 D，其可以防止人患佝偻病和骨质疏松症，生活中经常听到的"晒太阳补钙"说的就是这个道理。但长时间的紫外线照射可能导致患皮肤癌。

（4）可见光。可见光是人眼所能感知的极狭窄的一个波段，波长为 400～760nm。我们平时看到的红、橙、黄、绿、蓝、靛、紫这些颜色的光就处于可见光波段。在电磁波频谱上从可见光向两边扩展，波长比它长的是红外线，比它短的是紫外线。红外线和紫外线都是不可见的光，只能利用特殊仪器观测。

（5）红外线。红外线的波长比可见光的要长，波长为 760nm～1mm。红外线的热效应显著。任务 1.1 已介绍过红外线传输技术，这里不再赘述。

（6）微波。微波的波长为 1mm～1m，是毫米波、厘米波与分米波的统称。微波频率比一般的无线电波频率高，通常也称为超高频无线电波。微波具有易于集聚成束的特性，通过抛物状天线能把微波能量集中于一束，防止信号被窃取，减少信号干扰。微波还具有直线传播的特性，可以用来在无阻挡的自由空间中传输高频信号。日常生活中，在微波炉中加热食品是微波的典型应用。

（7）无线电波。无线电波是波长大于 1mm 的电磁波，即频率在 300GHz 以下的电磁波。无线电波的频率下限没有统一规定，一般将频率为 3Hz～300GHz 的电磁波称为无线电波。电视、无线电广播和手机等使用的就是这个波段的电磁波。和无线电波相关的一个概念是射频。一般将频率为 300kHz～300GHz，具有远距离传输能力的高频电磁波称为射频电波，简称射频或射电。WLAN 使用的是 2.4GHz 和 5GHz 两个频段的无线电波。在本书的其余部分，统一使用射频表示无线电波，在非必要情况下不对无线电波和射频进行严格区分。

另外，从图 1-13 的下半部分还可以看到，无线电波按频率由低到高还可以进一步分为极低频、超低频、特低频、甚低频、低频、中频、高频、甚高频、特高频、超高频和极高频。至于每种无线电波的频率、波长和用途，这里不再展开讨论。感兴趣的读者可以自行查找相关资料，进行深入学习。

1.2.3 射频传播特性

电磁波只有在同种均匀的介质中才能沿直线传播，在不均匀的介质中有不同的折射率。不同频率的电磁波在同一种介质中传播时，频率越高，折射率越大，传播速率越小。同频率的电磁波在不同的介质中传播速率并不相同，还会展现出不同的传播特性，包括吸收、反射、散射、折射、衍射、损耗、增益和多径等。

V1-5 射频传播特性

1. 吸收

吸收是指射频信号在传播时，遇到能吸收其能量的介质，导致信号衰减的现象。吸收是最常见的射频传播特性之一，如图 1-14 所示。大部分介质都能吸收射频信号，只是吸收的程度不同。一般来说，材质的密度越高，吸收的能量越多，射频信号的衰减越严重。例如，在建筑物中，木材和石膏板的吸收程度比较低，混凝土墙则能显著吸收射频信号。另外，水也是一种吸收程度比较高的传播介质。人体的 60%～70% 由水组成，树叶等也包含大量水分，在分析射频信号传播时需要考虑这些因素。

2. 反射

反射是指射频信号在传播过程中，遇到另一种介质的表面时改变传播方向又返回原介质的现象，如图 1-15 所示。射频信号遇到水、玻璃及其他许多介质的表面都会发生反射。反射是最重要的射频传播特性之一，在组建 WLAN 时尤其要考虑射频信号的反射行为。当射频信号发生反射时，新的波将从反射点生成。反射出来的波还有可能遇到障碍物继续发生反射。如果这些波全部到达接收方，则会出现一种称为"多径"的现象。多径现象会影响接收信号的强度和质量，甚至导致信号丢失。

图 1-14 吸收   图 1-15 反射

3. 散射

散射是指射频信号在传播过程中，遇到粗糙、不均匀的介质，或由非常小的颗粒组成的介质时，偏离原来的方向而分散传播的现象，如图 1-16 所示。

散射很容易被描述成多路反射。当射频信号的波长大于信号将要通过的介质时，多路反射就会发生。根据射频信号所遇介质的颗粒大小的不同，可将散射分为两类。第一类散射在射频信号遇到微小颗粒（如大气中的烟雾和沙尘）时发生，这类散射对射频信号的强度和质量影响不大。第二类散射发生在射频信号遇到较大颗粒（如铁丝网围栏、树叶及粗糙不平的墙面等）时发生，这类散射将射频主信号分解为多路反射信号，会导致主信号传输质量下降，甚至会影响信号的接收。

图1-16 散射

4. 折射

折射是指射频信号在传播过程中，从一种介质射入另一种介质时，传播方向发生改变的现象，如图1-17所示。反射和散射是射频信号遇到介质表面时反弹，而折射则是射频信号穿过介质表面进入另一种密度不同的介质。

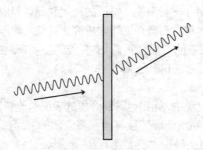

图1-17 折射

受到空气的影响，折射现象经常发生。水蒸气、空气温度变化和空气压力变化是3个重要的产生折射的原因。在室内，玻璃或其他介质会使射频信号发生折射。在室外，射频信号通常会向地球表面发生轻微折射，大气的变化也可能导致射频信号远离地球。因此，在搭建室外无线网络时，可能需要将折射现象作为网络优化的一个要素。

5. 衍射

电磁波衍射是电磁波遇到障碍物时偏离直线传播的物理现象，如图1-18所示。如果障碍物具有多个密集分布的孔隙，则会造成较为复杂的衍射强度分布图。这是波的不同部分以不同的路径传播到观察者的位置，发生波的叠加而形成的现象。

在无线网络中，遇到障碍物的射频信号会绕过障碍物并采用一条和原路径不同且更长的路径继续传播。没有遇到障碍物的射频信号不会弯曲，仍然保持原来的较短路径传播。射频信号绕过障碍物后能够完成自我修复，这种特性使得发送方和接收方之间有障碍物时，接收仍然能够接收到信号。然而，由于射频信号通过障碍物后发生改变，可能会造成信号失真。

位于障碍物正后方的区域一般称为射频阴影。根据射频信号衍射方向的变化，射频阴影可能成为无线覆盖死角或只能收到微弱的无线信号。了解射频阴影的概念，有助于无线工程师正确选择天线的安装位置，降低射频阴影的影响。

图 1-18 衍射

6. 损耗

损耗也称为衰减,是指射频信号在线缆或空气中传播时,信号强度或振幅下降的现象,如图 1-19 所示。导致射频信号出现衰减的因素是多重的,通常可以归结为以下几个方面。

(1)在通信的有线部分(射频电缆),尤其是在室外环境中,射频发射器与天线之间的电缆可能非常长,这会导致射频信号衰减。

(2)自由空间路径衰减,即单位面积内,射频信号的功率与传输距离的平方成反比。所以当射频接收器远离射频发射器时,接收的射频信号强度将急剧下降。

(3)外界障碍物。射频信号在传播过程中会遇到许多吸收和改变信号的障碍物,如建筑材料、树木、金属等。

(4)外部噪声或干扰。若射频器件附近有其他无线装置,则可能会产生信道冲突导致射频信号衰减。信道干扰包括同频干扰和邻频干扰,下文会详细介绍无线信道的概念。

图 1-19 损耗

7. 增益

增益也称为放大。与衰减相反,增益是指射频信号振幅增加或信号增强的现象,如图 1-20 所示。信号增益通过天线模块来实现。天线模块可以使用外部电源来增大发射和接收的信号强度,这种增益称为有源增益。天线模块也可以不使用外部电源,通过把射频信号集中而生产增益效果,这种增益称为无源增益。

图 1-20 增益

8. 多径

多径是指两路或多路信号经由不同路径同时或相隔极短时间到达接收端,如图 1-21 所示。射频信号在传播过程中,由于反射、散射、折射和衍射等产生多路信号,多路信号到达接收端后进行叠加。由于存在相位差,多路信号叠加后可能导致信号衰减、增益或遭到破坏。

图 1-21　多径

1.2.4　射频工作原理

本小节从数据传输的角度出发简要介绍在无线通信系统中，数据在产生、发送和接收的整个过程中涉及的重要概念。

1. 无线通信系统模型

无线通信系统模型如图 1-22 所示。除了采用无线信道传输数据之外，无线通信系统和有线通信系统在系统模型上是相同的。信源产生原始数据，发送设备对其进行加工处理后，经由信道传输至接收设备。接收设备对接收到的数据进行相应的处理，才能最终交给信宿。信道就是数据传输的通道，发送设备和接收设备使用接口和信道连接。在有线通信系统中，接口和信道很好理解，因为设备的接口是可见的，连接的线缆也是可见的。对于无线通信系统而言，接口是不可见的，因此称为空中接口，简称空口。空口是无线设备上虚拟的逻辑接口。不管是有线信道，还是无线信道，在传输数据时都可能受到各种噪声的干扰。如何避免或降低噪声对正常信号的干扰，是设计通信系统时应该优先考虑的因素。

图 1-22　无线通信系统模型

在无线通信系统中，信源产生的原始数据可能是图像、声音或文字等。发送设备对其进行编码和调制后，转换为无线电波发送出去。编码包含信源编码和信道编码两部分。

信源编码将模拟信号转化成数字信号，以实现模拟信号的数字化传输。同时，信源编码能在保证不失真的情况下，进行压缩操作以尽可能地减少原始信号的冗余数据，如语音压缩编码、图像压缩编码和多媒体数据压缩编码等。数据在无线传输过程中容易受到噪声的干扰，导致接收数据出错，引入信道编码能够在接收设备上最大程度地恢复原始数据、降低误码率，从而提高通信系统的可靠性，所以信道编码能起到纠错和检错的作用。信道编码的实现需要在原始数据中增加冗余数据，所以经过信道编码后，数据长度会有所增加。信道编码会降低有效数据（未进行信道编码前的数据）的传输速率，但会提高传输成功率。WLAN 使用的信道编码方式包括二进制卷积编码和低密度奇偶校验码。

下面介绍经信道编码后的数据如何传输。

2. 载波、调制与解调

一般来说，信源输出的原始信号频率较低，信号频谱从零频附近开始，称为基带信号。基带信号不适合在信道中直接传输。为了有效传输基带信号，人们引入了载波的概念。载波是特定频率的无线信号。将基带信号加载到载波上，用基带信号（调制信号）控制载波信号的振幅、频率或相位等参数，生成已调信号的过程，称为调制。接收端从已调信号中"分离"出调制信号的过程，称为解调。调制和解调是一对相反的过程。根据被控制的载波参数的不同，可将调制分为调幅、调频和调相，如图 1-23 所示。

V1-6　3 种调制
方式

图 1-23　调制

调幅（Amplitude Modulation，AM）是指使载波信号的振幅随调制信号的瞬时变化而变化。也就是说，使用调制信号改变载波信号的振幅，使得载波信号包含调制信号的信息，然后通过天线把调制后的载波信号发射出去。到了接收端，接收设备根据载波信号的振幅变化将调制信号解调出来。

调频（Frequency Modulation，FM）是指使载波信号的频率随调制信号的变化而变化，即用调制信号改变载波信号的频率。已调信号频率变化的大小由调制信号的大小决定，频率变化的周期由调制信号的频率决定。已调信号的振幅保持不变。从波形上看，已调信号就像一个压缩不均匀的弹簧。

调相（Phase Modulation，PM）是指使载波信号的相位对其参考相位的偏离值随调制信号的瞬时值成比例变化，即使载波信号的初始相位随基带数字信号变化而变化。例如，数字信号 1 对应相位 180°，数字信号 0 对应相位 0°。

载波是无线通信的基础，一般要求载波信号的频率远远高于调制信号的带宽，否则已调信号会发生混叠，使传输信号失真。

📝 任务实施

（1）电磁波是无线网络传输数据的载体。请读者查阅相关资料，简单了解电磁波是如何产生的，电磁波的基本参数及相互关系。

（2）频率是电磁波的重要属性，电磁波的频率分布构成了电磁波频谱。请读者查阅相关资料，了解电磁波频谱包含哪些频段，每个频段对应的电磁波有哪些特点，一般用于哪些通信技术。

（3）射频是具有远距离传输能力的高频电磁波。和机械波一样，电磁波在传播过程中也会出现一些现象，如吸收、反射、散射等。请读者查阅相关资料，了解电磁波的传播特性，明白这些特性对电磁波传播的影响。

（4）载波是无线通信的基础。载波、调制和解调是相互联系的几个概念。请读者查阅相关资料，了解无线通信系统模型的组成，调制的几种方式，每种调制方式的特点及其应用。

✎ 拓展知识 ▰▰▰▰▰▰▰▰▰▰▰▰▰▰

功率单位

信号强度是 WLAN 规划时重点考虑的因素。前文说过，电磁波的振幅表示电磁波的强度或功率，即用功率表示电磁波发送振幅和接收振幅的大小。那么，功率的单位又是什么呢？

通常使用瓦特（W）或毫瓦（mW）作为功率的单位，表示单位时间内转移或转换的能量。1W相当于 1V 电压下的 1A 电流。1W 等于 1kmW（即 1W = 1000mW）。WLAN 组网设备的发射功率一般为 1～100mW。

射频信号在传播过程中会因为各种干扰而出现能量衰减，也可能通过天线实现增益。因此，我们往往更关心射频信号在衰减或增益前后的功率变化。采用分贝（dB）来表示这种变化非常方便。dB 是国际上统一使用的电信传输单位，它是没有量纲的对数计数单位，仅表示两个量的相对大小。当考虑功率 X 相比功率 Y 大或小多少 dB 时，计算方法是 $10\log(X/Y)$。例如，若 X=1000mW，Y=10mW，那么 X 比 Y 大 $10\lg(1000\text{mW}/10\text{mW})$=20dB。

dB 是一个相对值，表示两个功率的相对大小。和 dB 类似的一个单位是分贝毫瓦（dBm）。dBm是一个表示功率的绝对值，相当于以 1mW 功率为基准的比值。当考虑功率 X 是多少 dBm 时，计算方法是 $10\lg(X/1\text{mW})$。例如，若 X=1000mW，Y=10mW，那么 X 即 $10×\lg(1000\text{mW}/1\text{mW})$=30dBm，$Y$ 即 $10×\lg(10\text{mW}/1\text{mW})$=10dBm。显然，1mW 功率对应 0dBm。

一般来讲，在工程应用中，当用 dBm 表示功率时，两个功率之间只有加减运算，没有乘除运算。其中，使用得最多的是减法。两个功率的 dBm 值相减，实际上相当于两个功率值相除，结果用 dB 表示。例如，在上面的例子中，30dBm-10dBm=20dB。

使用 dB 或 dBm 的一个好处是可以把一个很大或很小的功率通过对数运算转换为一个简短的表示。例如，若功率从 X=100000mW 下降到 Y=0.00001mW，那么用 dB 表示即下降了 $10\lg(100000\text{mW}/0.00001\text{mW})$=100dB。显然，100dB 相比于 100000mW 或 0.00001mW 而言要容易理解和记忆得多。

另外，实验表明，人类感官所感觉到的声音或光等信号的强度变化，是与强度比值的对数成正比的。也就是说，人类的感官响应是符合对数规律的。例如，当扬声器的输出功率从 1W 增大到 2W 时，我们的听觉器官（耳）并不觉得声音强度增加为原来的 2 倍，而只增加为原来的 1.3（1+lg2）倍。正是由于这个原因，采用像 dB 这样的计量单位表示信号变化能更加客观地反映人类的感觉特性。

✎ 拓展实训 ▰▰▰▰▰▰▰▰▰▰▰▰▰▰

无线网络传输数据的载体是电磁波，了解电磁波的基本知识和相关术语有助于进一步学习WLAN 的规划、设计和组网。电磁波属于电磁学的范畴，在本书中，我们需要重点了解电磁波用于无线网络通信的基本原理，即载波、调制和解调的基本概念和应用。请读者查阅相关资料，完成下面的实训内容。

【实训目的】

（1）了解电磁波的基本概念和属性。

（2）熟悉电磁波频谱和几种主要的电磁波及其应用。

（3）了解电磁波的传播特性及其对无线信号的影响。

（4）掌握无线通信系统的组成及载波、调制和解调的基本概念。

【实训内容】
（1）学习电磁波的基本概念和属性，掌握电磁波属性的相互关系。
（2）研究电磁波频率的分布规律，不同类型的电磁波及其应用。
（3）学习射频传播的特性，掌握射频传播特性对无线网络的影响。
（4）研究无线通信系统的基本模型，掌握载波、调制和解调的基本概念及其应用。

任务 1.3　了解 WLAN 频段与信道

任务陈述

在学习无线网络时经常提到频段和信道的概念。频段和信道都与射频信号的频率相关，工作于不同频段和信道的无线设备往往表现出不同的特点。本任务集中讨论 WLAN 的频段和信道，部分内容在之前学习无线网络基础知识时已有所提及。在本任务中，我们将重点关注 WLAN 的 2.4GHz 频段和 5GHz 频段的信道划分和使用，并简要介绍信道绑定的概念。

知识准备

1.3.1　WLAN 传输频段

WLAN 使用特定频率的电磁波传输数据。前文提到，电磁波的频率分布形成电磁波频谱，而 WLAN 使用的电磁波属于无线电波。生活中无线电波无处不在，如果随意使用频谱资源，则会带来严重的设备干扰问题。为了规范无线电波的使用，减小无线设备之间的相互干扰，通常以频段的形式把某个范围的频率分配给特定应用，使应用只能在这个频率范围内工作。每种应用所需的带宽不同，无线通信协议除了要定义允许使用的频段外，还要对频段做进一步规划，将其划分为若干个频率范围，每个频率范围就是信道。顾名思义，信道是传输数据的通道，无线信道就是空间中无线电波传输数据的通道。无线电波在某个信道上使用特定频率范围的电磁波传输数据。

V1-7　WLAN
频段与信道

不管在哪个国家或地区，无线电频谱都是宝贵的资源，受到无线电管理部门的严格管控。无线电频谱资源的分配和使用不仅会影响普通人的日常生活，甚至会影响国家安全。前文说过，为了促进 WLAN 的应用和发展，FCC 于 1985 年颁布的无线电波管理法规分配了两种频段。一种是专用频段，目的是避开拥挤的蜂窝电话和个人通信频段，采用更高的 5GHz 频率。另一种是免许可证频段，即免费的 ISM 频段。ISM 频段具体包括下面几个子频段。

➤　工业频段。这一频段在各国的规定并不统一，在美国为 902～928MHz，欧洲则将部分 900MHz 频段用于 GSM。工业频段的引入避免了在 2.4GHz 频段附近工作的各种无线通信设备的相互干扰。

➤　科学频段。2.4GHz～2.4835GHz 频段是各国共同的科学频段，因此 WLAN、蓝牙、ZigBee 等都可以工作在该频段。

➤　医疗频段。该频段的频率是 5.725～5.85GHz。

1997 年 1 月，国际标准化组织（International Organization for Standardization，ISO）核准了 WLAN 可以使用 ISM 频段中的 2.4GHz 频段（2.42～2.4835GHz）和 5GHz 频段（5.725～5.85GHz）。

除了 ISM 频段外，FCC 还定义了免许可证的国家信息基础设施（Unlicensed National Information Infrastructure，UNII）频段，其中包括低频段 UNII-1（5.150～5.250GHz）、中频段 UNII-2（5.250～5.350GHz）、高频段 UNII-3（5.725～5.825GHz），这 3 个频段的带宽都是 100MHz。如果没有特别说明，本书所称的 5GHz 频段均指 5.150～5.350GHz 和 5.725～5.85GHz 两个频段。该频段既包括 UNII 频段，又包括医疗频段。

免费的频段降低了无线网络的使用成本，但同时带来了多种无线技术使用相同频段时产生的同频干扰问题。另外，各个国家和地区允许使用的 ISM 频段并不相同，具体实施时需要依照当地法律和法规的要求。

1.3.2　2.4GHz 频段信道划分

在 2.4GHz 频段中，IEEE 802.11 系列协议（IEEE 802.11b 标准除外）定义了 13 条重叠的信道，每个信道的带宽是 20MHz，相邻信道的中心频率相隔 5MHz，2.4GHz 频段信道划分如图 1-25 所示。在图 1-25 中，每个信道均用其中心频率表示。需要说明的是，IEEE 802.11b 标准推出比较早，且应用广泛，它定义的信道带宽是 22MHz。因此，传统上认为 2.4GHz 频段只有 1、6 和 11 是非重叠信道。但是该标准已经淡出 WLAN，因此在不考虑兼容性时，通常也可以认为 1、5、9 和 13 是非重叠信道。

另外，各个国家和地区对 2.4GHz 频段信道的使用情况也有不同。例如，美国和加拿大只开放了 1～11 号信道，我国、欧洲和澳大利亚则开放了 1～13 号信道。图 1-24 中还显示有 14 号信道，其中心频率为 2.484GHz，目前只有日本等少数国家允许使用。所以，一般说 2.4GHz 频段定义了 13 条信道，而不是 14 条信道。

图 1-24　2.4GHz 频段信道划分

1.3.3　5GHz 频段信道划分

除了 WLAN 设备外，微波炉、无绳电话、蓝牙和 ZigBee 等设备也工作于 2.4GHz 频段。随着越来越多的家用及商用无线产品工作于 2.4GHz 免费 ISM 频段，该频段越来越拥挤，有些厂商转而使用 5GHz 频段。相比于 2.4GHz 频段，5GHz 频段的频率资源显然更加丰富，在 5GHz 频段上可以定义多达 24 条 20MHz 带宽的独立信道，5GHz 频段信道划分如图 1-25 所示。这些信道互不重叠，因此不会有信道干扰。5GHz 频段的传输速率、传输距离和抗干扰能力都比 2.4GHz 频段强很多。

各个国家和地区开放的 5GHz 频段信道各不相同。目前，我国在 5GHz 频段开放的信道有 13 条，分别是位于 UNII-1 频段的 36、40、44、48 号信道，位于 UNII-2 频段的 52、56、60、64 号信道，以及位于 UNII-3 频段的 149、153、157、161 和 165 号信道。

由于 5GHz 频段干扰较小，越来越多的设备开始使用 5GHz 频段，如雷达、数字卫星、无线传感器等。其中，雷达占据的比例最大。工作在该频段的民用无线设备需要考虑与雷达系统间的相互干扰问题。在 2003 年的世界无线电通信大会上，相关国际组织和产业界密切合作，一致要求工作在该频段的 UNII 设备采用动态频率选择（Dynamic Frequency Selection，DFS）技术和先听后发机制。采用 DFS 技术的无线设备一旦检测出雷达信号超出一定阈值，就自动使用备用的工作频率，从而避免和雷达使用相同的信道。

图 1-25　5GHz 频段信道划分

任务实施

实验：使用 WirelessMon 软件监控无线网络

【实验背景】监控网络运行状态是网络管理员的一项重要的日常工作。在无线网络领域，可以借助一些软件完成这项工作。本实验使用的 WirelessMon 是一款允许使用者监控无线网络状态，显示附近无线接入点或基站实时信息的软件，可以列出无线信号强度，实时监测无线网络的传输速率，以便让用户了解网络的下载速率及其稳定性。

【实验设备】笔记本电脑（1 台，Windows 10 操作系统）。

【实验要求】使用 WirelessMon 软件监控无线网络运行状态。

【实验步骤】以下是本实验的具体步骤。

第 1 步，下载并安装 WirelessMon 软件，其运行后的默认工作界面如图 1-26 所示，从中可以看到无线网卡所能搜索到的所有 Wi-Fi 信号及其相关信息。此处显示小郭家的 Wi-Fi 信号名称[即服务集标识符（Service Set Identifier，SSID）]是 TP-LINK_RST，工作在 2.4GHz 频段的 11 号信道，当前的状态是"已连接"。

图 1-26　WirelessMon 软件运行后的默认工作界面

第 2 步，选择图 1-26 所示界面左侧的"统计"标签，进入图 1-27 所示的无线网络数据传输统计信息界面。小郭认真看了该界面中的统计数据，发现有些统计数据和有线网络中的是相同的，但也有一些是自己没见过的，如"RTS 成功次数"。看来还是要继续学习下去才能接触到这些概念。

第 3 步，选择图 1-26 所示界面左侧的"图形"标签，选择"信号强度(dBm)与时间"选项，进入图 1-28 所示的无线信号强度监测界面。在这一步，小郭先把笔记本电脑放在无线路由器的旁边，再将其移动到一个较远的房间，并关上房门，最后将其放回无线路由器旁边。小郭发现信号强度也随之变化。由此，小郭想到了射频信号传播时的一些特性，包括吸收、反射、散射、损耗等。他告诉自己今后在规划和组建 WLAN 时要充分考虑这些特性。

图 1-27　无线网络数据传输统计信息界面

图 1-28　无线信号强度监测界面

做完这个实验，小郭觉得很有成就感，他马上和张老师汇报了他最近的学习进展。张老师肯定了小郭的进步，但同时提醒他，现在只是走完了"万里长征"的第一步，后面的路还很长，真正的挑战都在后面。张老师叮嘱小郭千万不能骄傲自满、浅尝辄止。小郭把张老师的嘱咐铭记在心，又翻开了书桌上的 WLAN 图书……

 ## 拓展知识

信道绑定

　　IEEE 802.11n 标准引入了信道绑定技术，通过将两条相邻的 20MHz 信道绑定成一条 40MHz 信道，能提供更大的带宽，获得两倍于 20MHz 的信息吞吐量，使传输速率成倍提高，2.4GHz 频段信道绑定如图 1-29 所示。通俗的理解是，信道绑定就像是拓宽马路，马路变宽后车辆的通行能力自然就提高了。实际应用中，绑定的两个信道分为主信道和辅信道。所有的控制和管理帧都通过主信道发送。数据传输既能工作在 40MHz 带宽模式，又能工作在 20MHz 带宽模式。在划分信道时，原 20MHz 信道之间都会预留一小部分带宽以避免相互干扰。当采用信道绑定技术工作在 40MHz 宽带模式时，预留的这部分带宽也会被利用起来，从而进一步提高信息吞吐量。

图 1-29　2.4GHz 频段信道绑定

40MHz 带宽模式虽然可以获得更高的频谱利用率，但是这种模式对于 2.4GHz 频段有限的频谱资源来说显得有些不切实际。因为在 2.4GHz 频段中只有 4 条非重叠信道，所以最多只能绑定两个互不干扰的 20MHz 信道。例如，将信道 1 和信道 5 绑定，将信道 9 和信道 13 绑定。5GHz 频段具有丰富的频谱资源，有足够的互不重叠的信道来实现 40MHz 信道的绑定，因此目前主要在 5GHz 频段进行信道绑定，如图 1-30 所示。

图 1-30　5GHz 频段信道绑定

在 5GHz 频段进行信道绑定时，除了可以将两条相邻的 20MHz 信道绑定成一条 40MHz 信道外，还可以将两条相邻的 40MHz 信道绑定成一条 80MHz 信道，甚至将两条相邻的 80MHz 信道绑定成一条 160MHz 信道。还有一种被称为"80MHz+80MHz"的信道绑定模式，它是将两条不相邻的 80MHz 信道绑定在一起形成的。该信道绑定模式可以在 5GHz 频段内划分出 3 个以上的非重叠信道，能够用于蜂窝网络信道规划，更加贴近实际无线网络部署的需要。

拓展实训

频段和信道与射频信号的频率相关，会影响无线网络的传输速率和带宽，是规划和实施无线网络时应该重点考虑的因素。WLAN 工作于 2.4GHz 频段和 5GHz 频段，两个频段的信道划分有很大不同，在部署 WLAN 时应根据实际需求选择合适的信道。请读者查阅相关资料，完成下面的实训内容。

【实训目的】

（1）了解 ISM 频段的组成和频率范围。

（2）熟悉 WLAN 使用的频段和频率范围。

（2）熟悉 2.4GHz 频段和 5GHz 频段的信道划分。

【实训内容】

（1）学习频段的基本概念，厘清电磁波频谱与频段的关系。

（2）研究 WLAN 使用的频段，掌握每个频段的具体频率范围。

（3）学习 2.4GHz 频段的信道划分，掌握 2.4GHz 频段中的不重叠信道。

（4）学习 5GHz 频段的信道划分，掌握 5GHz 频段中的不重叠信道。

（5）练习使用 WirelessMon 软件或其他无线网络监控软件，检测无线网络的配置、状态、信号强度等信息。

项目小结

无线网络正逐渐取代有线网络，成为人们日常生活中接入互联网的主要方式。本项目主要介绍了无线网络的基本概念和相关术语，了解这些知识有助于读者深入学习无线网络的其他知识。本项目包含 3 个任务。任务 1.1 介绍了无线网络发展历史、无线网络分类、无线传输技术及无线网络组织。任务 1.2 重点讨论了射频的基础知识。WLAN 使用无线电波传输数据，无线电波是一种电磁波。电磁波具有振幅、频率、波长和相位等几个重要参数。其中，频率的分布构成了电磁波的频谱。电磁波在传播过程中会出现吸引、反射、散射等现象，它们对射频信号的传输质量有不同程度的影响。任务 1.2 还介绍了射频工作原理及其他重要概念，如载波、调制和解调等。任务 1.3 的介绍重点是 WLAN 的传输频段和信道。WLAN 工作于 2.4GHz 频段和 5GHz 频段，每个频段又进一步划分为具有一定频率范围的信道。2.4GHz 频段和 5GHz 频段的频率特性、带宽和信道划分有很大不同，导致不同频段的射频信号具有不同的传输速率、传输距离和抗干扰能力。

项目练习题

1. 选择题

（1）意大利无线电工程师（　　）最早将无线电应用于通信领域。

    A. 马可尼　　　　　B. 赫兹　　　　　C. 麦克斯韦　　　　D. 法拉第

（2）无线网络的应用最早可以追溯到（　　）。

    A. 阿帕网（ARPANET）　　　　　　　B. 用于传输军事情报

    C. 夏威夷群岛上的 ALOHANET　　　　D. 施乐（Xerox）公司创建的以太网

（3）WLAN 相比于有线网络的主要优点是（　　）。

    A. 安全性高　　　B. 传输速度快　　　C. 抗干扰性强　　　D. 可移动性

（4）WLAN 主要采用（　　）。

    A. IEEE 802.3 系列标准　　　　　　　B. HiperLAN 系列标准

    C. IEEE 802.11 系列标准　　　　　　 D. IEEE 802.15 系列标准

（5）以下不属于无线网络面临的问题的是（　　）。

    A. 无线信号传输易受干扰　　　　　　B. 无线网络产品标准不统一

    C. 无线网络的传输速率一般比有线网络低 D. 无线信号的安全性问题

（6）以下不属于 WPAN 技术的是（　　）。

    A. 蓝牙　　　　　B. ZigBee　　　　C. Wi-Fi　　　　　D. RFID

（7）在 WLAN 发展过程中发挥重要作用的无线电波管理法规由（　　）颁布。

    A. FCC　　　　　B. ETSI　　　　　C. IEEE　　　　　D. Wi-Fi 联盟

（8）蓝牙耳机是（　　）的一种典型应用。

    A. WLAN　　　　B. WPAN　　　　C. WWAN　　　　D. WMAN

（9）各种无线通信技术的主要区别在于其使用的电磁波的（　　）。

    A. 振幅　　　　　B. 相位　　　　　C. 波长　　　　　D. 频率

（10）下列电磁波中波长最短的是（　　）。

    A. 可见光　　　　B. 红外线　　　　C. 紫外线　　　　D. 无线电波

（11）射频信号在传播时遇到能吸收其能量的介质，导致信号衰减的现象称为（　　）。

    A. 反射　　　　　B. 吸收　　　　　C. 散射　　　　　D. 折射

（12）（　　）可能导致信号衰减、增益或遭到破坏。

    A. 多径　　　　　B. 吸收　　　　　C. 衍射　　　　　D. 增益

（13）在无线通信系统模型中，增加冗余数据以提高传输成功率的操作称为（　　）。

    A. 载波　　　　　B. 信源编码　　　C. 信道编码　　　D. 调制

（14）用基带信号控制载波信号的某些参数生成已调信号的过程，称为（　　　）。

    A．载波　　　　　　　B．信源编码　　　　　　C．信道编码　　　　　D．调制

（15）FCC 分配的免费 ISM 频段不包括（　　　）。

    A．工业频段　　　　　B．金融频段　　　　　　C．科学频段　　　　　D．医疗频段

（16）通常认为，2.4GHz 频段互不重叠的信道是（　　　）。

    A．1、6、11　　　　　B．2、3、6　　　　　　C．1、7、9　　　　　　D．3、8、15

（17）以下工作于 5GHz 频段的应用是（　　　）。

    A．微波炉　　　　　　B．无绳电话　　　　　　C．雷达　　　　　　　　D．蓝牙耳机

2. 填空题

（1）意大利无线电工程师＿＿＿＿＿＿＿最早将无线电应用于通信领域。

（2）WLAN 的雏形是用于解决夏威夷群岛间通信的＿＿＿＿＿＿＿。

（3）FCC 颁布的免费 ISM 频段包括＿＿＿＿＿＿＿频段、＿＿＿＿＿＿＿频段和＿＿＿＿＿＿频段。

（4）按照网络覆盖范围，可将无线网络分为＿＿＿＿＿＿＿、＿＿＿＿＿＿＿、＿＿＿＿＿＿＿和＿＿＿＿＿＿＿。

（5）WPAN 使用的通信技术包括＿＿＿＿＿＿＿、＿＿＿＿＿＿＿、＿＿＿＿＿＿＿和＿＿＿＿＿＿＿。

（6）在一台蓝牙设备上搜索另一台蓝牙设备并与之建立联系的过程一般称为＿＿＿＿＿＿＿。

（7）电磁波的参数包括＿＿＿＿＿＿＿、＿＿＿＿＿＿＿和＿＿＿＿＿＿＿。

（8）按照频率从高到低的顺序排列，一般将电磁波依次分为伽马射线、＿＿＿＿＿＿＿、紫外线、＿＿＿＿＿＿＿、可见光、红外线、微波、＿＿＿＿＿＿＿。

（9）WLAN 使用的是＿＿＿＿＿＿＿和＿＿＿＿＿＿＿两个频段的无线电波。

（10）射频的传播特性包括＿＿＿＿＿＿＿、＿＿＿＿＿＿＿、＿＿＿＿＿＿＿和＿＿＿＿＿＿＿。

（11）多路信号经由不同路径同时或相隔极短时间到达接收端的现象称为＿＿＿＿＿＿＿。

（12）将模拟信号转化成数字信号，以实现模拟信号的数字化传输的过程称为＿＿＿＿＿＿＿。

（13）根据被控制的载波参数的不同，可将调制分为＿＿＿＿＿＿＿、＿＿＿＿＿＿＿和＿＿＿＿＿＿＿。

（14）工作于 2.4GHz 频段的应用包括＿＿＿＿＿＿＿、＿＿＿＿＿＿＿和＿＿＿＿＿＿＿。

3. 简答题

（1）各种类型的无线网络的覆盖范围分别是多少？

（2）无线网络有哪些常用的传输技术（写出 3 种即可）？简述每种传输技术的特点。

（3）电磁波有哪些参数？简述每个参数的含义。

（4）射频有哪些传播特性？简述其中 4 种传播特性的含义。

（5）调制主要有几种形式？简述每种形式的含义。

项目2
了解WLAN标准及关键技术

02

学习目标

【知识目标】

（1）熟悉IEEE 802.11系列标准的主要技术特点。

（2）了解IEEE 802.11系列标准与TCP/IP模型的对等关系。

（3）了解WLAN物理层关键技术。

（4）熟悉WLAN MAC层关键技术。

（5）熟悉IEEE 802.11帧类型和帧结构。

【技能目标】

（1）能够说明IEEE 802.11系列标准的发展历史和继承关系。

（2）能够说明WLAN标准的体系结构。

（3）能够简要介绍WLAN物理层的关键技术。

（4）能够详细介绍WLAN MAC层的关键技术。

（5）能够说明IEEE 802.11帧结构和帧类型。

【素养目标】

（1）树立质量意识，培养精益求精的工匠精神。

（2）提高沟通能力和自我管理能力。

（3）培养团队协作意识和职业生涯规划意识。

引例描述

在前面学习无线网络的发展历史时，小郭曾在书中多次看到IEEE 802.11系列标准。对于IEEE 802标准化委员会，小郭算是比较熟悉了，因为他在学习局域网时就知道IEEE 802.3是这个组织制定的局域网标准。联想到张老师之前在课堂上跟他们讲过，学习计算机网络就是学习各种各样的网络标准，小郭不确定这句话对学习WLAN是否同样适用。带着这个疑问，他请教了张老师。

针对小郭的疑问，张老师给出了肯定的回答。张老师继续解释说，无线网络和有线网络一样，要想获得长远的发展，必须要有相关标准的支持，而不是让各个厂商自说自话。但是在学习计算机网络标准时，不需要关注标准的每个细节。具体到WLAN标准的学习上，一方面要了解IEEE 802.11系列标准的发展历史和继承关系，知道各个标准的技术特点；另一方面，要多花时间学习这些标准涉及的关键技术。至于其他技术，可以在以后用到时再去研究。只有这样，才能把握知识脉络，提高学习效率。

任务 2.1　熟悉 WLAN 相关标准

任务陈述

　　由 IEEE 制定的 IEEE 802.11 系列标准是目前使用最广泛的 WLAN 标准，对 WLAN 的发展起到了重要的推动作用。本任务的主要目标是梳理 IEEE 802.11 系列标准的发展历史，简要介绍每个标准的技术要点和继承关系。在本任务中，将首次引入众多相关的技术名词，大家暂时不用深入研究，了解其代表的含义即可。在任务 2.2 中，我们将深入分析和学习 WLAN 的部分关键技术。

知识准备

2.1.1　WLAN 标准概述

　　目前有两个主要的 WLAN 标准，分别是由 IEEE 制定的 IEEE 802.11 系列标准，以及由 ETSI 下属的宽带无线电接入网络小组制定的 HiperLAN 系列标准。后者技术复杂，远没有前者流行。因此，现在提到的 WLAN 标准一般指的是 IEEE 802.11 系列标准。

V2-1　WLAN
标准基本概念

　　1990 年，IEEE 802 标准化委员会成立了 IEEE 802.11 工作组负责制定 WLAN 标准，工作组下设的任务组负责对工作组制定的现有标准进行补充和完善。工作组为每个任务组分配了一个字母并添加到数字之后加以区分，如 IEEE 802.11a、IEEE 802.11b 等。为避免混淆，将部分字母闲置不用。例如，字母 o 和 l 容易与数字 0 和 1 混淆，因此并未使用。这一点和日常生活中常见的机动车牌号码使用方法是相同的。另外，如果所有字母都已被使用，则为任务组分配两个字母，如 IEEE 802.11ac、IEEE 802.11ax 等。目前，除保留字母外，IEEE 802.11 已经将其余英文字母使用完毕。

　　IEEE 802.11 工作组于 1997 年发布了 IEEE 802.11-1997 标准。经过 20 多年的发展，IEEE 802.11 逐渐形成了一个标准家族，包括正式的标准及现有标准的修订案。截至本书编写时，最新的标准是 2019 年发布的 IEEE 802.11ax。1999 年，当 IEEE 802.11b 标准发布后，无线以太网兼容性联盟（Wi-Fi 联盟的前身）为了更好地推广该标准和相关产品，聘请了著名的商标公司

Interbrand 为 IEEE 802.11b 取一个更容易让人记住的名称。Interbrand 公司从大众熟知的高保真度（High Fidelity，Hi-Fi）概念中获得设计灵感，创造出"Wi-Fi"这个名称。实际上，Wi-Fi 和保真度没有任何关系，它仅仅是一个商标名称。时至今日，随着 IEEE 802.11 系列标准的陆续发布并在全球范围内获得广泛应用，Wi-Fi 已经不只代表 IEEE 802.11b 标准，而成了 IEEE 802.11 系列标准的代名词。

2018 年，Wi-Fi 联盟发起"Generational Wi-Fi"（Wi-Fi 世代）营销计划，引入了对用户更友好的 Wi-Fi 世代名称，方法是在"Wi-Fi"后添加一个整数以表示某个具体的 IEEE 802.11 标准。例如，Wi-Fi 4、Wi-Fi 5 和 Wi-Fi 6 分别表示 IEEE 802.11n、IEEE 802.11ac 和 IEEE 802.11ax 标准。Wi-Fi 联盟没有为 Wi-Fi 4 之前的标准分配新名称。

IEEE 802.11 工作组制定的标准包含两部分，即物理层标准和 MAC 层标准。物理层标准定义了无线协议的工作频段和调制编码方式等内容，MAC 层标准则重点关注发送和接收 MAC 帧的行为。下面就沿着 IEEE 802.11 系列标准的发展路线，重点介绍各个标准的主要技术参数和特点，并梳理这些标准间的继承关系。

2.1.2 IEEE 802.11 系列标准

1. IEEE 802.11-1997

1997 年 6 月，IEEE 802.11 工作组发布了具有里程碑意义的第一代 WLAN 标准——IEEE 802.11-1997，有时也不严格地简称为 IEEE 802.11 标准，它主要用于解决办公场所或住宅等布线困难的区域中的无线用户接入问题。该标准详细定义了从物理层到 MAC 层的 WLAN 通信协议。在物理层，IEEE 802.11-1997 主要定义了红外线、直接序列扩频（Direct Sequence Spread Spectrum，DSSS）和跳频扩频（Frequency Hopping Spread Spectrum，FHSS）3 种传输技术。在 MAC 层，IEEE 802.11-1997 引入了 CSMA/CA 协议，以及请求发送/允许发送（Request To Send/Clear To Send，RTS/CTS）机制等重要技术。IEEE 802.11 后续推出的诸多标准也以这些技术为基础。

V2-2　IEEE 802.11 系列标准技术参数

IEEE 802.11-1997 标准工作于 2.4GHz 频段，支持的最高传输速率为 2Mbit/s。由于在传输速率和传输距离上无法满足用户的实际需要，加之当时需要无线网络连接的设备数量也不多，因此 IEEE 802.11-1997 很快被 IEEE 802.11b 标准取代，并未获得大规模的市场应用。

2. IEEE 802.11b

1999 年 9 月，IEEE 802.11b 标准被正式批准。IEEE 802.11b 是 IEEE 802.11-1997 标准的修订版。IEEE 802.11b 标准采用补码键控（Complementary Code Keying，CCK）的调制方式，信号带宽可以获得扩频处理增益。IEEE 802.11b 标准将数据最高传输速率提高到 11Mbit/s，与有线网络中的 10Base-T 标准处于同一水平，将传输距离扩展到 50～150m。不管是在传输速率还是传输距离上，IEEE 802.11b 标准都扩大了 WLAN 的应用领域，同时改善了 WLAN 的用户体验。

IEEE 802.11b 工作在 2.4GHz 频段的免费 ISM 频段上，被多数厂商采用，而且相关产品早在 2000 年年初就登陆市场，这些因素使得 IEEE 802.11b 得到了广泛的应用。

3. IEEE 802.11a

1999 年同期发布的 IEEE 802.11a 标准也是 IEEE 802.11-1997 标准的修订版。IEEE 802.11a 工作于 5GHz 频段，最大传输速率为 54Mbit/s。IEEE 802.11a 标准最大的贡献和亮点是在物理层采用正交频分复用（Orthogonal Frequency Division Multiplexing，OFDM）技术。OFDM 是一种多载波的高速扩频传输技术，其核心思想是将一个信道分成多个正交子信道，在每个子信道上用一个子载波进行窄带调制和传输。子载波相互正交，频谱相互重叠，不仅能够减少子载波间的相互干扰，对抗多径衰落，还具有较高的频谱利用率。

由于高频段射频信号衰减较快，因此，在相同的发射功率下，IEEE 802.11a 的有效覆盖范围比 IEEE 802.11b 的小，穿透能力也不如 IEEE 802.11b。从实际应用来看，由于 5GHz 组件的研制进度较慢，因此 IEEE 802.11a 相关产品进入市场的时间晚于 IEEE 802.11b。虽然 IEEE 802.11a 的传输速率高于 IEEE 802.11b，带宽也更大，但 IEEE 802.11g 标准的推出削弱了 IEEE 802.11a 的带宽和速率优势。

4. IEEE 802.11g

发布于 2003 年的 IEEE 802.11g 标准是 IEEE 802.11b 的升级版。IEEE 802.11g 兼容 IEEE 802.11b，且相比 IEEE 802.11a 更具优势。IEEE 802.11g 保留了 IEEE 802.11b 采用的 CCK 技术，因此可以与 IEEE 802.11b 产品保持兼容。和 IEEE 802.11b 一样，IEEE 802.11g 也工作于 2.4GHz 频段，但将最大传输速率提高到了 54Mbit/s。同时，IEEE 802.11g 采用了和 IEEE 802.11a 相同的 OFDM 调制技术。由于 IEEE 802.11g 工作于较低的 2.4GHz 频段，采用 OFDM 调制时信号损耗较小，因此能够比 IEEE 802.11a 设备覆盖更远的距离。

5. IEEE 802.11n（Wi-Fi 4）

IEEE 802.11 工作组于 2002 年成立了高吞吐量（High Throughput，HT）任务组以研究制定新一代标准，并于 2009 年正式发布了基于 MIMO-OFDM 的 IEEE 802.11n 标准。该标准最显著的特征是在传输速率上较之前的标准有了巨大的突破。IEEE 802.11n 采用双频工作模式，既可工作于 2.4GHz 频段，又可工作于 5GHz 频段，同时向下兼容 IEEE 802.11b 和 IEEE 802.11g。当工作于 2.4GHz 频段时，其最大传输速率是 450Mbit/s；当工作于 5GHz 频段时，其最大传输速率是 600Mbit/s。

IEEE 802.11n 采用了多项新技术，带来了全新的用户体验，极大地推动了 WLAN 的发展，也使得 Wi-Fi 的概念深入人心。直到现在仍然有大量的终端设备使用 IEEE 802.11n。2.1.3 小节将专门介绍 IEEE 802.11n 采用的新技术。

6. IEEE 802.11ac（Wi-Fi 5）

IEEE 802.11 系列标准具有连续性和前瞻性。在 IEEE 802.11n 标准尚未正式发布之时，IEEE 802.11 工作组就启动了 IEEE 802.11ax 的标准化工作。经过 5 年的修改完善，IEEE 802.11ac 标准于 2013 年年底正式发布。IEEE 802.11ax 的设计目标是甚高吞吐量（Very High Throughput，VHT）。IEEE 802.11ac 工作在 5GHz 频段，最高传输速率可达 6.9Gbit/s。从 IEEE 802.11ac 开始，WLAN 的传输速率正式迈入"千兆时代"。在 Wi-Fi 的世代命名规则中，IEEE 802.11ac 被命名为 Wi-Fi 5。

IEEE 802.11ac 的核心技术主要基于 IEEE 802.11n。在 IEEE 802.11n 的基础上，IEEE 802.11ac 将编码调制方式从 64-QAM 提升至 256-QAM，编码效率得以提高。IEEE 802.11ac 进一步将支持的空间流数从 4 增加到 8，将信道带宽从 40MHz 增加到 160MHz。IEEE 802.11ac 还定义了下行多用户-多输入多输出（Down Link Multi-User Multiple-Input Multiple-Output，DLMU-MIMO）技术，支持下行多用户并行传输。MIMO 的相关知识将在本任务的"拓展知识"部分详细介绍。

IEEE 802.11ac 进行了众多的技术革新，如果将这些革新一次性推向市场，则可能需要较长的产品研发时间，不利于 IEEE 802.11ac 的推广。因此，Wi-Fi 联盟将其分为 IEEE 802.11ac Wave1 和 IEEE 802.11ac Wave2 两个阶段。这样既能让 IEEE 802.11ac 快速走向市场，满足迅速增长的流量需求，又能保证 IEEE 802.11ac 的持续演进，使 IEEE 802.11 标准始终具有强大的市场竞争力。

7. IEEE 802.11ax（Wi-Fi 6）

2019 年发布的 IEEE 802.11ax 是最新的 IEEE 802.11 标准，又被称为高效率无线局域网（High Efficiency WLAN，HEW），也被称为 Wi-Fi 6。IEEE 802.11ax 也采用双频工作模式，既

可工作于 2.4GHz 频段，又可工作于 5GHz 频段，同时向下兼容 IEEE 802.11a/b/g/n/ac。在 2.4GHz 频段上，IEEE 802.11ax 的最高传输速率是 1.15Gbit/s，在 5GHz 频段上，其最高传输速率是 9.6Gbit/s。

为了实现更大的带宽和更高的传输速率，IEEE 802.11ax 采纳了 IEEE 802.11ac 的大部分技术。另外，IEEE 802.11ax 重新定义了正交频分多址（Orthogonal Frequency Division Multiple Access，OFDMA）调制与复用技术，使用了 1024-QAM 调制方式，支持更窄的子载波间隔。IEEE 802.11ax 还新引入了上行 MU-MIMO 技术，以便在传输速率达到 10Gbit/s 量级的同时，进一步提升高密度场景下的吞吐量和服务质量。

表 2-1 所示为 IEEE 802.11 系列标准的主要技术参数。

表 2-1　IEEE 802.11 系列标准的主要技术参数

标准	发布年份	频段/GHz	物理层技术	编码方式	空间流数	信道带宽/MHz	最高传输速率
IEEE 802.11	1997	2.4	IR、FHSS 和 DSSS	—	—	20	2Mbit/s
IEEE 802.11b	1999	2.4	DSSS/CCK	—	—	22	11Mbit/s
IEEE 802.11a	1999	5	OFDM	—	—	20	54Mbit/s
IEEE 802.11g	2003	2.4	OFDM	64-QAM	—	20	54Mbit/s
IEEE 802.11n（Wi-Fi 4）	2009	2.4、5	OFDM、DSSS/CCK	64-QAM	4	20、40	2.4GHz：450Mbit/s；5GHz：600Mbit/s
IEEE 80211 ac Wave1（Wi-Fi 5）	2013	5	OFDM、SU-MIMO	64-QAM	4+4	20、40	3.74Gbit/s
IEEE 802.11ac Wave2（Wi-Fi 5）	2015	5	OFDM、下行 MU-MIMO	256-QAM	8	20、40、80、160、80+80	6.9Gbit/s
IEEE 802.11ax（Wi-Fi 6）	2019	2.4、5	OFDM、下行 MU-MIMO、上行 MU-MIMO	1024-QAM	4+8	20、40、80、160、80+80	2.4GHz：1.15Gbit/s；5GHz：9.6bit/s

2.1.3　IEEE 802.11n 新技术

相比于较早的 IEEE 802.11 a/b/g 标准，IEEE 802.11n 在传输速率上实现了巨大的突破，这主要归因于 IEEE 802.11n 采用了众多新技术。下面分别介绍 IEEE 802.11n 在物理层和 MAC 层引入的新技术。

V2-3　IEEE 802.11n 标准新技术

1. 物理层引入的新技术

（1）MIMO-OFDM。

在介绍 MIMO 技术之前，要先说明空间流的概念。在图 1-22 所示的无线通信系统模型中，发射天线和接收天线通过无线信道传输数据。空间流就是发射天线和接收天线之间建立的一次信号传输。一般情况下，一个发射天线和一个接收天线之间可以建立一个空间流。例如，发送设备有 4 个天线，接收设备也有 4 个天线，那么就可以同时建立 4 个空间流。发射天线发出去的各个空间流通过不同的路径到达接收天线，接收天线能够区分来自不同空间方位的空间流。

IEEE 802.11n 采用 MIMO 技术，在发送天线和接收天线间建立多个并行信道，同时对数据进行分段并通过并行信道同时传输，在接收天线上进行数据重组。这样可以在不增加带宽的情况下，成倍提高数据传输速率和频谱利用率。在 IEEE 802.11n 标准中，最高传输速率随空间流数线性变化，因此空间流数是确定最高传输速率的重要参数。例如，1 个独立空间流最高传输速率可达 150Mbit/s，2 个就可以达到 300Mbit/s。IEEE 802.11n 设备最多支持 4 个空间流，因此最高传输速率是 600Mbit/s。

　　IEEE 802.11n 还将 MIMO 与 OFDM 技术相结合，将高速率数据流调制成多条并行传输的低速子数据流，并在不同的子信道中传输，以减少子载波之间的干扰。

　　（2）信道绑定。

　　信道绑定的概念之前已介绍过，即将相邻的两条信道绑定成一条信道，获得两倍的带宽和吞吐量，成倍地提高传输速率。默认情况下，IEEE 802.11n 的单信道带宽为 20MHz，在 20MHz 模式下可提供 56 个子载波（其中，52 个子载波可用）。IEEE 802.11n 引入了信道绑定技术，支持绑定两条信道以形成 40MHz 带宽的传输信道。在 40MHz 模式下，每条信道所含的子载波数量也从 52 个增加到 108 个。

　　（3）前向纠错码。

　　前向纠错（Forward Error Correction，FEC）是通过在原始数据（有效数据）中增加冗余数据以提高通信系统纠错能力的方法。在无线通信系统中，发送端对原始数据进行编码，携带一定的冗余数据，形成 FEC。如果因为信号衰减、干扰等因素导致数据传输错误，则接收端可以通过 FEC 恢复原始数据。增加冗余数据会增加数据传输量，但提高的纠错能力可以在一定程度上抵消这部分额外开销。IEEE 802.11n 采用的 64-QAM 编码方式可以将编码率（有效数据与整个编码的比例）从 3/4 提高到 5/6，这可以使 IEEE 802.11n 的传输速率提高 11% 左右。

　　（4）短 GI。

　　由于多径效应的影响，无线信号可能通过多条路径到达接收端，导致码间干扰。因此，IEEE 802.11 a/b/g 要求在发送信息符号（Information Symbol）时，必须保证信息符号之间存在 800ns 的时间间隔，这个间隔被称为保护间隔（Guard Interval，GI）。默认情况下，IEEE 802.11n 仍然使用 800ns 的 GI，但是当多径效应的影响不严重时，可以将 GI 缩短为 400ns，称为短 GI。这个改进也可以使 IEEE 802.11n 的传输速率提高 11% 左右。

2. MAC 层引入的新技术

　　MAC 层存在一些固定的系统开销，如帧头、帧尾和确认信息等。有时，这些多余的开销会显著降低传输速率。例如，IEEE 802.11g 的理论传输速率是 54Mbit/s，但实际上只有 22Mbit/s，一半以上的速率被浪费掉。如果只是通过引入新技术提高物理层的传输速率，而不对 MAC 层进行改进，那么物理层的速率提升会受到限制。所以 IEEE 802.11n 除了在物理层引入新技术外，还在 MAC 层采用帧聚合、块确认等技术提高 MAC 层处理效率。

　　（1）帧聚合。

　　IEEE 802.11n 引入了两种帧聚合技术，即 MAC 服务数据单元聚合（MAC Service Data Unit，MSDU）和 MAC 协议数据单元聚合（MAC Control Protocol Data Unit，MPDU）。这两种类型的聚合在逻辑上分别位于 MAC 层的顶端和底端。帧聚合的核心思想是将多个目的地相同的数据帧聚合成一个物理层报文，减少资源（如帧头和帧尾）消耗。

　　（2）块确认。

　　为保证数据传输的可靠性，IEEE 802.11 标准规定接收端每收到一个单播数据帧，必须回复 ACK 帧予以确认，发送端只有收到 ACK 帧后才能继续发送数据。块确认是指使用一个 ACK 帧完成对多个数据帧的确认，这样就能减少 ACK 帧的数量。块确认技术实际是在 IEEE 802.11e 中引入的，IEEE 802.11n 对其进行了增强，增强后的机制包括立即块确认和延迟块确认。相关技术的具体细节这里不再展开讨论，感兴趣的读者可以参考相关资料，自行深入学习。

任务实施

（1）目前 WLAN 的两大主流标准是由 IEEE 制定的 IEEE 802.11 系列标准，以及由 ETSI 下属的宽带无线电接入网络小组制定的 HiperLAN 系列标准，IEEE 802.11 系列标准更为流行。请查阅相关资料比较两大标准的异同。

（2）IEEE 802.11 系列标准具有连续性，后发布的标准往往继承并改进了已有标准的相关技术，从而在传输速率、覆盖范围等无线网络指标上持续改进。请参考相关资料梳理 IEEE 802.11 系列标准的发展历史，明确各标准的技术参数。

（3）IEEE 802.11n 标准引入并改进了许多新技术，极大提高了 WLAN 的传输速率，对 WLAN 的发展具有巨大的推动作用。请查找相关资料学习 IEEE 802.11n 引入的新技术。

拓展知识

无线信号的传输形式

无线信号在发射天线和接收天线之间以空间流的形式传输。根据发射天线和接收天线的数量的不同，可分为以下 4 种传输形式，如图 2-1 所示。

（1）单输入单输出。

在图 2-1（a）中，发射天线和接收天线各有一根，发射天线和接收天线之间空间流的路径是唯一的，这种系统称为单输入单输出（Single-Input Single-Output，SISO）。由于只有一根发射天线，因此同一时刻只能发送一个空间流，即一份信号，在通信业务量大的时候很可能会出现拥塞。SISO 系统是不可靠的，传输速率也会受到限制。

（2）单输入多输出。

为了提高 SISO 系统的可靠性和传输速率，对其接收端进行改造，在接收端增加一根接收天线，这种系统称为单输入多输出（Single-Input Multiple-Output，SIMO），如图 2-1（b）所示。发射天线和接收天线之间有两条传输路径，如果其中一条路径出现数据丢包等现象，则可以通过另一条路径完成数据传输，因此 SIMO 系统的可靠性较 SISO 系统有所提高。由于发射天线只有一根，因此同一时刻其实只能发送一份信号，两条路径传输的数据是相同的。SIMO 系统的工作方式也称为接收分集。

（3）多输入单输出。

改造 SISO 系统时，如果增加的是发射天线而不是接收天线，就会形成多输入单输出（Multiple-Input Single-Output，MISO）系统，如图 2-1（c）所示。和 SIMO 系统类似，MISO 系统也有两条传输路径，但由于接收天线只有一根，因此即使发送端发送不同的数据，到达接收端还是要进行合并。MISO 系统的工作方式也称为发射分集。

（4）多输入多输出。

多输入多输出（Multiple-Input Multiple-Output，MIMO）系统在发送端和接收端都有多根天线，因此可以同时发送和接收多个空间流，即多份信号，并能够区分发往或来自不同空间方向的信号，如图 2-1（d）所示。MIMO 系统结合空间复用和空间分集等技术，可在不增加带宽的情况下，提高系统容量、覆盖范围和信噪比。在 MIMO 系统中，空间流数一般小于或等于收发端最少的天线数量。例如，4×4 的 MIMO 系统可以传输 4 个或者更少的空间流，而 3×2 的 MIMO 系统可以传输 2 个或少于 2 个的空间流。由于 IEEE 802.11ac 和 IEEE 802.11ax 标准最多支持 8 个空间流，因此，就算收发端各有 12 根天线，也只能收发 8 个空间流。

图 2-1　无线信号的传输形式

最后简单介绍多用户 MIMO 系统。前面提到的 MIMO 系统是单用户 MIMO 系统（Single-User MIMO，SU-MIMO），即接收端只有一个用户，是一种点对点的单用户 MIMO 系统。现实应用中，无线网络往往需要同时服务多个终端用户，如家庭中多人共享同一台无线路由器，这就产生了点对多点的多用户 MIMO 系统的需求。多用户 MIMO 系统与单用户 MIMO 系统的区别主要在于：在多用户 MIMO 系统中，用户组的数据占用相同的时频资源，即用户组的数据在相同的子载波上传输。因此，多用户 MIMO 系统能有效提高系统吞吐量。但随之而来的问题是在多用户 MIMO 系统中如何消除用户之间的信道干扰。多用户 MIMO 系统的具体技术这里不深入展开讨论，感兴趣的读者可以参考相关资料，自行拓展学习。

拓展实训

IEEE 802.11 系列标准是目前使用最广泛的 WLAN 标准，在物理层和 MAC 层上制定了详细的通信规范。本任务主要介绍了 IEEE 802.11 系列标准的主要内容和相关技术。请读者查阅相关资料，完成下面的实训内容。

【实训目的】

（1）了解 IEEE 802.11 系列标准的基础知识。

（2）熟悉 IEEE 802.11 系列标准的主要内容和技术参数。

（3）了解 IEEE 802.11n 标准的主要技术。

【实训内容】

（1）学习 IEEE 802.11 系列标准的基础知识。

（2）研究 IEEE 802.11 系列标准的主要内容和技术参数。

（3）研究 IEEE 802.11n 标准的主要技术。

（4）梳理 IEEE 802.11 系列标准的继承关系。

任务 2.2　了解 WLAN 关键技术

任务陈述

和有线局域网（以太网）采用电缆或光纤作为传输介质不同，WLAN 的传输介质是空气。这要求 WLAN 采用和以太网不一样的物理层及 MAC 层通信协议。IEEE 802.11 系列标准详细定义了 WLAN 物理层和 MAC 层的通信规范，任务 2.1 已就其中涉及的基本概念和主要技术进行了简单介绍，本任务将就 WLAN 的关键技术进行详细说明。

知识准备

2.2.1 WLAN 标准体系结构

ISO 建议的 OSI 参考模型将计算机网络通信协议体系分为 7 层，局域网标准主要包括最下面的两层，即物理层和数据链路层。数据链路层分为逻辑链路控制（Logical Link Control，LLC）层和 MAC 层两个子层。WLAN 标准集中于物理层和 MAC 层。物理层标准和传输介质的物理特性相关，涉及工作频段、调制编码方式、最高传输速率等内容；MAC 层标准则主要负责信道接入、寻址、数据帧校验、错误检测、安全、漫游和同步等内容。图 2-2 所示为 IEEE 802.11 系列标准和 OSI 参考模型的对应关系，以及物理层和 MAC 层的关键技术。

图 2-2 IEEE 802.11 系列标准和 OSI 参考模型的对应关系

下面通过两个小节分别详细介绍物理层和 MAC 层的关键技术。其中，MAC 层的关键技术是学习的重点，需要读者熟练掌握。

2.2.2 物理层关键技术

前文说过，IEEE 802.11 系列标准在物理层主要定义了红外线、DSSS 和 FHSS 这 3 种传输技术，IEEE 802.11a 在物理层引入了 OFDM 技术。红外线技术采用接近可见光的 850～950nm 的红外线作为传输介质，无须对准，依靠直射和反射传播的红外线进行通信。红外线具有较强的方向性，受太阳光的干扰较大，很难穿透墙壁，即使遇到玻璃也会显著衰减，因此红外线一般用于近距离的点对点通信，并未被 WLAN 标准广泛使用。

V2-4 扩频与 OFDM

1. 扩频技术

带宽（又称频宽）是指能够有效通过信道的最大频带宽度，用于表示信道传输数据的能力。带宽的大小依据要传送的信息量而定。需要传送的信息量越多，带宽也就越大，带宽与信息量如图 2-3 所示。例如，IEEE 802.11 系列标准定义的信道带宽为 20MHz（而在 IEEE 802.11b 中其为 22MHz）。电视信号包含音频和视频，需要 4500kHz 的带宽，而调频广播只需要 175kHz 的带宽承载高品质的音频。

射频传输方式主要分为窄带（Narrow-Band）传输和扩频（Spread Spectrum，SS）传输两类，如图 2-4 所示。窄带传输是指用极窄的带宽发送数据。窄带信号占据的频率范围极窄，针对该频率范围的干扰很容易影响信号。扩频传输是指采用超出实际所需的带宽发送数据。由于扩频信号占据的频率范围很大，一般来说，干扰信号很难影响到扩频信号，除非干扰信号也扩展到与扩频信号相同的频率范围。

图 2-3 带宽与信息量   图 2-4 窄带传输与扩频传输

扩频的工作原理是在发送端利用数学函数将扩频信号功率分散至较大的频率范围，在接收端进行反向操作，将扩频信号还原为窄带信号。扩频通信系统一般要进行 3 次调制和相应的解调。3 次调制依次为信息调制（编码）、扩频调制和射频调制，与之相应的解调分别为信息解调（解码）、解扩调制和射频解调。相比于一般的数字通信系统，扩频通信系统增加了扩频调制和解扩调制两部分。

扩频技术有多种实现方案，WLAN 主要使用 DSSS 和 FHSS。

（1）DSSS。

DSSS 对待发送数据使用高码率的扩频码序列进行编码调制，从而扩展信号的频谱。在接收端，用相同的扩频码序列对扩频信号进行解扩，将其还原为原始数据。DSSS 的工作过程如图 2-5 所示。扩频技术中最常使用伪随机噪声（Pseudorandom Noise，PN）序列以产生类似于随机信号的功能。

DSSS 系统具有明显的优势。采用 DSSS 技术的扩频信号频带利用率高、谱密度较低、带宽较大，具有很强的抗截获、防侦查、防窃听及抗多径干扰能力。

图 2-5 DSSS 的工作过程

（2）FHSS。

FHSS 采用伪随机噪声序列改变载波频率，使载波频率以某种随机样式不断随机跳变，每个子信道只进行瞬间的传输。FHSS 的工作过程如图 2-6 所示。干扰信号的频率一般不会随载波频率的变化而变化，因此这种通信方式比较隐蔽。一般来说，跳频速率越高，抗干扰性越好，但通信设备的复杂度和成本也越高。只要通信双方按照固定的算法产生相同的 PN 序列，就可以把扩频信号还原成原始信号。

FHSS 系统具有码分多址和宽带共享的组网通信能力，容易与目前的窄带系统兼容，可以提高频谱利用率，具有较强的抗多径干扰和抗衰落能力。DSSS 在可靠性要求较高的应用中具有优势，而 FHSS 在低成本的应用中较占优势。

图 2-6　FHSS 的工作过程

2. OFDM 与 OFDMA

（1）OFDM。

OFDM 是一种特殊的多载波调制技术，其基本原理是在频域内将一个信道分成许多正交子信道，在每个子信道上使用一个子载波进行调制，将高速数据信号转换成并行的低速子数据流。子载波相互正交，频谱相互重叠，具有较高的频谱利用率。OFDM 还能减少子载波间的相互干扰，对抗多径衰落。

IEEE 802.11a 首次引入了 OFDM 技术，IEEE 802.11g/n/ac/ax 均沿用或改进了这一技术。基于 OFDM 的调制方式包括二进制相移键控（Binary Phase Shift Keying，BPSK）、正交相移键控（Quadrature Phase Shift Keying，QPSK）及正交幅度调制（Quadrature Amplitude Modulation，QAM）。调制编码方式的区别主要是每个子载波所代表的比特数存在差异。例如，使用 BPSK 调制时，每个子载波只能表示 2 比特；而对于 IEEE 802.11g 使用的 64-QAM 调制方式，每个子载波可以表示 6 比特。为了提高吞吐率，IEEE 802.11ac 和 IEEE 802.11ax 分别引入了调制效率更高的 256-QAM 和 1024-QAM，其每个子载波分别可以表示 8 比特和 10 比特。越高阶的调制方式，其调制效率越高。但不同调制方式的效率提升也不是随调制阶数线性增长的，越往后提升越不明显。

（2）OFDMA。

OFDMA 也通过不同的频率区分不同的用户。但是与 OFDM 相比，OFDMA 的频谱利用率有很大提升。OFDMA 实现了多个用户同时进行数据传输功能，增加了空口效率，大大减少了应用延迟。

在 OFDM 模式下，用户是通过时间片区分的。在每一个时间片上，一个用户占据完整的子信道（子载波）。在该用户释放某个子信道后，下一个用户才能使用该子信道。OFDM 的工作模式如图 2-7（a）所示。

OFDMA 在频域上将无线信道划分为多个子信道，子信道又被分为若干个固定大小的时频资源块，称为资源单元（Resource Unit，RU），如图 2-7（b）所示。在该模式下，用户的数据承载在

图 2-7　OFDM 与 OFDMA

每一个 RU 上而不是占用整个子信道，每个用户可以占用一组或多组 RU 以实现满足不同带宽需求的业务。在每个 RU 上，多个用户可以同时发送数据，从而减少了用户的排队等待时延。OFDMA 特别适用于传输大量小数据包的多用户场景，如物联网或语音等。IEEE 802.11ax（Wi-Fi 6）采用 OFDMA 技术提高频谱利用率。以 80MHz 带宽的子信道为例，可以将其最多分成 37 个 RU，同时支持 37 个并发用户。

3. MIMO-OFDM

在上文介绍 IEEE 802.11n 引入的新技术时，已经介绍了 MIMO-OFDM 技术，这里不再赘述。

2.2.3 MAC 层关键技术

V2-5 CSMA/CA
基本原理

在广播通信网络中，多个站点（通信实体、用户、网络设备）共享通信信道（总线）。如果它们同时向信道发送数据，则会引起信道访问冲突。因此，必须制定相应的标准为各站点合理分配信道使用权，即控制站点何时使用信道，这也是 MAC 层协议要解决的基本问题。

1. 以太网 MAC 层技术

以太网（有线局域网）使用载波监听多路访问/冲突检测（CSMA/CD）机制实现站点对信道的竞争访问。载波监听是指站点在发送数据前对信道进行监听，以确保信道当前没有数据传输。如果信道当前正在使用，则需要等待其变为空闲状态。如果信道是空闲的，则可以发送数据。CSMA/CD 通过检测电缆中电压的变化监听信道，当发生数据碰撞（多站点同时发送数据）时，电缆中的电压就会随之发生变化。多路访问是指多个站点连接到同一个网络上，每个站点发送的数据可以被多个站点接收。CSMA/CD 的工作方式可以概括为"先听后发、边听边发、冲突停止、随机延迟重发"，其工作流程如图 2-8 所示。站点在发送数据前，先监听信道是否空闲。如果信道已被占用，则等待信道空闲时再发送数据（先听后发）。在开始发送数据后，发送站点要继续监听至少数据传输一个往返的时间（边听边发），并判断是否发生冲突。如果发生冲突，则立即停止发送数据（冲突停止），并发送一个加强的阻塞（Jam）信号告知共享信道上的其他站点发生了冲突。此后，等待一个随机的时间，在信道空闲时再重新发送之前未发送完的数据。

图 2-8 CSMA/CD 的工作流程

2. CSMA/CA

（1）DCF 和 PCF。

和以太网采用电缆或光纤作为传输介质不同，无线网络的传输介质是空气。WLAN 常被称为"无线以太网"，尽管传输介质不同，但都是共享的信道，都要解决信道访问冲突问题。无线介质和有线介质有很大的差异。在无线介质上，传输距离和其他环境因素对无线电波的影响很大，更容易发生数据传输错误。由于距离原因，不是每个站点都能检测到其他站点发送的无线电波，因此监听载波是不可靠的。另外，无线网络中的站点没有同时进行数据发送和接收的能力，因此无法在发送数据时检测冲突。这些因素都要求 WLAN 采用和以太网不一样的信道控制方法。IEEE 802.11 系列标准提供了两种协调站点访问信道的方式，即分布式协调功能（Distributed Coordination Function，DCF）和点协调功能（Point Coordination Function，PCF）。

DCF 使用 CSMA/CA 机制使每个站点通过竞争的方式获取信道使用权。PCF 使用集中控制的信道接入算法，用类似轮询的方法把信道使用权轮流分配给各站点，从而避免信道冲突。基于竞争的分布式信道接入机制实现起来更简单，在实际应用中也表现出可靠和强大的一面，能够满足一般网络应用的基本需求。因此，DCF 在 IEEE 802.11 系列标准中是必选的，PCF 是可选的。业界普遍采用 DCF 方式。

（2）CSMA/CA 的工作流程。

DCF 的核心是 CSMA/CA。和 CSMA/CD 类似，CSMA/CA 也要求发送站点在发送数据前监听信道状态。当信道空闲时，发送站点就等待一段随机时间，并在此时间段内继续监听信道。如果等待时间结束后信道仍为空闲，则发送站点发送数据。CSMA/CA 的工作流程如图 2-9 所示。

图 2-9　CSMA/CA 的工作流程

CSMA/CA 的基础是载波监听。WLAN 有两种载波监听方式，即物理载波监听（Physical Carrier Sense，PCS）和虚拟载波监听（Virtual Carrier Sense，VCS）。PCS 是 IEEE 802.11 系列标准在物理层提供的监听方式，通过检测接收到的信号能量判断是否有其他站点正在使用信道。当信号能量低于（高于）一定阈值时，就说明信道是空闲（繁忙）的。VCS 在 MAC 层实现。发送站点将其占用信道时间"通知"给其他站点，以便其他站点在这段时间内停止发送数据。"虚拟"的意思是接收站点没有真正检测物理信道，而是收到通知后暂时不发送数据，达到监听信道的效果。这里所说的"通知"是指发送站点在其 MAC 帧的 Duration（持续时间）字段中写入该帧结束后还要占用信道多长时间（以 μs 为单位，包括接收站点发送 ACK 帧的时间）。当接收站点检测到 MAC 帧的 Duration 字段时，会设置一个网络分配向量（Network Allocation Vector，NAV）计时器并开始倒计时。在 NAV 的值减少为 0 之前，接收站点一直认为信道是繁忙的。需要注意的是，PCS 和 VCS 是同时进行的，只有两种方式都认为信道未被占用时才能判断信道是空闲的。

（3）停止等待。

尽管 CSMA/CA 引入了冲突避免机制，但并不能保证完全避免冲突。当冲突发生时，由于站点无法进行冲突检测，因此不能判断数据是否发送成功。针对这个问题，CSMA/CA 采用了停止等待协议加以解决。发送站点发送完一个单播帧后，要等到接收站点返回确认帧（即 ACK 帧）才能继续发送下一帧，这也叫作链路层确认。如果单播帧遭到破坏而校验失败，那么接收站点不会回复 ACK 帧，发送站点自然也就收不到 ACK 帧。还有一种可能是 ACK 帧未能成功地到达发送站点，如图 2-10 所示。不管是哪种原因，只要发送站点没有收到 ACK 帧，即单播帧未得到确认，那么发送站点就认为发生了冲突，于是重传该单播帧。

图 2-10　停止等待

（4）帧间间隔。

为了尽量避免冲突，IEEE 802.11 系列标准规定站点在完成一帧的发送后，必须等待一段很短的时间才能发送下一帧，这段时间称为帧间间隔（Inter-Frame Space，IFS）。帧间间隔的长度取决于要发送的帧的类型。高优先级帧使用的帧间间隔是短帧间间隔（Short IFS，SIFS）。这类帧等待的时间较短，如 ACK 帧。低优先级帧使用的是分布式协调功能帧间间隔（Distribute coordination function IFS，DIFS），等待时间较长。在 DCF 方式中，发送数据帧和管理帧时使用 DIFS。DIFS 是 DCF 中最短的信道空闲时间。如果信道空闲时间大于 DIFS，则站点可以立即使用信道发送数据。

（5）随机退避机制。

按照 IEEE 802.11 系列标准的规定，当站点发送第一个 MAC 帧时，若检测到信道空闲，则在等待 DIFS 后可以发送第一帧（如果当时信道仍是空闲的）。如果不是第一帧，则不仅必须等待一个 DIFS，还要执行相应的退避算法，并等待随机退避时间以便再次接入信道。这时，站点就进入了争用窗口阶段。在 CSMA/CD 协议中，各站点检测到发生数据碰撞时执行退避算法。但是由于 CSMA/CA 没有碰撞检测机制，因此在信道从繁忙状态转为空闲状态时，各站点就执行退避算法。

IEEE 802.11 系列标准同样使用二进制指数退避算法（Binary Exponential Backoff Algorithm）。与 CSMA/CD 不同的是，CSMA/CA 在第 i 次退避时从 2^{2+i} 个时隙（Slot Time）中随机选择一个时隙（时隙编号从 0 开始）。也就是说，第 1 次退避时从 8 个（而不是 2 个）时隙中随机选择一个，第 2 次退避时从 16 个（而不是 4 个）时隙中随机选择一个。i 最大值为 6，当 i 增加到 6（时隙编号达到 255）时就不再增加了。

当某个要发送数据的站点使用退避算法确定退避时间后，就根据这个退避时间设置一个退避计时器（Backoff Timer）。每经过一个时隙，退避计时器的值就减 1。当退避计时器的值减少到 0 时，该站点就可以发送数据。另外一种情况是，在退避计时器的值尚未减少到 0 时，信道转变为繁忙状态（被其他站点占用）。这时就冻结退避计时器的值，重新等待信道变为空闲，然后经过 DIFS 后重新启动退避计时器（从剩余的值开始计时）。

以图 2-11 为例，共有 4 个站点竞争访问信道。STA3 的退避计时器最先减少到 0，于是立即发送数据。在 STA3 发送数据的过程中，其他几个 STA 检测到信道繁忙，就冻结各自的退避计时器，等待信道变为空闲。当 STA3 发送数据结束后，信道变为空闲，又经过 DIFS，其他 STA 重启退避计时器，从各自剩余的值开始倒计时。现在 STA4 的退避计时器最先减为 0，于是 STA4 获得信道使用权，开始发送数据。同样，在 STA4 发送数据期间，STA1 和 STA2 冻结其退避计时器，一直等到信道再次变为空闲后，STA1 和 STA2 按照相同的规则争用信道。在上述过程中，冻结退避计时器这个操作非常关键，其目的是使协议对所有站点更加公平。

图 2-11　随机退避机制

3. RTS/CTS

在 WLAN 中，由于传输距离和信号衰减的原因，有时候并不能收到其他站点的射频信号。在

图 2-12（a）所示的网络中，STA2 可以和 STA1 及 STA3 直接通信，但 STA1 和 STA3 不在彼此的覆盖范围内，无法直接通信。另外，STA1 和 STA3 的覆盖范围存在重叠（STA2）。WLAN 中经常出现两个终端在彼此的覆盖范围之外，但其覆盖范围又存在重叠的情况，这样的终端互为隐藏节点（Hidden Node）。如果 STA1 和 STA3 同时向 STA2 发送数据，则将导致在 STA2 上产生冲突。为了解决无线网络中的隐藏节点问题，DCF 提供了可选的 RTS/CTS 机制。

RTS/CTS 的工作原理如图 2-13 所示。发送站点在等待 DIFS 后，先发送一个 RTS 帧以申请对信道的占用，收到 RTS 帧的其他站点通过设置 NAV 保持沉默（不发送数据）。一旦收到 RTS 帧，接收站点就在等待一个 SIFS 之后立即回复一个 CTS 帧，告诉发送站点其已准备好接收数据。双方在成功交换一对 RTS/CTS 帧后才开始真正交换数据。与 RTS 帧一样，CTS 帧也会令附近的站点保持沉默。RTS/CTS 机制能保证多个互不可见的发送站点（互为隐藏节点）向一个接收站点同时发送数据时，只有收到接收站点回复的 CTS 帧的那个站点能够发送，从而避免发生冲突。

图 2-12　隐藏节点

图 2-13　RTS/CTS 的工作原理

在图 2-12（b）中，STA1 和 STA3 互为隐藏节点。STA1 发送一个 RTS 帧预约对信道的访问。STA2 收到 RTS 帧后，回复一个 CTS 帧。STA1 收到 CTS 帧后准备开始发送数据。同时，STA3 也收到 CTS 帧，得知 STA2 准备接收其他站点的数据，因此保持沉默。这样，STA3 虽然没有收到 STA1 的 RTS 帧，但通过 STA2 回复的 CTS 帧也达到了监听信道的目的，避免了信道冲突。

和隐藏节点相对的是暴露节点。暴露节点是指在发送者的通信范围之内而在接收者通信范围之外的节点，如图 2-14 所示。STA3 在 STA2 的通信范围内，在 STA1 的通信范围外，STA2 和 STA3 互为暴露节点。假设当 STA2 向 STA1 发送数据时，STA3 也希望向 STA4 发送数据。根据 CSMA/CA 协议可知，STA3 监听信道，它将监听到 STA2 正在发送数据，于是错误地认为它此时不能向 STA4 发送数据，但实际上它的发送不会影响 STA1 的数据接收，这就会导致暴露节点问题的出现。RTS/CTS 也可以解决这个问题。STA2 发送 RTS 帧预约对信道的访问，STA1 收到 RTS 帧后向 STA2 返回 CTS 帧。STA3 只收到 STA2 的 RTS 帧而没收到 STA1 的 CTS 帧，因此可以向 STA4 发送数据。

从表面上看，引入 RTS/CTS 机制增加了网络传输的开销，因为收发站点在传输实际数据前要通过一对 RTS/CTS 帧进行握手。实际上，这种交互方式可以有效解决隐藏节点问题，因为站点只有在信道预约成功后才能发送数据。另外，由于 RTS 帧和 CTS 帧很短，因此涉及 RTS 帧和 CTS

帧的碰撞仅持续很短的时间。一旦 RTS 帧和 CTS 帧握手成功进行，那么后续的数据帧和 ACK 帧应当能够无碰撞地传输。相反，如果不使用 RTS/CTS 机制，一旦发生碰撞而导致数据重发，那么浪费的信道资源会更多。

图 2-14　暴露节点

在 IEEE 802.11 系列标准中，RTS/CTS 机制是可选的。用户可以通过设置一个数据传输的上限值来调整 RTS/CTS 机制的行为。一旦数据帧长度大于此上限值，就立即启动 RTS/CTS 机制，否则直接传送数据帧。

2.2.4　IEEE 802.11 MAC 帧

在 OSI 参考模型中，数据链路层使用的协议数据单元（Protocol Data Unit，PDU）称为帧或 MAC 帧，前文已多次使用这个概念。IEEE 802.11 系列标准中的 MAC 帧与以太网 IEEE 802.3 中的 MAC 帧有所不同。本小节将详细介绍 IEEE 802.11 MAC 帧的格式与类型。

V2-6　IEEE 802.11 MAC 帧简介

1. IEEE 802.11 MAC 帧格式

IEEE 802.11 系列标准中的 MAC 帧按功能的不同可分为数据帧、控制帧和管理帧三大类。不管是哪种类型的 MAC 帧，其格式都包括三大部分，如图 2-15 所示。其中，图下方的数字表示字段的长度，单位是字节。

（1）MAC 帧首部，即帧头。帧头最大长度为 30 字节（IEEE 802.11n 中帧头最大长度为 36 字节）。帧头包含帧控制、持续时间、地址及序列控制等信息，MAC 帧的复杂性集中体现于帧头。

图 2-15　IEEE 802.11 MAC 帧格式

（2）MAC 帧数据，即帧体。帧体是 MAC 帧的数据部分，负责传输上层协议的有效数据载荷（Payload）。帧体长度可变，最大长度为 2312 字节（IEEE 802.11n 中帧体最大长度为 7955 字节）。

（3）帧校验序列（Frame Check Sequence，FCS），即帧尾。帧尾包含一个 4 字节的循环冗余校验（Cyclic Redundancy Check，CRC）码，可由帧头和帧体计算得到，用于接收端校验 MAC 帧是否出现错误。

帧头包含许多影响数据传输行为的子字段，下面就帧头中重要字段的含义和功能进行详细介绍。

（1）帧控制（Frame Control）。

帧控制字段虽然只有 2 字节，但却包含了丰富的帧控制信息，包括帧类型、子类型、分段标记和重传标记等。帧控制字段的具体介绍详见本任务的"拓展知识"部分。

（2）持续时间/ID（Duration/ID）。

持续时间/ID 字段长度为 2 字节，最高位为 0 时表示正在进行的传输还要持续多长时间，即还要继续占用信道多长时间。收到该帧的站点通过更新 NAV 等待信道变为空闲。持续时间最长不能超过 32767（$2^{15}-1$）μs。如果一个 PS-Poll 帧（一种控制帧）设置了最高两位，则剩下的 14 位表示该帧的关联标识符（Association ID，AID）。

（3）地址（Address）。

WLAN MAC 帧最特殊的地方就是它包含 4 个 MAC 地址。WLAN 中的网络节点按功能及位置的不同分为 4 类，即源端、传输端（发送站点）、接收端（接收站点）和目的端。与之对应的 4 类地址分别为源地址（SA）、传输端地址（TA）、接收端地址（RA）和目的地址（DA）。地址 4 字段只在某些类型的帧中才出现。各个地址字段的内容及含义取决于帧控制字段中 To DS 和 From DS 两个子字段的值。这里不再深入介绍字段之间的相互关系，感兴趣的读者可以查阅相关资料自行学习。

（4）序列控制（Sequence Control）。

序列控制字段占 2 个字节，包括序列编号和片段编号两个子字段，分别占 12 位和 4 位。序列编号是指 MAC 帧的编号，片段编号表示 MAC 帧分片后各个片段的编号。重传的帧的序列编号和片段编号都不改变。这两个编号能够帮助接收端区分是新传的帧还是因为差错而重传的帧，方便接收端对重传的帧进行筛选，并丢弃重复帧以保证帧的正确性。

2. IEEE 802.11 MAC 帧类型

（1）数据帧。

当帧类型字段值为"10"时，表示该帧为数据帧，不同的子类型标识不同类型的数据帧。数据帧中，0000～0111 的子类型是在最初的 IEEE 802.11 标准中引入的，1000～1111 则是在 IEEE 802.11e 标准中引入的。需要注意的是，数据帧中 4 个地址字段的意义与 To DS 及 From DS 有关，且地址 4 字段只在 To DS 及 From DS 均为 1 时才出现。

（2）控制帧。

当帧类型字段值为"01"时，表示该帧为控制帧，不同的子类型标识不同类型的控制帧。控制帧的作用是协助站点间交换数据报文，提高数据传输的可靠性，如常见的 RTS 帧、CTS 帧、ACK 帧等。

RTS 帧用于对信道进行预约，收到 RTS 帧的站点在指定的时间内不发送数据。RTS 帧的格式如图 2-16 所示。接收端地址表示接收 RTS 帧的站点的地址，该站点为后续数据帧或管理帧的直接接收方。发送端地址表示发送本 RTS 帧的站点的地址。持续时间字段值以 μs 为单位，表示接下来要占用信道多长时间。

CTS 帧是对 RTS 帧的回复，表示接收站点已做好接收数据的准备，同时令附近的站点保持沉默。CTS 帧的格式如图 2-17 所示。CTS 帧的接收端地址即之前 RTS 帧的发送端地址。持续时间字段值等于 RTS 帧的持续时间字段值减去 CTS 帧的时长，再减去一个 SIFS。

ACK 帧是对收到的帧的确认，格式与 CTS 帧的格式相同，如图 2-17 所示。其接收端地址从所要应答的发送端帧的地址 2 字段复制而来。

（3）管理帧。

当帧类型字段值为"00"时，表示该帧为管理帧，不同的子类型标识不同类型的管理帧。管理帧负责无线站点与无线接入点之间的交互、认证、关联等管理工作。管理帧的格式如图 2-18 所示。管理帧的格式与帧的子类型无关，且地址字段不随帧的子类型改变而改变。帧体部分由每个管理帧子类型定义的固定字段和信息元素组成，且它们只能以特定的顺序出现。

图 2-16　RTS 帧的格式

图 2-17　CTS 帧与 ACK 帧的格式

图 2-18　管理帧的格式

任务实施

（1）IEEE 802.11 系列标准定义了 WLAN 在物理层和 MAC 层的通信规范。请查阅相关资料明确 IEEE 802.11 系列标准和 OSI 参考模型的对应关系。

（2）物理层标准和传输介质的物理特性相关，涉及工作频段、调制编码方式、最高传输速率等内容。请参考相关资料学习 IEEE 802.11 物理层的关键技术。

（3）MAC 层标准主要负责信道接入、寻址、数据帧校验、错误检测、安全、漫游和同步等内容。请参考相关资料学习 IEEE 802.11 MAC 层的关键技术

（4）数据链路层的协议数据单元是 MAC 帧。IEEE 802.11 系列标准定义了 3 种 MAC 帧类型。请查阅相关资料了解 MAC 帧的格式、字段含义及每种 MAC 帧的功能。

拓展知识

1. 帧控制字段

帧控制字段的各个子字段的顺序与长度如图 2-19 所示，下方的数字表示子字段的长度，单位是比特。

图 2-19　帧控制字段的各个子字段的顺序与长度

① 协议（Protocol）版本。IEEE 802.11 系列标准相互兼容，因此该字段的值被设置为"00"。

② 帧类型（Type）和子类型（Sub Type）。IEEE 802.11 系列标准定义了数据帧、控制帧和管理帧 3 种帧类型，针对每种帧类型又定义了若干种子类型。帧类型和子类型共同指定了 MAC 帧的功能。

③ 目的分布系统（To DS）和源分布系统（From DS）。这两个子字段分别表示无线链路向工作站发送的帧和工作站向无线链路发送的帧。

④ 更多片段（More Fragments）。无线信道的通信质量相对有线信道较差。为了提高传输效率，在信道通信质量较差时，可以把一个较长的帧划分为许多较短的片段再进行数据传输。当 MAC

帧经过分片处理后，除最后一个片段外，其他片段均会将该字段的值设定为 1。

⑤ 重传（Retry）。帧的传输可能因为干扰或碰撞导致失败，这时需要重传失败的帧。任何重传的帧都会将该字段的值设定为 1，以协助接收端丢弃重复的帧。

⑥ 电源管理（Power Management）。该字段用于表示完成当前帧的传输后，发送站点的电源管理状态。1 表示处于节能（Power Save，PS）模式，0 表示处于活跃（Active）模式。

⑦ 更多数据（More Data）。当向一个站点发送广播或多播帧时，如果还有其他帧要发送，则将该字段的值设定为 1。该字段仅用于数据帧和管理帧，在控制帧中，其值为 0。

⑧ 受保护帧（Protected Frame）。该字段的值为 1 时表示帧体部分的数据已被加密，为 0 时表示没有进行加密处理。

⑨ 排序（Order）。帧与帧片段可依次传送，依次传送时该字段的值被设定为 1。

2. 控制帧的帧控制字段

对于不同类型的控制帧，其帧控制字段的各个子字段（除子类型）的取值是固定的。

To DS 与 From DS：控制帧负责处理无线介质的访问，因此只能够由无线工作站产生，传输系统并不会收发控制帧，因此这两个字段的取值为 0。

More Fragments：控制帧不能被分片，因此这个字段的值为 0。

Retry：控制帧不像管理帧或数据帧那样必须在序列中等待重传，因此这个字段的值为 0。

More Data：这个字段仅用于管理数据帧，在控制帧中这个字段的值为 0。

Protected Frame：控制帧不需要经过加密，因此对控制帧而言，这个字段的值为 0。

Order：控制帧必须依序发送，所以这个字段的值为 0。

拓展实训

由于 WLAN 使用无线信道传输数据，因此必须采用和以太网不一样的物理层和 MAC 层技术。IEEE 802.11 系列标准定义了 WLAN 物理层和 MAC 层通信规范。请读者查阅相关资料，完成下面的实训内容。

【实训目的】

（1）了解 IEEE 802.11 系列标准的层次结构。

（2）了解物理层的关键技术，如扩频传输、OFDM 等。

（3）熟悉 MAC 层的关键技术，如 CSMA/CA、随机退避机制及 RTS/CTS 等。

（4）了解 IEEE 802.11 MAC 帧格式及类型。

【实训内容】

（1）学习 IEEE 802.11 物理层关键技术，了解扩频传输的特点和类型、OFDM 与 OFDMA 的区别。

（2）研究 IEEE 802.11 MAC 层关键技术，掌握 CSMA/CA 的工作流程、CSMA/CA 与 CSMA/CD 的区别、随机退避原理、帧间间隔相关概念及 RTS/CTS 机制的作用。

（3）学习 IEEE 802.11 MAC 帧格式，掌握 MAC 帧的关键字段的含义，了解 3 种不同类型的 MAC 帧的作用。

项目小结

WLAN 的发展离不开相关技术标准的支持，由 IEEE 制定的 IEEE 802.11 系列标准是目前应用最广泛的 WLAN 标准。任务 2.1 梳理了 IEEE 802.11 系列标准的发展历史。从最早的 IEEE

802.11-1997 到最新的 IEEE 802.11ax 都有所涉及，IEEE 802.11 工作组持续改进并完善原标准，同时引入了一些新技术，使 WLAN 的传输速率、传输距离、可靠性、安全性不断提高。任务 2.1 对这些新技术进行了详细的介绍。由于 WLAN 和以太网的传输介质不同，因此 WLAN 必须采用和以太网不一样的物理层和 MAC 层技术。任务 2.2 从物理层和 MAC 层两个角度重点讨论了 IEEE 802.11 系列标准的关键技术，读者在学习时也应注意对比 WLAN 和以太网在相关技术上的区别及联系。任务 2.2 还介绍了 IEEE 802.11 MAC 帧的格式和类型。

项目练习题

1. 选择题

（1）负责制定 WLAN 标准的组织是（　　　）。

　　A. Wi-Fi 联盟　　　　　　　　　　　B. FCC

　　C. IEEE 802.11 工作组　　　　　　　D. ISO

（2）采用"Wi-Fi"作为 IEEE 802.11 系列标准的推广名称，最主要的原因是（　　　）。

　　A. 简单、容易记忆

　　B. 体现 IEEE 802.11 系列标准的技术特点

　　C. 为了后续命名的扩展

　　D. 兼容 IEEE 802.11 工作组其他标准的命名方式

（3）下列不是第一代 WLAN 标准 IEEE 802.11-1997 定义的物理层传输技术的为（　　　）。

　　A. 红外线　　　　B. 蓝牙　　　　C. DSSS　　　　D. FHSS

（4）1999 年公布的 IEEE 802.11b 将数据最高传输速率提高到（　　　）。

　　A. 22Mbit/s　　　B. 11Mbit/s　　　C. 54Mbit/s　　　D. 108Mbit/s

（5）（　　　）不是 IEEE 802.11g 的技术特点。

　　A. IEEE 802.11g 兼容 IEEE 802.11b

　　B. IEEE 802.11g 工作于 2.4GHz 频段

　　C. IEEE 802.11g 比 IEEE 802.11a 损耗更大

　　D. IEEE 802.11g 比 IEEE 802.11a 设备覆盖更远的距离

（6）关于 IEEE 802.11n，下列说法正确的一项是（　　　）。

　　A. IEEE 802.11n 向下兼容 IEEE 802.11b，但不兼容 IEEE 802.11g

　　B. IEEE 802.11n 工作于 2.4GHz 频段时，最大传输速率是 600Mbit/s

　　C. IEEE 802.11n 采用双频工作模式，可工作于 2.4GHz 频段和 5GHz 频段

　　D. IEEE 802.11n 的另一个名称是"Wi-Fi 5"

（7）下列技术中，（　　　）是 IEEE 802.11n 最早引入的。

　　A. 信道绑定　　　B. FHSS　　　　C. OFDM　　　　D. 上行 MU-MIMO

（8）WLAN 标准中，物理层标准涉及的内容不包括（　　　）。

　　A. 工作频段　　　B. 调制编码方式　　C. 最高传输速率　　D. 数据帧校验

（9）WLAN 标准中，无线信道的访问机制是（　　　）。

　　A. CSMA/CA　　　B. CSMA/CD　　　C. 块确认　　　　D. 帧聚合

（10）RTS/CTS 机制能解决的问题是（　　　）。

　　A. WLAN 的安全性问题　　　　　　　B. WLAN 的可靠性问题

　　C. WLAN 的漫游问题　　　　　　　　D. 隐藏节点和暴露节点

（11）IEEE 802.11 MAC 帧类型不包括（　　　）。

　　A. 数据帧　　　　B. 控制帧　　　　C. 信标帧　　　　D. 管理帧

2. 填空题

（1）IEEE 802.11 工作组制定的 WLAN 标准包含_____和_____两部分。

（2）IEEE 802.11b 工作于_____频段，最高数据传输速率为_____。

（3）IEEE 802.11a 工作于_____频段，最高数据传输速率为_____。

（4）IEEE 802.11g 工作于_____频段，采用_____调制时信号损耗较小，因此能够比 IEEE 802.11a 设备覆盖更远的距离。

（5）IEEE 802.11n 采用双频工作模式，既可工作于 2.4GHz 频段，又可工作于 5GHz 频段，同时向下兼容_____和_____。

（6）IEEE 802.11ac 工作于_____频段，最高数据传输速率为_____。

（7）为了推广 IEEE 802.11ac，Wi-Fi 联盟将其分为_____和_____两个阶段。

（8）将相邻的两条信道绑定成一条信道，以获得两倍的带宽和吞吐量，成倍提高传输速率，这种技术称为_____。

（9）为了减少码间干扰，必须保证在发送信息符号时存在一个时间间隔，这个间隔称为_____。

（10）IEEE 802.11e 引入了_____技术，使用一个 ACK 帧完成对多个数据帧的确认。

（11）IEEE 802.11 物理层标准和传输介质的物理特性相关，涉及_____、_____和_____等内容。

（12）IEEE 802.11 MAC 层标准涉及_____、_____、_____和_____等内容。

（13）射频传输方式主要分为_____和_____两类，前者用极窄的带宽发送数据，后者采用超出实际所需的带宽发送数据。

（14）扩频技术有多种实现方案，WLAN 主要使用_____和_____。

（15）IEEE 802.11 MAC 层标准中用于解决信道访问冲突的机制称为_____。

（16）CSMA/CA 的基础是载波监听。WLAN 有两种载波监听方式，即_____和_____。

（17）在 IEEE 802.11 系列标准中，RTS/CTS 机制可用于解决_____和_____问题。

（18）IEEE 802.11 系列标准中的 MAC 帧按功能可分为_____、_____和_____三大类。

3. 简答题

（1）IEEE 802.11 工作组制定的 WLAN 标准在命名上有哪些规定？

（2）简述 IEEE 802.11 a/b/g/n 4 个标准在工作频段、数据传输速率等方面的特点。

（3）IEEE 802.11n 在物理层和 MAC 层上分别引入了哪些新技术？

（4）简述 IEEE 802.11 系列标准中 MAC 帧的类型和功能。

项目3
认识WLAN组网设备与组网模式

03

学习目标

【知识目标】
（1）熟悉常用的WLAN组网设备。
（2）熟悉FAT AP和FIT AP的不同。
（3）熟悉WLAN的组网元素。
（4）熟悉WLAN服务集的主要概念。
（5）掌握常见的WLAN组网模式。

【技能目标】
（1）能够认识常用的WLAN组网设备并说明其用途。
（2）能够解释FAT AP和FIT AP的不同。
（3）能够认识WLAN的组网元素并说明其相互关系。
（4）能够区分WLAN服务集相关概念的关系。
（5）能够阐述常见WLAN组网模式的结构和特点。

【素养目标】
（1）培养集体意识、社会责任感和社会参与意识。
（2）培养团队合作精神和热爱劳动的优良品德。
（3）规范道德和行为，严格遵纪守法。

引例描述

到目前为止，小郭已经基本掌握了WLAN的相关标准和关键技术。有些技术对他来说比较陌生，所以在学习时他花了不少时间查找相关资料。但是学习理论知识总是枯燥的，小郭总感觉这些知识一直"悬在空中"，不知道怎样才能把它们真正用起来，让它们"落地"。他把这个困扰告诉了张老师，希望张老师可以为他指点迷津。

张老师首先表示他能够理解小郭的感受。对大部分同学来说，理论知识不但生硬，而且长时间不能应用的话，很快就会忘掉。不过张老师也给小郭带来了好消息，他告诉小郭，有了目前的知识储备，就可以开始逐渐学习WLAN的组网设备、组网元素和组网模式了。相比于前面的纯理论学习，这些内容更贴近需求。等学完这些之后，就可以在无线设备上进行WLAN实验了。小郭听了很开心，仿佛看到了自己在实验室中挥汗如雨的情景……

任务 3.1　熟悉 WLAN 组网设备

任务陈述

　　WLAN 使用无线介质传输数据，扩大了以太网的覆盖范围。以太网的组网设备包括路由器、交换机、出口网关等，WLAN 的组网设备和以太网的组网设备有很大不同。本任务主要介绍 WLAN 常见的组网设备，重点介绍每种组网设备的用途。

知识准备

3.1.1　无线工作站

　　无线工作站（Wireless Station）就是无线智能终端，泛指所有通过无线网卡连接到无线网络的计算机或智能终端。常见的无线工作站有 PC、平板电脑、智能手机、无线打印机等。无线工作站接入无线网络离不开网卡的支持，网卡又称为网络适配器。在以太网中，终端设备通过有线网卡接入电缆或光纤等有线介质，在 WLAN 中与之对应的是无线网卡。无线网卡是无线工作站的射频接口，通过自带的天线接收和发送无线信号，实现与无线网络中其他无线设备的连接。和有线网卡相比，无线网卡仅仅是将有线网卡的插口换成了天线。

V3-1　WLAN
组网设备

　　根据无线网卡的接口类型不同，可将无线网卡分为 PCI 无线网卡、PCMCIA 无线网卡和 USB 无线网卡，如图 3-1 所示。外部设备互连（Peripheral Component Interconnect，PCI）标准接口是一种应用于计算机内部的总线技术。PCI 无线网卡仅适用于台式计算机，直接插在计算机主板上，是台式计算机接入无线网络的较好选择。PCMCIA 无线网卡是符合个人计算机存储卡国际协会（Personal Computer Memory Card International Association，PCMCIA）标准的无线网卡，仅适用于 PC。PCMCIA 接口是无线网卡的主要接口形式，其他接口的无线网卡都是通过转换 PCMCIA 无线网卡而得到的。通用串行总线（Universal Serial Bus，USB）标准接口是目前计算机的主流接口，不管是在台式计算机中还是在 PC 中都是标准配置，使用起来非常方便。这 3 种类型的无线网卡都支持即插即用。

（a）　　　　　　　　（b）　　　　　　　　（c）

图 3-1　3 种类型的无线网卡

和无线网卡经常混淆的一个概念是"无线上网卡"。虽然二者都是无线终端接入无线网络的必要组件，但在功能上有所不同。无线网卡应用在 WLAN 中，无线上网卡则用于将设备接入移动蜂窝网络（如 4G、5G 等）。

3.1.2　无线接入点

无线接入点（Access Point，AP）是 WLAN 的重要组网设备，在功能上和以太网中的接入交换机类似。无线工作站和无线 AP 通过射频信号互相收发数据，并通过无线 AP 连接到有线网络，进而访问有线网络的各种资源。AP 的划分有多种方式，具体介绍如下。

（1）根据产品类型分类，可将 AP 分为无线路由器（Wireless Router）和无线 AP，如图 3-2 所示。无线路由器是一个具有无线信号收发功能的转发器，用于将宽带信号通过天线转发给附近的无线工作站，如 PC、智能手机等。目前，流行的无线路由器一般都支持专线 xDSL、Cable、动态 xDSL、点到点隧道协议（Point-to-Point Tunneling Protocol，PPTP）等多种电信带宽接入方式。无线路由器还具有其他网络管理功能，如动态主机配置协议（Dynamic Host Configuration Protocol，DHCP）服务、网络地址转换（Network Address Translation，NAT）服务、防火墙、MAC 地址过滤等。无线 AP 相当于一台无线接入交换机，用于将无线工作站接入有线网络，是无线网络和有线网络之间沟通的桥梁。

无线路由器一般应用于覆盖面积不大、用户数较少的家庭和 SOHO 环境网络，而无线 AP 则主要用于企业等需要大面积覆盖的场所。有时候，无线 AP 也作为包括无线路由器在内的无线接入设备的统称。本书将无线 AP 和无线路由器分开讨论以示二者的区别。另外，无线 AP 通常简称为 AP。如无特殊说明，后文的 AP 均指无线 AP。

图 3-2　无线路由器和无线 AP

（2）根据组网功能分类，可将 AP 分为"胖"AP（FAT AP）和"瘦"AP（FIT AP）。FAT AP 除了具有基本的射频信号接入功能外，还具有 IP 地址分配、DHCP 服务、安全管理、服务质量（Quality of Service，QoS）、接入控制和负载均衡等网络管理功能。每增加一台 FAT AP，都要进行复杂的网络配置。因此，在大规模无线组网时，FAT AP 的扩展性较差，管理维护成本较高。FIT AP 可以形象地理解为 FAT AP 的"瘦身"，即仅保留射频信号接入功能，用于实现无线信号和有线信号的转换，而将众多网络管理功能剥离出来，交由无线控制器实现。与 FAT AP 相比，FIT AP 安装起来更简单，管理也非常容易。所有的网络配置都在无线控制器上进行，FIT AP 可以做到零配置启动。

（3）根据安装方式分类，可将 AP 分为室内放装 AP、室外放装 AP 和室分 AP。

室内放装 AP 直接安装在室内，用于实现室内的无线信号覆盖，如图 3-3 所示。

室内放装 AP 一般适用于面积比较小、用户相对集中的办公室、小型会议室等场所，可根据不同办公环境灵活组网。室内放装 AP 又可根据产品形态的不同分为挂墙式、吸顶式和面板式 AP 等。

图 3-3　室内放装 AP

室外放装 AP 多用于用户较多且较为集中的室外大型场所，如体育场、会展中心等。由于室外环境的特殊性，室外放装 AP 一般采用防水、防尘、阻燃外壳设计，具有防水、防雷和抗低温等特点，能够避免室外恶劣天气的影响。室外放装 AP 的功率比室内放装 AP 的大。室外放装 AP 如图 3-4 所示。

图 3-4　室外放装 AP

室分 AP 即室内分布型 AP，通过馈线（电缆）将无线信号延伸到室内，用于实现室内无线网络覆盖，如图 3-5 所示。例如，在学生宿舍楼的各层走廊安装一个室分 AP，馈线从室分 AP 延伸到每间宿舍，这样每间宿舍都可以接入无线网络，而不用单独安装 AP。

室分AP馈线

图 3-5　室分 AP

3.1.3　无线控制器

无线接入控制器（Access Controller，AC）简称无线控制器或无线 AC（若无特殊说明，后文中的 AC 均指无线 AC），是组建 WLAN 时用于集中控制 AP 的网络设备，如图 3-6 所示。由于 FIT AP 保留了基本的射频信号接入功能，当采用 FIT AP 组网时，必须使用 AC 以提供 IP 地址分配、DHCP 服务等网络管理功能。这种组网模式称为 FIT AP+AC。在这种组网模式下，所有的网络配置均在 AC 上进行，由 AC 向 FIT AP 下发配置。由于 AC 承担了 AP 的管理任务，网络管理员一般只需要关注

AC，这样可减少管理工作量，增强 WLAN 的扩展性。任务 3.2 将会详细介绍 WLAN 的组网模式。

图 3-6　无线控制器

3.1.4　天线

无线设备使用天线发射和接收射频信号。在图 1-22 所示的无线通信系统模型中，发送端发射的射频信号通过馈线输送到天线，由天线以电磁波的形式辐射出去。接收天线接收到电磁波后，再通过馈线将其输送至接收端。电磁波的辐射能力与天线的长度和形状有关。图 3-7 所示为常见的天线产品。

V3-2　WLAN
天线技术

在传播过程中，射频信号容易受到传输距离的影响和其他障碍物的干扰。当两个无线设备相距较远时，随着射频信号能量的减弱，必须借助天线提升射频信号强度，即对射频信号进行增益。增益越大，射频信号的强度提升越大，传输距离也就越远。

微波天线　　　　　栅状物面天线　　　　室内吸顶天线

室内定向天线　　　室外柱状全向天线　　室外板状定向天线　　室外回传天线

图 3-7　常见的天线产品

天线种类繁多，不同应用场景选用的天线也各不相同。可以按多种方式对天线进行分类。例如，按外形分类，天线可分为线状天线和面状天线等；按用途分类，天线可分为电视天线和雷达天线等；按方向性分类，天线可分为全向天线和定向天线等；按工作频段分类，天线可分为短波天线、超短波天线和微波天线等。这里不对各种天线的特性逐一进行介绍，感兴趣的读者可以自行查找相关资料进行拓展学习。

🗂 任务实施

实验 1：通过网口连接和登录 AP

【实验背景】使用 AP 和 AC 组建 WLAN 时，经常需要登录设备进行业务配置。从物理连接方式上看，可以通过网口、管理 SSID、蓝牙和 Console 口连接 AP。默认情况下，AP 出厂时已在接口 VLANIF 1 上配置了 IP 地址 169.254.1.1，而且各网口已加入了 VLAN 1。另外，AP 出厂时已开启了安全外壳（Secure Shell，SSH）服务（端口 22）和超文本传输安全协议（Hypertext Transfer Protocol Secure，HTTPS）服务（端口 443），所以可以采用命令行界面（Command Line Interface，CLI）和 Web 浏览器两种方式登录 AP。

【实验设备】AP（1 台，华为 AirEngine 5760），PC（1 台，Windows 10 操作系统）。

【实验拓扑】通过网口连接和登录 AP 实验拓扑如图 3-8 所示。设备 IP 地址参数如表 3-1 所示。

图 3-8　通过网口连接和登录 AP 实验拓扑

表 3-1　设备 IP 地址参数

设备	接口或 VLAN	IP 地址或接口类型	备注
PC	网口	169.254.1.100/24	
AP	GE0/0/0	169.254.1.1/24	VLANIF 1

【实验要求】华为 AirEngine 5760 没有 Console 口，本实验只演示通过网口连接 AP，并通过命令行界面和 Web 浏览器两种方式登录 AP。

【实验步骤】以下是本实验的具体步骤。

第 1 步，按照实验拓扑连接 PC 和 AP，并为设备上电。

第 2 步，为 PC 的对应网卡设置 IP 地址，该 IP 地址必须与 AP 的 VLANIF 1 接口的 IP 地址在同一网段。本实验将其设为 169.254.1.100，子网掩码为 255.255.255.0，单击"确定"按钮，如图 3-9 所示。

> 注意　不需要为 PC 设置默认网关，因为 PC 和 AP 在同一网段。

第 3 步，在 PC 上进入命令行界面，使用 ping 命令测试 PC 和 AP 是否网络互通，如下所示。如果不能 ping 通，则可以检查 PC 的 IP 地址的配置是否正确，或者检查 PC 的防火墙配置，也可以考虑更换网线。

```
C:\Users\Administrator> ping 169.254.1.1
正在 Ping 169.254.1.1 具有 32 字节的数据:
来自 169.254.1.1 的回复: 字节=32 时间=5ms TTL=64
来自 169.254.1.1 的回复: 字节=32 时间=5ms TTL=64
来自 169.254.1.1 的回复: 字节=32 时间=6ms TTL=64
来自 169.254.1.1 的回复: 字节=32 时间=4ms TTL=64

169.254.1.1 的 Ping 统计信息:
    数据包: 已发送 = 4，已接收 = 4，丢失 = 0 (0% 丢失)，
往返行程的估计时间(以毫秒为单位):
    最短 = 4ms，最长 = 6ms，平均 = 5ms
```

图 3-9　设置 PC 对应网卡的 IP 地址

第 4 步，在 PC 上启动一个远程连接软件（本实验使用的是开源的 PuTTY 软件），设置 SSH 连接参数，连接类型选择"SSH"，输入 AP 的 IP 地址，单击"Open"按钮连接 AP，如图 3-10 所示。

图 3-10　设置 SSH 连接参数

> **提示** PuTTY 是一款开源的远程连接软件，简单易用。其他常用的远程连接软件还有 SecureCRT、Xshell 等。

第 5 步，SSH 连接建立成功后，如果是首次登录，则 PuTTY 会提示密钥配对信息，单击 "Accept" 按钮即可，如图 3-11 所示。

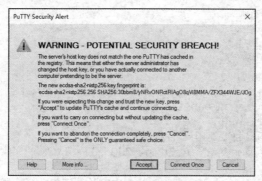

图 3-11　密钥配对信息

第 6 步，输入 AP 的用户名和密码，如下所示。输入完直接按 Enter 键即可。如果用户名和密码验证通过，则会进入 AP 的命令行界面。从系统提示信息中，可以看到 AP 当前工作在 FIT 模式下。

```
login as: admin
Further authentication required
admin@169.254.1.1's password:

Info: Current mode:   Fit   (managed by the AC).
Info: You are advised to change the password to ensure security.
<Huawei>
```

> **注意** 对于 V200R020C10 及之前版本的 AP，通过 SSH 登录时，默认用户名和密码分别是 "admin" 和 "admin@huawei.com"。V200R021C00 及之后版本没有默认用户和密码，可直接登录。另外，为保障用户信息安全，屏幕上不会显示实际输入的密码字符，甚至不会以常见的 "*" 代替。

下面再来演示如何使用 Web 浏览器登录 AP。AP 出厂时默认的工作模式为 FIT 模式，需要先将其切换为 FAT 模式才可以使用 Web 浏览器登录。如果 AP 已工作在 FAT 模式下，则可以直接进入第 9 步。

第 7 步，在 AP 的命令行界面中，进入系统视图后使用 ap-mode-switch 命令切换工作模式，并等待 AP 自动重启，如下所示。

```
<Huawei> system-view
Enter system view, return user view with Ctrl+Z.
[Huawei] ap-mode-switch   fat
Warning: The system will reboot and start in fat mode of V200R019C00SPC500. Continue?
(y/n)[n]:y
Info: system is rebooting ,please wait.........................
[Huawei]
```

> **注意** 有些版本的华为 FIT AP 不支持通过 ap-mode-switch fat 命令切换为 FAT 模式，此时可在命令行界面中通过文件传送协议（File Transfer Protocol，FTP）或简易文件传送协议（Trivial File Transfer Protocol，TFTP）加载系统软件，再进行切换。

第 8 步，AP 重启后再次登录 AP。如果系统询问是否修改国家代码，则输入 "n" 即可。使用 display version 命令查看 AP 信息，如下所示。从提示信息中可以看到，AP 当前已工作在 FAT 模式下。

```
login as: admin
Further authentication required
admin@169.254.1.1's password:

Info: Current mode:   Fat   (working independently).
Warning: The default country code is CN. Ensure that AP radio attributes comply with laws and
regulations in different countries. Do you want to change the country code? [Y/N]:n
Info: You are advised to change the password to ensure security.
<Huawei> display version
Huawei Versatile Routing Platform Software
VRP (R) software, Version 5.170 (AirEngine5760-10 FAT V200R019C00SPC500)
......
```

第 9 步，在 PC 上打开一个 Web 浏览器（本次实验使用谷歌公司的 Chrome 浏览器），在其地址栏中输入 AP 的 IP 地址 169.254.1.1。如果浏览器提示安全证书相关问题，则可以选择忽略并继续访问，如图 3-12 所示。

图 3-12　提示安全证书相关问题

第 10 步，在 Web 页面中输入 AP 的用户名和密码，单击"登录"按钮，如图 3-13 所示。

图 3-13　在 Web 页面中输入 AP 的用户名和密码

注意　对于 V200R020C10 及之前版本的 AP，通过 Web 网管系统登录时，默认用户名和密码分别是"admin"和"admin@huawei.com"。V200R021C00 及之后版本没有默认用户和密码，可直接登录。

第 11 步，首次采用 Web 浏览器方式登录 AP 时需要修改 AP 默认密码，如图 3-14 所示。修改好之后单击"确定"按钮即可进入 AP 的 Web 管理系统，其主页面如图 3-15 所示。

图 3-14　修改 AP 默认密码

图 3-15　AP 的 Web 管理系统主页面

实验 2：通过 Console 口连接和登录 AC

【实验背景】AC 可提供网口和 Console 口两种物理连接方式。和 AP 一样，默认情况下，AC 出厂时已开启 SSH 服务（端口 22）和 HTTPS 服务（端口 443），管理地址也是 169.254.1.1，所以可以使用网线连接 PC 和 AC 的网口，并采用命令行界面和 Web 浏览器两种方式登录 AC。登录过程和相关配置与实验 1 相同。一般情况下，推荐使用网口登录 AC 进行业务配置和运维工作。如果由于网络故障等原因导致无法从网口登录，或者需要进入 BIOS 菜单排查 AC 启动阶段的问题，则可以使用 Console 口登录 AC。

【实验设备】AC（1 台，华为 AC6508），PC（1 台，Windows 10 操作系统）。

【实验拓扑】通过 Console 口连接和登录 AC 实验拓扑如图 3-16 所示。

【实验要求】使用串行线连接 PC 与 AC，通过 Console 口连接和登录 AC。

【实验步骤】以下是本实验的具体步骤。

第 1 步，按照实验拓扑连接 PC 和 AC，并为设

图 3-16　通过 Console 口连接和登录 AC

备上电。使用串口线连接 PC 的串行通信接口（COM 接口）与 AC 的 Console 口。

> **提示**　如果使用的 PC 上没有 COM 接口，则可以使用 USB 转 RJ45 调试线连接 PC 的 USB 接口。

第 2 步，在 PC 上打开 PuTTY 软件，连接类型选择"Serial"，波特率（"Speed"）一般使用默认值即可，如图 3-17（a）所示。PC 有多个 COM 接口，具体使用哪个接口以 PC 设备管理器实际识别到的 COM 接口为准（在本实验中为 COM4），如图 3-17（b）所示。设置好之后，单击"Open"按钮以连接 AC。

（a）　　　　　　　　　　　　　　　（b）

图 3-17　设置串行连接参数

第 3 步，根据提示完成登录验证，首次登录 AC 时需要设置登录密码。验证成功后即可进入 AC 命令行界面，如下所示。

```
Please configure the login password:
……
```

```
Enter password:
Confirm password:
......
Info: Current mode: Monitor (automatically making switching decisions).
<AC6508>
```

> **注意** 对于 V200R019C00～V200R020C10 版本的 AC，通过 Console 口登录时，默认
> 用户名和密码分别是"admin"和"admin@huawei.com"。其他版本的 AC 没有默
> 认用户名和密码，可直接登录。

 拓展知识

POE 供电技术

　　网络设备同时需要数据连接和电源才能正常工作。以台式计算机使用的显示器为例，有一根数据线连接主机，还有一根电源线连接电源插座。早期的电话机需要装配电池，而现在只要一根双绞线就可以为其同时提供语音信号和电流。计算机网络中也有类似的技术，即以太网供电（Power Over Ethernet，POE）。

　　POE 是指在不改变现有以太网 Cat.5 布线架构的情况下，为一些基于 IP 的终端设备（如 IP 电话机、无线 AP、网络摄像机等）同时传输数据信号并提供直流供电的技术。POE 也被称为基于局域网的供电系统（Power Over LAN，POL）或有源以太网（Active Ethernet），有时也被简称为以太网供电。IEEE 802.3af 标准是基于以太网供电的新标准，在 IEEE 802.3 标准的基础上增加了通过网线直接供电的相关技术，是现有以太网标准的扩展，也是第一个关于电源分配的国际标准。

　　一个完整的 POE 系统包括两部分，即供电端设备（Power Sourcing Equipment，PSE）和受电端设备（Power Device，PD）。PSE 是为网络客户端设备供电的设备，也是整个 POE 系统的管理者。PD 是接受供电的客户端设备，如 IP 电话机、无线 AP 等。PSE 和 PD 基于 IEEE 802.3af 标准建立连接，交换设备类型、功耗级别等方面的信息。PSE 根据这些信息向 PD 实施 POE 供电。POE 供电的工作过程包括下面几个阶段。

　　（1）检测。当把某个网络设备连接到 PSE 时，PSE 必须先检测该设备是不是一个支持 IEEE 802.3af 标准的 PD，以保证不向不符合标准的网络设备提供电流，防止造成损坏。这种检测是通过给电缆提供一个电流受限的小电压来检查对端设备是否具有符合要求的电阻来实现的。

　　（2）PD 端设备分类。当检测到对端设备是一个符合 IEEE 802.3af 标准的 PD 时，PSE 会对 PD 进行分类，并评估此 PD 所需的功率损耗。

　　（3）开始供电。在一个可配置的启动期内（一般小于 15μs），PSE 从低电压开始向 PD 供电，直到提供 48V 的直流电。

　　（4）供电。为 PD 提供稳定可靠的 48V 直流电。

　　（5）断电。当 PD 从网络中断开时，PSE 就会快速地（一般为 300～400ms）停止为 PD 供电，并重复检测过程以检测线缆的对端设备是不是 PD。

　　在 WLAN 领域，POE 技术可以使 AP 的安装不因电源插座的位置而受到限制，降低高昂的电源成本及节省安装电源所耗费的时间。使用 POE 技术供电常见的做法是，使用网线把 AP 连接至一个内置 PSE 的交换机，交换机通过端口向 AP 供电。

拓展实训

WLAN 中常见的两种组网设备是 AP 和 AC。了解 AP 和 AC 的主要功能是后续进行 WLAN 组网的前提。希望读者可以通过完成以下的实训内容，达到深化理解相关知识的目的。

【实训目的】

（1）了解 WLAN 中有哪些组网设备。

（2）了解无线路由器和 AP 的区别。

（3）掌握 FIT AP 和 FAT AP 的区别。

（4）掌握 AC 的主要功能。

【实训内容】

（1）查阅相关资料，了解常见的 WLAN 组网设备。

（2）研究 FIT AP 和 FAT AP 的区别及应用场景。

（3）查阅相关资料，学习 FIT AP+AC 组网模式的主要特点。

（4）通过网口连接 PC 和 AP，分别以命令行界面和 Web 浏览器方式登录 AP，熟悉登录 AP 的过程和注意事项，了解 AP 的 Web 管理系统的主要功能。

（5）通过网口连接 PC 和 AC，分别以命令行界面和 Web 浏览器方式登录 AC，了解登录 AC 的注意事项。

（6）通过 Console 口登录 AC，了解 Console 口和命令行界面两种登录方式的不同。

任务 3.2　熟悉 WLAN 组成和拓扑结构

任务陈述

WLAN 和以太网的传输介质不同，导致二者在物理组成和网络拓扑结构上有很大不同。本任务将详细介绍 WLAN 的组成结构和常见的拓扑结构，并讨论各种拓扑结构的特点和应用场景。

知识准备

3.2.1　WLAN 组成

WLAN 的物理组成如图 3-18 所示。从物理结构上看，WLAN 的组网元素包括下面几个部分。

V3-3　WLAN
组网元素

图 3-18　WLAN 的物理组成

（1）无线站点。

无线站点即前面提到的无线工作站，通常指 WLAN 中的无线终端，简称站点。站点通常是可以自由移动的，即在无线网络的覆盖区域内改变空间位置。站点是 WLAN 最基本的组成单元。在网络拓扑结构图中，站点通常被标注为"STA"。另外，站点有时还被用来代表无线用户，即使用站点连接 WLAN 的实际用户。本书并不严格区分站点和无线用户，这一点请读者加以注意。

（2）无线传输介质。

无线传输介质是 WLAN 中站点与站点之间，或站点与 AP 之间传输数据的物理介质。WLAN 的传输介质是空气，它是射频信号传播的良好介质。IEEE 802.11 系列标准定义了射频信号在空气中传播的物理特性，如工作频段、调制编码方式等。

（3）AP。

AP 在功能上类似于蜂窝网络中的基站或以太网中的接入交换机。站点通过 AP 与同一基本服务集（Basic Service Set，BSS）中的其他站点完成通信。BSS 可以简单理解为一个 AP 覆盖范围内的站点的集合，3.2.2 小节会详细介绍 BSS 的相关概念。AP 是 WLAN 和分布式系统的桥接点，用于方便站点访问分布式系统。另外，AP 也可以作为 BSS 的控制中心对站点进行管理和控制。

（4）分布式系统。

BSS 内的站点通过 AP 相互通信，这里有两个问题需要注意：一是 AP 的覆盖范围有限，限制了 BSS 中站点与站点之间的直接通信距离；二是站点的通信对象往往不在本 BSS，而是分散在网络中相距甚远的其他区域，为了实现这种远距离通信，需要把 AP 连接到一个更大的网络，即把不同区域的 BSS 连接起来，使不同 BSS 中的站点可以相互通信。这个网络是 AP 的上行网络，称为 BSS 的分布式系统（Distribution System，DS），也称为骨干网络。

AP 的上行网络通常是以太网，所以 AP 除了要支持射频的收发外，还要通过有线接口连接到上行网络。AP 收到站点的无线报文后，将其转换为有线报文并发送给上行网络，由上行网络转发至另一个 AP，进而转发至目的站点。除了以太网外，AP 的上行网络也可以是无线网络。在无线分布式系统中，AP 和其他工作在网桥模式的 AP 进行无线连接，或者在 AP 上扩展长期演进技术（Long Term Evolution，LTE）功能以连接到移动蜂窝网络。

3.2.2 服务集和服务集标识符

逻辑上，通常使用服务集（Service Set，SS）描述 WLAN 的组成。服务集表示一组互相有联系的无线设备的集合。服务集中的无线设备可以直接通信，或者通过 AP 间接通信。服务集可以包含 AP，也可以不包含 AP。每个服务集在 WLAN 中都有一个身份标识，称为服务集标识符（Service Set Identifier，SSID）。

1. BSS

BSS 包含一个 AP 和多个站点。AP 是 BSS 的中心节点，BSS 中的所有站点通过 AP 进行通信。AP 的覆盖范围称为基本服务区（Basic Service Area，BSA）。AP 的位置相对固定，站点分布在 AP 周围。站点可以自由进出 BSA，只有进入 BSA 的站点才可以和 AP 通信。BSS 如图 3-19 所示。

站点在和 AP 通信前，必须首先获得 AP 的身份标识以发现 AP，这个身份标识就是 AP 所在的 BSS 的身份标识，称为基本服务集标识符（Basic Service Set Identifier，BSSID）。每个 BSS 都有唯一的 BSSID，用

图 3-19　BSS

AP 的 MAC 地址表示。MAC 地址的唯一性保证了 BSSID 各不相同。BSSID 存在于 IEEE 802.11 报文的 MAC 层，用于 AP 转发 MAC 层报文。

使用 AP 的 MAC 地址表示 BSSID 对用户来说不直观、不容易记忆，通常的做法是为 AP 或 BSS 取一个更容易辨识和记忆的字符串名称，即 SSID。可以把 BSSID 和 SSID 的关系理解为身份证和名字的关系。前者具有唯一性，后者是用户可以自行设置的，不同的 BSS 可以拥有相同的 SSID。我们平时在手机上搜索到的 Wi-Fi 信号名称其实就是 SSID。

2. 虚拟 AP

早期的 AP 受到芯片的限制，只能创建一个 BSS，即对外提供单一的逻辑网络。随着 WLAN 用户数量的增加，单一的逻辑网络无法满足不同类型用户的需求，不利于网络管理员进行安全和接入方式的差异化管理。随着技术的发展，现在可以在一个 AP 上创建多个虚拟 AP（Virtual AP，VAP），每个 VAP 对应一个 BSS。这样，只要安装一个 AP 就可以对外提供多个 BSS。VAP 如图 3-20 所示。为每个 BSS 设置不同的 SSID 后，用户就可以搜索并发现多个 WLAN，这也被称为多 SSID。需要说明的是，因为 BSSID 使用 AP 的 MAC 地址表示，所以将 AP 划分为多个 VAP 后，还要为每个 VAP 的 BSS 提供不同的 MAC 地址。

图 3-20　VAP

VAP 简化了 WLAN 的部署，但这并不意味着 VAP 的数量越多越好，在组网时应该根据实际需要进行规划。一方面，增加 VAP 的数量会提高 AP 配置的复杂度。另一方面，VAP 不能等同于真正的 AP。所有的 VAP 共享 AP 的软件和硬件资源，所以 AP 的总容量是不变的，并不会随着 VAP 数量的增加而相应增加。

3.2.3　WLAN 拓扑结构

在计算机网络中，通信节点的物理或者逻辑布局称为拓扑结构。以太网中常见的拓扑结构有总线型拓扑、星形拓扑、环形拓扑或网状拓扑等。与以太网类似，WLAN 的拓扑结构与无线设备的物理和逻辑布局有关。不同应用场景使用的组网模式各不相同，对应了不同的拓扑结构。

1. 基础架构基本服务集

基础架构基本服务集（Infrastructure BSS）包含单个 AP 和多个站点。在这种拓扑结构中，AP 是中心设备，无线站点通过 AP 相互通信。AP 不仅能和无线站点利用射频进行无线通信，还能通过电缆连接有线网络，将无线网络接入有线网络。由于单个 AP 的覆盖范围有限，通常不超过 100m，因此该结构仅适用于小范围的 WLAN 组网，是日常生活中最常见的组网模式。

V3-4　WLAN
拓扑结构

2. 扩展服务集

扩展服务集（Extended Service Set，ESS）由多个 BSS 构成，BSS 通过分布式系统连接在一起，如图 3-21 所示。从物理构成上看，ESS 是多个 AP 及与之建立关联的站点的集合，各 AP 之间通过分布式系统相连。在 ESS 中，各个 BSS 的覆盖范围之间存在部分重叠。一般来说，若要实现站点的无缝漫游，重叠覆盖范围至少应保持在总覆盖范围的 15%～25%。

ESS 的身份标识称为扩展服务集标识符（Extended SSID，ESSID）。ESSID 就是 ESS 的 SSID。ESS 内的每个 AP 都分别组成一个独立的 BSS。虽然可为各个 BSS 设置不同的 SSID，但如果要求 ESS 支持漫游，那么所有 BSS 必须使用相同的 SSID。

图 3-21　ESS

表 3-2 所示为与服务集及服务集标识符相关的专业术语。

表 3-2　与服务集及服务集标识符相关的专业术语

术语	描述
BSS	无线网络的基本服务单元，通常由一个 AP 和若干无线站点组成
ESS	由多个使用相同 SSID 的 BSS 组成，用于解决 BSS 覆盖范围有限的问题
SSID	服务集的身份标识，用来区分不同的无线网络
ESSID	一个或一组 BSS 的身份标识，本质上就是 ESS 的 SSID
BSSID	在 MAC 层上用来区分同一个 AP 上的不同 VAP，也可以用来区分同一个 ESS 中的 BSS。使用 AP 的 MAC 地址表示
VAP	在 AP 设备上虚拟出来的业务功能实体。用户可以在一个 AP 上创建不同的 VAP 来为不同的用户群体提供无线接入服务

3. 独立基本服务集

独立基本服务集（Independent BSS，IBSS）没有无线接入点，仅由无线站点组成，如图 3-22 所示。IBSS 是一种自组织、无中心节点的无线网络组网模式。各站点只要在彼此的信号覆盖范围内就可以直接通信。IBSS 通常是由数量不多的站点为了特定的目的而临时组建的网络，因此也被称为 Ad-hoc 网络。"ad hoc"在拉丁文中的意思是"为眼前的情况而不考虑更广泛的应用"。另外，由于 IBSS 站点之间实现的是点对点直接通信，因此也称为点对点网络。

图 3-22　IBSS

4. Mesh 基本服务集

在传统的 WLAN 组网模式中，AP 的上行网络是有线网络。如果部署 WLAN 之前没有有线网络作为基础，则必须先花费一定的时间和成本搭建有线网络。在 WLAN 部署完之后，如果要调整 AP 的位置，则可能还会涉及有线网络的改造。这种组网模式成本高、灵活性差。为了解决这个问题，IEEE 802.11s-2011 定义了一种新的拓扑结构：Mesh 基本服务集（Mesh BSS，MBSS）。采用 MBSS 拓扑结构的 WLAN 称为无线 Mesh 网络（Wireless Mesh Network，WMN）。WMN 只需要安装 AP，组网速度非常快，非常适用于应急通信或有线网络比较薄弱的场合。

在 MBSS 组网模式中，支持 Mesh 功能的 AP 称为 MP（Mesh Point），连接 Mesh 网络和外部网络的节点称为 Mesh 入口点（Mesh Portal Point，MPP），即 Mesh 网关。MPP 可实现

Mesh 网络内部节点和外部网络的通信，如图 3-23 所示。

图 3-23　MBSS

MBSS 组网模式具有以下优点。

（1）部署快速。Mesh 网络设备安装简单，可以在几小时内完成组网。相比较而言，传统无线网络需要更长的部署时间。

（2）覆盖范围动态变化，组网灵活。Mesh 网络的覆盖范围会随着 Mesh 节点的进入或离开而增大或减小。在实际应用中，可根据需要调整 Mesh 节点的数量，使得组网更加灵活。

（3）健壮性。Mesh 网络是一种对等结构的网络，不会因为某个节点出现故障而影响整个网络。当某个节点出现故障时，报文会通过其他备用路径传送到目的节点。

（4）应用场景多样性。除了企业网、校园网等传统的 WLAN 应用领域外，Mesh 网络还广泛应用于大型仓库、港口码头、轨道交通、应急通信等场景。

（5）性价比高。在 Mesh 网络中，只有 MPP 需要接入有线网络，这使得组网时不用购买大量有线设备，降低了安装成本，同时减轻了对有线网络的依赖。

5. 无线分布式系统

一般来说，分布式系统（AP 的上行网络）都是有线网络，但也存在采用无线连接的分布式系统。无线分布式系统（Wireless Distribution System，WDS）通过无线链路连接两个或者多个独立的以太网或者 WLAN，组建一个互通的网络，从而实现数据访问，如图 3-24 所示。WDS 可将有线网络的数据通过无线网络的中继设备传输到另外一个无线网络或有线网络。在传输过程中，无线网络相当于虚拟的网线，因此也称为无线网络桥接。部署 WDS 网络时无须架线挖槽，可以实现快速部署和扩容，对临时、应急等场景提供有力支持。

图 3-24　WDS

任务实施

实验：组建 Ad-hoc 无线网络

【实验背景】Ad-hoc 无线网络是一种无中心、自组织的组网模式，其无线站点之间通过建立点对点连接直接通信。如果需要在少量站点之间搭建临时的无线网络实现资源共享，那么 Ad-hoc 无线网络是一个理想的选择。

【实验设备】PC（2 台，Windows 10 操作系统）。

【实验拓扑】组件 Ad-hoc 无线网络实验拓扑如图 3-25 所示。实验时要注意两台 PC 不能相距太远，应保证在彼此的信号覆盖范围内。设备 IP 地址参数如表 3-3 所示。

PC1 　　　　　　　　　　　　　　　　　PC2

图 3-25　组建 Ad-hoc 无线网络实验拓扑

表 3-3　设备 IP 地址参数

设备	IP 地址	子网掩码	默认网关
PC1	10.1.100.1	255.255.255.0	N/A
PC2	10.1.100.2	255.255.255.0	N/A

【实验要求】在两台 PC 之间组建 Ad-hoc 无线网络，实现网络互通。

【实验步骤】以下是本实验的具体步骤。

第 1 步，检查 PC1 的无线网卡是否支持无线 AP 功能。进入 PC1 的命令行界面，运行 netsh wlan show drivers 命令。如果输出中"支持的承载网络"显示为"是"，则说明 PC1 支持无线 AP 功能，如图 3-26 所示；如果为"否"，则说明不支持无线 AP 功能，可能需要更新无线网卡驱动程序。

第 2 步，配置 PC1 无线网卡的 IP 地址和子网掩码，如图 3-27 所示。由于 PC1 和 PC2 处于同一网段，因此不用配置默认网关。

图 3-26　检查 PC1 的无线网卡是否支持无线 AP 功能

图 3-27　配置 PC1 无线网卡的 IP 地址和子网掩码

第 3 步，在 PC1 的命令行界面中创建 SSID 为 adhoc 的临时网络，密码为 siso1127。使用
netsh wlan start hostednetwork 命令启用该临时网络，如下所示。

```
C:\Users\Administrator> netsh wlan set hostednetwork mode=allow ssid=adhoc key=siso1127
承载网络模式已设置为允许。
已成功更改承载网络的 SSID。
已成功更改托管网络的用户密钥密码。
C:\Users\Administrator> netsh wlan start hostednetwork
已启动承载网络。
```

第 4 步，在 PC2 上搜索 adhoc 临时网络，如图 3-28（a）所示。单击"连接"按钮，输入密
码后单击"下一步"按钮，即可接入 adhoc 临时网络，如图 3-28（b）所示。

（a）   （b）

图 3-28　关联 PC1 的 SSID

第 5 步，配置 PC2 无线网卡的 IP 地址和子网掩码，方法同第 2 步。

第 6 步，在 PC1 的命令行界面中，运行 ping 10.1.100.2 命令测试 PC1 和 PC2 的网络联通
性，如下所示。从 ping 命令的运行结果来看，PC1 和 PC2 之间网络互通，说明该 Ad-hoc 无线
网络组建成功。

```
C:\Users\Administrator> ping 10.1.100.2

正在 Ping 10.1.100.2 具有 32 字节的数据:
来自 10.1.100.2 的回复: 字节=32 时间=30ms TTL=250
来自 10.1.100.2 的回复: 字节=32 时间=19ms TTL=250
来自 10.1.100.2 的回复: 字节=32 时间=15ms TTL=250
来自 10.1.100.2 的回复: 字节=32 时间=13ms TTL=250

10.1.100.2 的 Ping 统计信息:
    数据包: 已发送 = 4，已接收 = 4，丢失 = 0 (0% 丢失)，
往返行程的估计时间(以毫秒为单位):
    最短 = 13ms，最长 = 30ms，平均 = 19ms
```

拓展知识

WDS 组网模式

WDS 的桥接功能通常是一对一的，所以 WDS 至少需要两个功能相同的 AP。但是 WDS 还支
持一对多桥接，且桥接的对象可以是无线网络或有线网络。常见的 WDS 组网模式有点对点、点对
多点、中继、手拉手、背靠背等。

（1）点对点。

WDS 点对点拓扑结构如图 3-29 所示。图 3-29 中两个有线（或无线）网络通过 AP 进行
WDS 无线桥接，实现网络互通，部署时两个 AP 工作在相同的信道。

（2）点对多点。

点对多点的无线桥接把多个离散的远程网络连接在一起，实现网络互通。在 WDS 点对多点拓
扑结构中，一个 AP 作为中心设备，其他 AP 只和中心设备建立无线桥接，分支网络的通信通过中

心设备桥接来实现，如图 3-30 所示。

图 3-29　WDS 点对点拓扑结构　　　　图 3-30　WDS 点对多点拓扑结构

（3）中继。

当需要连接的两个有线网络之间有障碍物或传输距离太远时，可以考虑使用 WDS 中继的方法来实现两个网络之间的连接。中继 AP 在通信路径的中间转发数据，从而扩大网络的覆盖范围，如图 3-31 所示。

图 3-31　WDS 中继拓扑结构

（4）手拉手。

在典型的室内组网场景中，一个 AP 的覆盖效果并不理想，无线信号的传播容易受到不规则的布局和墙体等障碍物的影响，导致产生信号盲区。采用 WDS 的手拉手桥接模式，不仅可以有效扩大无线网络的覆盖范围，还可以减少因重新布线带来的开销。如果用户对无线网络带宽要求不高，则该模式是合适的选择。WDS 手拉手拓扑结构如图 3-32 所示。

图 3-32　WDS 手拉手拓扑结构

（5）背靠背。

背靠背模式是中继模式的扩展，适用于典型的室外组网场景，其拓扑结构如图 3-33 所示。在 WDS 背靠背模式中，两个 WDS AP 有线级联背靠背组成中断网桥，可以在长距离网络传输中保证无线链路带宽。

图 3-33　WDS 背靠背拓扑结构

拓展实训

由于传输介质的不同，WLAN 和以太网在网络组成和拓扑结构上有较大的不同。希望读者通过完成以下实训内容，可以深化理解相关知识。

【实训目的】

（1）了解 WLAN 的组网元素。

（2）掌握服务集的基本概念和相互关系，明白几种服务集的不同之处。

（3）掌握常见的 WLAN 拓扑结构的特点和适用场景。

【实训内容】

（1）学习 WLAN 有哪些组成部分，以及每一部分的特点和作用。

（2）研究 WLAN 服务集相关概念，重点研究 BSS 和 ESS 的关系及 SSID 的作用。

（3）学习 WLAN 常见拓扑结构的特点及每种拓扑结构的适用场景。

（4）使用两台 PC 搭建一个简单的 Ad-hoc 网络，结合 Ad-hoc 网络的组网过程体会 Ad-hoc 网络的特点。

项目小结

由于传输介质的不同，WLAN 和以太网使用不同的组网设备，网络拓扑结构也有所区别。本项目包含两个任务。任务 3.1 介绍了 WLAN 中常见的组网设备，包括无线工作站、AP、AC 和天线。AP 有"胖""瘦"之分，分别对应两种不同的组网模式，这在项目 4 中会详细介绍。任务 3.2 首先介绍了 WLAN 的组成，引入了分布式系统的概念。分布式系统就是 AP 的上行网络，一般是以太网。任务 3.2 中的重点知识是服务集的相关概念。服务集是一组有联系的无线设备，BSS 是包含一个 AP 和若干无线站点的服务集，ESS 由多个 BSS 组成。服务集的身份标识称为 SSID，用户可以自行设置。以 AP 的 MAC 地址表示的 SSID 称为 BSSID。任务 3.2 还介绍了常见的 WLAN 拓扑结构，如基础架构基本服务集、ESS 等。在组建 WLAN 时，应根据实际的组网场景选择不同的拓扑结构。

项目练习题

1. 选择题

（1）下列不是无线网卡的接口类型的为（　　　）。

　　A. PCI 无线网卡　　　　　　　　　　B. 4G 上网卡

　　C. PCMCIA 无线网卡　　　　　　　　D. USB 无线网卡

（2）以下关于 WLAN 组网设备的描述中错误的一项是（　　　）。

    A. 无线网卡是 WLAN 中最基本的硬件之一

    B. AP 的基本功能是接入无线站点，其作用类似于以太网中的集线器和交换机

    C. AP 可以增加更多功能，不需要无线网桥、无线路由器和无线网关

    D. 无线路由器是具有路由功能的 AP，一般具有 NAT 功能

（3）以下关于无线 AP 的说法中正确的一项是（　　　）。

    A. 根据产品类型分类，可将 AP 分为无线路由器和无线 AP

    B. 无线路由器一般用于覆盖面积较大、用户较多的场景

    C. 相比无线 AP，无线路由器多了 DHCP 功能

    D. 无线 AP 只能独立组网，必须在其上完成所有业务配置后才能工作

（4）下列关于 FAT AP 和 FIT AP 的说法中正确的一项是（　　　）。

    A. FAT AP 比 FIT AP 体积大

    B. FAT AP 比 FIT AP 价格高

    C. FAT AP 可独立组网，集成了许多网络管理功能

    D. AP 不能进行 FAT AP 和 FIT AP 两种模式的切换

（5）在组建 Ad-hoc 无线网络时，必不可少的设备组件是（　　　）。

    A. 无线 AP　　　　B. 无线 AC　　　　　C. 无线路由器　　　D. 无线网卡

（6）以下设备中，（　　　）主要用于连接几个不同的网段，实现较远距离的无线数据通信。

    A. 无线网卡　　　B. 无线网桥　　　　C. 无线 AP　　　　D. 无线 AC

（7）下列关于无线 AC 功能的描述中正确的一项是（　　　）。

    A. 无线 AC 用于集中控制无线网络中的 AP

    B. 无线 AC 用于实现无线站点的接入

    C. 无线 AC 上不能部署 DHCP 服务，需要借助专门的交换机或路由器

    D. 引入无线 AC 后，网络管理员仍需要在 AP 上进行配置

（8）下列（　　　）不是 WLAN 的组网元素。

    A. 无线站点　　　B. 无线传输介质　　C. SSID　　　　　D. 分布式系统

（9）一个 BSS 中可以有（　　　）个 AP。

    A. 0 或 1　　　　B. 1　　　　　　　C. 2　　　　　　　D. 任意多个

（10）一个 ESS 中不包含（　　　）。

    A. 若干个无线网卡　　　　　　　　　B. 若干个 AP

    C. 若干个 BSS　　　　　　　　　　　D. 若干个路由器

（11）基本服务集的身份标识符称为（　　　）。

    A. SSID　　　　　B. BSS　　　　　　C. BSA　　　　　D. ESS

（12）平时使用手机搜索到的 Wi-Fi 信号名称其实是 WLAN 的（　　　）。

    A. BSSID　　　　　　　　　　　　　B. AP 的 MAC 地址

    C. SSID　　　　　　　　　　　　　　D. AP 的 IP 地址

（13）一名学生使用 PC 连接到室友 PC 的无线网络，这种组网称为（　　　）。

    A. 基础架构基本服务集　　　　　　　B. IBSS

    C. ESS　　　　　　　　　　　　　　D. WDS

2. 填空题

（1）无线网络中的终端设备一般称为＿＿＿＿＿＿＿＿＿＿，简称站点。

（2）无线工作站需要＿＿＿＿＿＿才能连接到无线网络中。

（3）根据无线网卡接口类型的不同，可将无线网卡分为＿＿＿＿＿＿＿、＿＿＿＿＿＿＿

和_____。

（4）无线 AP 根据产品类型的不同可分为_____和_____。

（5）无线 AP 根据组网功能的不同可分为_____和_____。

（6）按照安装方式分类，可将 AP 分为_____、_____和_____。

（7）在无线通信过程中，一般借助_____提升射频信号强度，即对射频信号进行增益。

（8）从物理结构上看，WLAN 的组网元素一般包括_____、_____、_____和_____。

（9）在 WLAN 组网中，一组互相有联系的无线设备的集合称为_____。每个服务集在 WLAN 中都有一个身份标识，称为_____。

（10）如果使用 AP 的 MAC 地址表示 BSS，则将其称为_____。

（11）WLAN 的拓扑结构与无线设备的物理和逻辑布局有关，一般有_____、_____、_____、_____和_____等拓扑结构。

3. 简答题

（1）简述 WLAN 中常用的组网设备及其用途。

（2）简述 WLAN 的组网元素及其功能。

（3）简述与服务集相关的几个术语的含义。

（4）简述几种不同的 WLAN 拓扑结构的特点。

项目4
组建家庭和办公室WLAN

04

学习目标

【知识目标】
（1）了解家庭WLAN的特点和常用技术。
（2）熟悉无线路由器的技术特点和应用场景。
（3）熟悉FAT AP组网模式的优点和局限。
（4）熟悉无线用户接入AP的主要过程。

【技能目标】
（1）能够阐述家庭WLAN的基本特点和组网需求。
（2）能够说明无线路由器的技术特点和应用场景。
（3）能够列举FAT AP的特点和主要功能。
（4）能够阐明FAT AP组网模式的配置要点。
（5）能够说明无线用户接入AP的主要过程。

【素养目标】
（1）增强大局观和整体意识，提高全面、客观分析问题的能力。
（2）培养知行合一、勇于实践的精神。
（3）培养脚踏实地的学习态度。

引例描述

　　经过前一阶段的学习，小郭对无线网络的兴趣越来越浓厚了。以前他只是单纯地使用无线网络，现在已经从无线用户变为一个初级无线管理员，开始尝试组建Ad-hoc无线网络。显然，目前这些还不能完全满足小郭的求知欲，他迫切地想要进一步学习组建WLAN的相关知识。小郭把他的想法告诉了张老师。张老师告诉他，如果把组建WLAN看作建造一栋大楼，那么之前的几个小实验充其量只是刚完成地基的建设，真正的挑战还在后面。张老师准备先从简单的家庭和办公室WLAN开始，再过渡到校园WLAN，逐渐引入复杂的组网技术。张老师把后面的学习计划告诉了小郭，并提醒他不能好高骛远，而应该一步一个脚印地踏实学习。小郭谢过张老师之后，又投入了新一轮的学习中……

任务 4.1　组建家庭 WLAN

任务陈述

WLAN 在家庭无线网络中的应用主要体现在通过无线路由器把各种无线设备连接起来，并接入宽带网络，这些设备包括 PC、智能手机、平板电脑、打印机、投影仪等。本任务将简单介绍家庭无线网络的基本概念，并实际组建一个家庭 WLAN。

知识准备

4.1.1　家庭无线网络环境

一般来说，家庭 WLAN 是应用于家庭范围内，以无线路由器为中心的室内无线网络，如图 4-1 所示。家庭 WLAN 的主要特点是用户数量较少（3~6 人）、覆盖面积不大（70~120m²），使用一台无线路由器基本上就可以实现无线网络全覆盖。但对于一些复杂户型或面积较大的户型，组网时要充分考虑承重墙、隔墙、挡板等障碍物对射频信号传输距离的影响。另外，家用电器（如微波炉等）如果和无线路由器工作在相同频段，则会严重影响射频信号的传输，导致无线网络无法覆盖每个房间。在这种情况下，可能要部署多台无线路由器。

V4-1　无线路由器简介

图 4-1　家庭 WLAN 场景

4.1.2　无线路由器组网技术

无线路由器是专为满足家庭、办公室和小型企业的无线上网需求而设计的，在家庭 WLAN 环境中的应用尤为广泛。从功能上看，无线路由器可以看作带路由功能的无线 AP。无线路由器不仅具备无线接入功能，能提供 DHCP、VPN、NAT、防火墙、加密等服务，还具有宽带路由器的广域网口（WAN 口），支持多种电信宽带接入方式，如 xDSL、Cable、动态 xDSL、PPTP 等。如果关闭无线路由器的无线发射功能，那么在功能上它就简化为有线网络中的宽带路由器。现在市场上销售的无线路由器还集成了许多应用层功能，如对儿童设备进行时长限制、支付限制、游戏限制、视频限制，防止儿童沉迷网络游戏、视频及各类社交应用，还可以对不良网页进行拦截，以便儿童健康上网。

以无线路由器为中心节点的家庭 WLAN 在拓扑结构上属于基础架构基本服务集。无线路由器作为家庭 WLAN 的中心，通过射频接口和无线终端建立连接。同时，无线路由器还通过 WAN 口接入宽带网络。除了射频接口和 WAN 口外，无线路由器一般还有 4 个局域网口（LAN 口）。无线路由器通过 LAN 口和计算机建立有线连接，使计算机和无线站点工作在同一子网，方便计算机和无线站点的数据交换。

✒ 任务实施

实验：组建家庭 WLAN

【实验背景】无线路由器是组建家庭 WLAN 的核心设备。无线路由器支持用户以有线或无线的方式接入宽带网络。配置无线路由器时，一般先进入其内置的 Web 管理页面，再在其中完成各种网络参数的设置。

【实验设备】无线路由器（1 台，普联 TL-WDR6500），PC（1 台，Windows 10 操作系统），智能手机（1 部）。

【实验要求】在无线路由器上完成家庭 WLAN 组网配置。

【实验步骤】以下是本实验的具体步骤。

第 1 步，使用网线连接无线路由器的 WAN 口和家里的入户宽带。

第 2 步，使用网线连接 PC 的网口和无线路由器的 LAN 口。接通无线路由器电源，启动无线路由器。

第 3 步，在 PC 上打开一个浏览器，进入无线路由器的 Web 管理系统。管理系统的登录地址通常在无线路由器壳体底部的标签上，一般是一个 IP 地址或域名。根据底部标签上的信息可知，TL-WDR6500 的登录地址是 tplogin.cn。在浏览器中输入该地址，并输入管理员密码（默认为 admin），验证通过后即可进入其 Web 管理页面，如图 4-2 所示。

第 4 步，单击图 4-2 所示页面底部最右侧的"路由设置"图标，进入路由设置页面。选择路由设置页面左侧的"上网设置"选项，开始设置家庭宽带接入方式，如图 4-3 所示。根据家庭宽带类型选择合适的 WAN 口连接类型，包括"宽带拨号上网""固定 IP 地址""自动获得 IP 地址"，本实验选择"自动获得 IP 地址"选项。还可根据需要设置更高级的上网选项，如图 4-4 所示。在其中可以设置数据包大小、DNS 服务器、WAN 口速率和 MAC 地址等参数。设置好之后单击"保存"按钮，保存设置即可。

图 4-2　无线路由器的 Web 管理页面

图 4-3　上网设置（基本设置）

图 4-4　上网设置（高级设置）

第 5 步，选择路由设置页面左侧的"上网设置"选项，开始设置 2.4GHz 频段和 5GHz 频段的无线网络参数，如图 4-5 和图 4-6 所示。其中，"无线名称"就是 WLAN 的 SSID。"无线信道""无线模式""频段带宽"使用默认值即可。如果勾选"开启无线广播"复选框，则可以在无线终端上发现对应的 SSID；否则，必须手工输入该 SSID 才能接入对应的无线网络。

图 4-5　无线设置（2.4GHz 频段）

图 4-6　无线设置（5GHz 频段）

第 6 步，选择路由设置页面左侧的"LAN 口设置"选项，设置 LAN 口网络参数，主要是设置 LAN 口 IP 地址，如图 4-7 所示。可以自动获得或手动设置 LAN 口 IP 地址，这里选择"自动（推荐）"选项，即通过无线路由器提供的 DHCP 服务为 LAN 口分配 IP 地址。

图 4-7　LAN 口设置

第 7 步，选择路由设置页面左侧的"DHCP 服务器"选项，设置 DHCP 服务器参数，如图 4-8 所示。由于在第 6 步选择使用 DHCP 服务为 LAN 口自动分配 IP 地址，因此这里必须开启 DHCP 服务器。IP 地址池表示可分配的 IP 地址的范围，IP 地址租期表示 IP 地址的使用期限，根据需要合理设置即可。

图 4-8　DHCP 服务器参数设置

第 8 步，无线路由器设置成功后，分别使用 PC 和智能手机连接无线网络。以智能手机为例，检查手机的网络参数和无线路由器的相应信息是否一致，分别如图 4-9（a）和图 4-9（b）所示。

无线局域网地址	B2:CE:E1:6E:BF:DD
配置 IP	自动 >
IP 地址	192.168.0.102
子网掩码	255.255.255.0
路由器	192.168.0.1

主机	MAC 地址	IP 地址	有效时间
ZHANGYS	00-E1-8C-FD-9D-1E	192.168.0.101	01:04:58
iPhone	B2-CE-E1-6E-BF-DD	192.168.0.102	00:46:05

（a）　　　　　　　　　　　　　　　　　（b）

图 4-9　检查手机网络参数

第9步，在 PC 上进入命令行界面，使用 ping 命令测试它和手机的网络联通性，如下所示。

```
C:\Users\Administrator> ping 192.168.0.102
正在 Ping 192.168.0.102 具有 32 字节的数据:
来自 192.168.0.102 的回复: 字节=32 时间=740ms TTL=64
来自 192.168.0.102 的回复: 字节=32 时间=23ms TTL=64
来自 192.168.0.102 的回复: 字节=32 时间=52ms TTL=64
来自 192.168.0.102 的回复: 字节=32 时间=758ms TTL=64

192.168.0.102 的 Ping 统计信息:
    数据包: 已发送 = 4，已接收 = 4，丢失 = 0 (0% 丢失)，
往返行程的估计时间(以毫秒为单位):
    最短 = 23ms，最长 = 758ms，平均 = 393ms
```

 拓展知识

无线路由器产品规格

无线路由器是组建家庭 WLAN 的主要设备，选择合适的无线路由器对于家庭内部无线用户的上网体验至关重要。表 4-1 所示为无线路由器的主要技术指标和参数，即无线路由器的产品规格，读者在实际购买时可适当参考此表。

表 4-1　无线路由器的主要技术指标和参数

项目	说明	举例
物理参数	尺寸（直径×高）	220mm×50mm
	重量	0.5kg
	接口	LAN 输出器：4×千兆网口 WAN 接入口：1×千兆网口
	蓝牙低能耗（Bluetooth Low Energy，BLE）技术	BLE5.0
	LED	系统上电状态（启动、运行、告警、故障等）
电源参数	电源输入	DC：12V POE 供电：满足 IEEE 802.3at/af 以太网供电标准
	最大功耗	15W
环境参数	工作温度	-10℃～+50℃
	存储温度	-40℃～+70℃
	工作湿度	5%～95%（非凝结）
	海拔	-60～50000m
	工作气压	53～106kPa
射频参数	天线类型	4 根外置天线
	最大发射功率	2.4GHz：27dBm 5GHz：27dBm
	每射频最大 SSID 数量	≤16
	最大用户数	≤64
	无线速率	3000Mbit/s
	无线协议	Wi-Fi 6

拓展实训

组建家庭 WLAN 的核心是无线路由器。无线路由器兼具无线接入和路由的功能，多应用于家庭、办公室等面积小、用户少的组网环境中。希望读者通过完成以下的实训内容，可以深化理解相关知识。

【实训目的】

（1）了解家庭 WLAN 的特点和常用技术。

（2）熟悉无线路由器的技术特点和应用场景。

（3）掌握使用无线路由器组建家庭 WLAN 的方法和步骤。

【实训内容】

（1）查阅相关资料，学习家庭 WLAN 的特点和常用技术。

（2）查阅相关资料，学习无线路由器的技术特点和应用场景。

（3）使用无线路由器组建家庭 WLAN，完成 WAN 口、LAN 口、无线网络和 DHCP 服务器的设置。使用 PC 和手机连接 WLAN 并验证其网络联通性。

任务 4.2 组建办公室 WLAN

任务陈述

早期的 WLAN 主要是为满足家庭或小型企业无线用户接入互联网或有线网络而组建的。由于家庭和小型企业的无线用户数较少，覆盖范围要求也不高，因此使用少数几个 AP 就可以满足 WLAN 的组建需要。本任务主要介绍 AP 在办公室 WLAN 中的应用。

知识准备

4.2.1 FAT AP 组网模式概述

在 WLAN 的早期应用中，对无线网络覆盖范围要求不高，而且用户数相对较少。对于这种组网需求，往往安装少数几个 AP 就可以满足。家庭 WLAN 和小型企业 WLAN 是符合这些特征的两种典型应用场景。在这类 WLAN 应用场景中，AP 是中心设备。无线站点工作在 AP 的覆盖范围内，通过 AP 接入互联网或企业内部网络，即 AP 的上行网络。AP 除了提供基本的无线信号收发功能外，还集成了用户认证、安全加密、网络管理、QoS、漫游及其他应用层功能。这样的 AP 称为"胖"AP（FAT AP），也被称为自治型 AP（Autonomous AP），其功能全面但结构复杂。

V4-2 FAT AP
组网特点

（1）家庭 WLAN。

在家庭 WLAN 中，由于所需要的无线网络覆盖范围小，一般采用 FAT AP 组网模式。这里所说的 FAT AP 其实就是任务 4.1 中提到的无线路由器。无线路由器不仅可以实现无线网络覆盖，还可以同时作为路由器，实现对有线网络的路由转发，FAT AP 在家庭 WLAN 中的应用如图 4-10 所示。无线路由器通过自带的 WAN 口接入宽带网络和互联网。另外，无线路由器还提供多个 LAN 口，支持有线用户接入。

图 4-10　FAT AP 在家庭 WLAN 中的应用

（2）小型企业 WLAN。

小型企业的无线用户数量一般不多，因此也可以采用 FAT AP 组网模式，FAT AP 在小型企业 WLAN 中的应用如图 4-11 所示。典型的做法如下：将 AP 与企业有线网络中的接入交换机互连，将无线用户的报文通过 AP 转发至接入交换机，并经由接入交换机转发至企业内部网络。这样就扩大了企业有线网络的覆盖范围，使无线用户能够访问企业内部网络。

图 4-11　FAT AP 在小型企业 WLAN 中的应用

虽然 FAT AP 安装简单、成本较低，但随着 WLAN 的应用越来越多，FAT AP 组网模式的局限性也随之显现。具体来说，FAT AP 组网模式有下面几个缺点。

① FAT AP 独立工作，WLAN 的配置保存在各个 FAT AP 中。组网时，需要对每个 FAT AP 逐一进行配置，配置内容包括无线业务参数（如 DHCP 服务器、SSID、认证和加密方式）、射频参数（如信道、发射功率）及服务策略（如访问控制列表、流量控制）等。当需要修改 WLAN 的某个参数时，即使是一个很小的修改，也必须在每个 FAT AP 上单独进行。由于无法对 FAT AP 进行集中配置，因此管理成本很高。

② FAT AP 负责为无线站点分配 IP 地址，网络管理员需要维护大量的 IP 地址列表。与 AP 互

连的接入交换机需要同步 VLAN 配置等操作。网络管理员的工作量因此大大增加，也更容易出错。

③ FAT AP 不支持无线信道和发射功率的自动调整。当部署多个 FAT AP 时，网络管理员需要手动调整优化相关参数，效率不高。

④ 由于 FAT AP 独立工作，因此无法集中查看网络运行状况或统计无线用户信息。

⑤ 升级 FAT AP 软件时必须逐一手动升级，不能及时在 FAT AP 上应用最新的安全补丁，安全性不高。

FAT AP 的这些缺点基本上都源于网络管理员无法进行集中管理维护，尤其是在 FAT AP 数量增多时，这种组网模式的缺点愈加明显。为了实现对 AP 的集中配置和管理，在大型的 WLAN 组网实践中，更倾向于采用 FIT AP+AC 的组网模式。关于 FIT AP+AC 组网模式的详细介绍请参见项目 5。

4.2.2　无线用户接入过程

在 WLAN 的实际运行过程中，无线用户首先要知道周围有哪些无线网络服务，因此要通过某种方法识别周围的无线网络。由于无线网络环境是开放的，因此在 AP 覆盖范围内的用户都能监听到无线信号。为了提高网络安全性和保密性，AP 还要对无线用户进行链路认证，以决定是否允许无线用户加入该网络。最后，AP 要和无线用户协商服务参数，确认通信过程中各种参数的一致性。以上其实就是无线用户接入无线网络的过程，共涉及扫描、认证和关联 3 个阶段，如图 4-12 所示。为叙述方便，下文用 STA 表示无线用户。

V4-3　无线用户
接入过程

图 4-12　无线用户接入无线网络的过程

1. 扫描

STA 在接入任何无线网络之前，首先必须识别有哪些无线网络。STA 通过扫描的方式发现无线网络并获取相关信息。根据扫描的发起方不同，有两种扫描方式。一种是主动扫描（Active Scanning），即 STA 主动发送探测请求（Probe Request）帧，AP 回应探测响应（Probe Response）帧告知无线网络参数信息。另一种是被动扫描（Passive Scanning），即 STA 通过监听 AP 发送的信标（Beacon）帧获取无线网络参数信息。主动扫描和被动扫描的过程如图 4-13 所示。

图 4-13　主动扫描和被动扫描的过程

（1）主动扫描。

在主动扫描方式下，STA 会定期地在无线网卡支持的信道中主动发送探测请求帧，以发现周围的无线网络。当 AP 收到探测请求帧后，会向 STA 回应探测响应帧以通告相应的无线网络信息。根据探测请求帧是否包含 SSID，主动扫描又分为两种类型，即空 SSID 扫描和指定 SSID 扫描。

① 空 SSID 扫描。STA 发送 SSID 为空的广播探测请求帧扫描无线网络，收到该广播帧的 AP 都会回应探测响应帧以通告可以提供的无线网络信息，如图 4-14（a）所示。因此，STA 可能会收到多个探测响应帧。这种类型适用于 STA 通过主动扫描获知周围有哪些可用的无线网络服务。

② 指定 SSID 扫描。STA 发送带有指定 SSID 的单播探测请求帧扫描无线网络，只有能够提供该无线网络的 AP 才会回应探测响应帧，如图 4-14（b）所示。当 STA 希望连接指定的无线网络或已经成功连接到一个无线网络时，STA 才会定期发送这种类型的单播探测请求帧。这种类型适用于 STA 通过主动扫描接入指定的无线网络。

图 4-14　两种主动扫描方式

（2）被动扫描。

AP 会周期性地发送信标帧，其中包含能够提供的无线网络信息。被动扫描是指 STA 定期监听信标帧，以获知周围可用的网络服务。STA 在监听信标帧时，也会不停地切换信道，以保证能收到每个信道的信标帧。在被动扫描方式下，STA 只监听信标帧，不发送探测请求帧，这样会比较省电。相比较而言，通过被动扫描获取 AP 信息的时间要长一些，不如主动扫描那样及时。但这个时间差仅有几秒，基本上不会影响用户体验。

扫描结束后，STA 就能获得周围无线网络的相关参数，如 BSSID、SSID、BSS 类型、物理层参数、BSS 基本速率等。如果探测到多个 AP，则 STA 会根据需要选择接入适当的网络。STA 选择 AP 的标准一般是信号强度，也可以由用户指定接入哪个无线网络。确定好要接入的网络后，就可以开始下面的认证阶段。

2. 认证

为了保证无线用户接入无线网络的合法性和安全性，接入过程中 AP 需要完成对 STA 的身份验证，即链路认证。只有通过认证后才能进入后续的关联阶段。认证的主要作用是确认无线用户的身份。认证通常被认为是无线用户连接 AP 并访问无线网络的起点。早期的 IEEE 802.11 系列标准定义了两种认证方式：开放系统认证（Open System Authentication）和共享密钥认证（Shared Key Authentication）。

（1）开放系统认证。

开放系统认证是最简单的认证方式。STA 首先向 AP 发送认证请求（Authentication Request）帧，然后 AP 回应认证响应（Authentication Response）帧告知认证结果。开放系统认证实际上是一种"来者不拒"的认证方式，即只要提出认证请求的 STA 都会通过认证。当不需要对 STA 进行接入控制时，可以采用这种认证方式。

（2）共享密钥认证。

共享密钥认证要求 STA 和 AP 配置相同的共享密钥，同时要求双方支持有线等效保密（Wired Equivalent Privacy，WEP）协议。共享密钥认证的过程如图 4-15 所示。

① STA 向 AP 发送一个认证请求帧。

② AP 收到认证请求帧后，向 STA 回复一个认证响应帧。这个帧包含由 WEP 服务生成的挑战（Challenge）短语。

③ STA 使用预先配置的密钥对挑战短语进行加密，并将其发送给 AP。

④ AP 收到经过加密的挑战短语后，使用预先配置的密钥进行解密，并将解密后的挑战短语与之前发送给 STA 的挑战短语进行比较。如果二者相同，则认证成功，否则认证失败。

与开放系统认证相比，共享密钥认证提供了更高的安全检查级别。但由于 WEP 加密的安全性较弱，在很多场合已不建议采用这种认证方式。

图 4-15　共享密钥认证的过程

3. 关联

当 STA 通过了某个 AP 的认证后，即可继续发起链路服务协商，准备和该 AP 建立关联。关联的过程实际上就是 STA 和 AP 协商链路服务参数的过程。STA 首先向 AP 发送关联请求（Association Request）帧，该帧携带有 STA 自身的各种参数及根据服务配置选择的各种参数，如支持的速率、支持的信道、支持的 QoS 能力等。AP 会对关联请求帧中 STA 的能力信息进行检测，确定 STA 是否有能力接入无线网络，并通过关联响应（Association Response）帧通知 STA 关联结果。一般情况下，STA 只和一个 AP 建立关联，且关联总由 STA 发起。

任务实施

实验1：通过管理 SSID 连接和登录 FAT AP

【实验背景】为了确保覆盖效果，AP 一般安装在高处。如果由于网络故障或位置原因导致无法通过网口登录 AP，则可以使用 PC 关联到 AP 的管理 SSID，并通过命令行界面或 Web 浏览器方式登录该 AP。从 V200R008C10 版本开始，华为的 FAT AP 产品上电后默认开启管理 SSID，其默认参数如表 4-2 所示。

表 4-2 FAT AP 管理 SSID 默认参数

SSID 名称	密码	IP 地址
V200R019C00 及之前版本：HUAWEI-xxxx V200R019C10 及之后版本：HUAWEI-LeaderAP-xxxx 其中，xxxx 为 AP MAC 地址的后 4 位	无	192.168.1.1/24

【实验设备】AP（1 台，华为 AirEngine 5760），PC（1 台，Windows 10 操作系统）。

【实验拓扑】通过管理 SSID 连接和登录 FAT AP 实验拓扑如图 4-16 所示。将 PC 放在 AP 附近，保证 PC 在 AP 的覆盖范围内。

图 4-16 通过管理 SSID 连接和登录 FAT AP 实验拓扑

【实验要求】本实验演示通过管理 SSID 连接和登录 FAT AP。

【实验步骤】以下是本实验的具体步骤。

第 1 步，将 PC 无线网卡的 IP 地址设置为自动获得。

第 2 步，使用 PC 扫描 FAT AP 的管理 SSID 并进行关联，本实验为 HUAWEI-49E0，如图 4-17 所示。

图 4-17 关联管理 SSID

> **注意** 管理 SSID 采用开放系统认证方式，无须输入密码即可关联。

第 3 步，进入 PC 的命令行界面，使用 ipconfig 命令查看无线网卡获得的 IP 地址，并使用 ping 命令测试与 FAT AP 的网络连通性，如下所示。

```
C:\Users\Administrator> ipconfig
无线局域网适配器 WLAN 2:
```

```
     IPv4 地址 . . . . . . . . . . . . . . . . : 192.168.1.227
     子网掩码  . . . . . . . . . . . . . . . .: 255.255.255.0
     默认网关. . . . . . . . . . . . . . . . : 192.168.1.1


C:\Users\Administrator> ping 192.168.1.1
正在 Ping 192.168.1.1 具有 32 字节的数据:
来自 192.168.1.1 的回复: 字节=32 时间=8ms TTL=255
来自 192.168.1.1 的回复: 字节=32 时间=7ms TTL=255
来自 192.168.1.1 的回复: 字节=32 时间=3ms TTL=255
来自 192.168.1.1 的回复: 字节=32 时间=13ms TTL=255

192.168.1.1 的 Ping 统计信息:
    数据包: 已发送 = 4, 已接收 = 4, 丢失 = 0 (0% 丢失),
    往返行程的估计时间(以毫秒为单位):
    最短 = 3ms, 最长 = 13ms, 平均 = 7ms
```

第 4 步,在 PC 上运行 PuTTY 软件,连接类型选择"SSH",输入 FAT AP 的 IP 地址 192.168.1.1,单击"Open"按钮连接 AP,如图 4-18 所示。

图 4-18 使用 SSH 连接 FAT AP

第 5 步,输入 FAT AP 的用户名和密码,如下所示。验证成功后即可进入 FAT AP 命令行界面。

```
login as: admin
Further authentication required
admin@192.168.1.1's password:

Info: Current mode: Fat (working independently).
--------------------------------------------------------------------------------
  User last login information:
--------------------------------------------------------------------------------
  Access Type : SSH
  IP-Address  : 169.254.1.100
  Time        : 2021-03-19 19:27:35+08:00
--------------------------------------------------------------------------------

<Huawei>
```

如果采用 Web 浏览器方式登录 FAT AP,则前面 3 步的操作是相同的,后面只需打开一个

Web 浏览器，输入 FAT AP 的 IP 地址 192.168.1.1，在 Web 网管登录页面中输入用户名和密码即可进入 FAT AP 的 Web 网管系统。具体操作这里不再赘述。

实验 2：通过 Web 网管配置 FAT AP 二层组网

【实验背景】为方便小型办公室工作人员通过无线方式接入公司内部网络，实现移动办公，可以使用 FAT AP 组建 WLAN。Web 网管是华为 FAT AP 内置的图形化网络管理系统。通过浏览器登录 Web 网管系统后，即可在其中配置、管理、监控无线网络。对于不熟悉命令行界面操作环境的用户来说，Web 网管系统是组建无线网络的"得力助手"。

【实验设备】AP（1 台，华为 AirEngine 5760），路由器（1 台，华为 AR6140），PC（1 台，Windows 10 操作系统）。

【实验拓扑】通过 Web 网管配置 FAT AP 二层组网实验拓扑如图 4-19 所示。

图 4-19　通过 Web 网管配置 FAT AP 二层组网实验拓扑

> **注意**　由于华为 AirEngine 5760 设备只有一个业务口，因此推荐使用管理 SSID 连接和登录 AP 进行业务配置。也可以使用网线连接 AP，并通过 SSH 或 Web 网管登录 AP，完成业务配置后再将 AP 连接至上行设备（在本实验中，上行设备为路由器）。

【实验要求】实验涉及的各配置项如表 4-3 所示，设备接口的 IP 地址参数如表 4-4 所示。

表 4-3　实验涉及的各配置项

配置项	要求
管理 VLAN	VLAN 101
业务 VLAN	VLAN 101
DHCP 服务器	路由器作为无线用户的 DHCP 服务器
STA 地址池	VLAN 101：10.23.101.3/24 ～ 10.23.101.254/24
SSID 模板	模板名称：wlan-office SSID 名称：wlan-office
安全模板	模板名称：sec-office 安全策略：WPA/WPA2-PSK-AES 密码：huawei123
VAP 模板	模板名称：vap-office 业务 VLAN：VLAN 101 引用模板：SSID 模板、安全模板

表 4-4　设备接口的 IP 地址参数

设备	接口或 VLAN	IP 地址或接口类型	子网掩码
路由器	GE0/0/0	10.23.101.1/24	10.23.101.1/24
FAT AP	GE0/0/0	10.23.101.2/24	10.23.101.2/24

【实验步骤】以下是本实验的具体步骤。

第 1 步，配置路由器网络参数。

（1）通过 Console 口登录路由器命令行界面，创建 VLAN 101 并配置 IP 地址。启用 DHCP 服务并通过接口 VLANIF 101 为无线用户分配 IP 地址，如下所示。

```
[Huawei] sysname Router
[Router] dhcp enable
[Router] vlan 101
[Router-vlan 101] interface vlanif 101
[Router-Vlanif101] ip address 10.23.101.1 24
[Router-Vlanif101] dhcp select interface
[Router-Vlanif101] dhcp server excluded-ip-address 10.23.101.2
[Router-Vlanif101] quit
```

（2）将接口 GE0/0/0 加入 VLAN 101，如下所示。

需要说明的是，本书所用接口中的"GE"是"GigabitEthernet"的缩写，在实际配置时一般简写为"gi"。因此，本书在正文及网络拓扑中均使用"GE"标注该接口，但在配置代码中统一使用"gi"。

```
[Router] interface gi0/0/0
[Router-GigabitEthernet0/0/0] port link-type access
[Router-GigabitEthernet0/0/0] port default vlan 101
[Router-GigabitEthernet0/0/0] quit
```

> **注意** 由于华为 AR 系列路由器的以太网口是 2 层网口，不能直接配置 IP 地址，因此必须先将以太网口加入某个 VLAN，再为该 VLAN 创建 VLANIF 接口并配置 IP 地址。

第 2 步，通过管理 SSID 登录 FAT AP 网管系统，配置 WLAN 业务参数。

（1）选择"向导"→"配置向导"选项，进入"Wi-Fi 信号设置"页面。

（2）单击"新建"按钮，进入"基本信息"配置页面。在该页面中配置 SSID 基本信息，包括 SSID 名称和认证方式，并设置密钥，如图 4-20 所示。

图 4-20　配置 SSID 基本信息

（3）单击"下一步"按钮，进入"地址及速率配置"页面，配置地址参数，选中"上层设备分配（桥接模式）"单选按钮并关联 VLAN 101，如图 4-21（a）所示。单击"完成"按钮，保存配置，可以从 SSID 列表中看到新建的 SSID，如图 4-21（b）所示。也可以在 AP 上配置 DHCP 服务器，即图 4-21（a）中的"AP 本地分配（路由模式）"。

（a）　　　　　　　　　　　　　　（b）

图 4-21　地址及速率配置

（4）在图 4-21（b）中选中新建的 SSID 名称"wlan-office"，单击"下一步"按钮，进入"上网连接配置"页面。在该页面中配置上网连接参数，如图 4-22 所示。为 FAT AP 的上行口即图 4-22 中的上行端口 GE0/0/0 配置固定 IP 地址，默认网关和 DNS 服务器即为与之相连的路由器接口的 IP 地址。同时，将 GE0/0/0 接口以 Tagged 方式加入 VLAN 101。单击"完成"按钮，保存配置。

> **注意**　第一，如果 AP 的上行网络划分了 VLAN，则为了确保网络连通，通常将 AP 上行口的 VLAN 设置为与对端接口相同的 VLAN。在本实验中，AP 的上行口和路由器的下行口都被划入 VLAN 101。配置 AP 上行口的 PVID（Port VLAN ID），可以使上行报文剥离 VLAN 标签进入上行网络。
>
> 第二，如果 PC 通过网口连接 AP 的 GE0/0/0 接口，那么修改该接口的 IP 地址会导致网络连接断开。此时需要将 PC 的 IP 地址改为与 GE0/0/0 接口相同的网段，如 10.23.101.100/24，并使用 GE0/0/0 接口的新地址（10.23.101.2）重新登录 AP，继续执行后续操作。

图 4-22　配置上网连接参数

第 3 步，配置 AP 的信道和发射功率。

依次选择"配置"→"WLAN 业务"→"无线业务配置"→"射频 0"选项，进入"射频 0"配置页面。选择"射频管理"选项，进入"射频 0 配置（2.4G）"页面，如图 4-23 所示。关闭信道自动调优和功率自动调优功能，并设置信道带宽为 20MHz，信道数为 6，发射功率为 127dBm。单击"应用"按钮，完成配置。射频 1 的配置方法与射频 0 的基本相同，只需将射频 1 的信道数设置为 149，如图 4-24 所示。

图 4-23　配置射频 0（2.4GHz）的信道和发射功率

图 4-24　配置射频 1（5GHz）的信道和发射功率

需要说明的是，图 4-23 和图 4-24 中的"发送功率"即上文提到的"发射功率"（下同）。

第 4 步，关联 WLAN，进行业务验证。

（1）在 PC 中搜索 SSID 为"wlan-office"的无线网络，输入密钥后关联该 WLAN，如图 4-25
所示。

（a）

（b）

图 4-25　关联 WLAN

（2）查看 PC 自动获得的 IP 地址，如下所示。

```
C:\Users\Administrator> ipconfig
无线局域网适配器  WLAN 2:
    连接特定的 DNS 后缀 . . . . . . . :
    本地链接 IPv6 地址. . . . . . . : fe80::a43e:9d5:1b0b:ec92%18
    IPv4 地址 . . . . . . . . . . . . . : 10.23.101.224
    子网掩码 . . . . . . . . . . . . . . : 255.255.255.0
    默认网关. . . . . . . . . . . . . . : 10.23.101.1
```

（3）选择"监控"→"用户"→"用户统计"选项。在"用户列表"页面中可以看到关联成功
的无线用户及其 IP 地址信息，如图 4-26 所示。

图 4-26　查看已关联用户的信息

实验 3：通过命令行界面配置 FAT AP 二层组网

下面通过命令行界面方式完成实验 2，请读者自行整理这两种方式的联系。

第 1 步，配置路由器网络参数。

（1）登录路由器命令行界面，创建 VLAN 101 并配置 IP 地址，启用 DHCP 服务并通过接口 VLANIF 101 为无线用户分配 IP 地址，具体命令如下所示。

```
[Huawei] sysname Router
[Router] dhcp enable
[Router] vlan 101
[Router-vlan 101] interface vlanif 101
[Router-Vlanif101] ip address 10.23.101.1 24
[Router-Vlanif101] dhcp select interface
[Router-Vlanif101] dhcp server excluded-ip-address 10.23.101.2
[Router-Vlanif101] quit
```

注意　需要从 IP 地址池中排除 AP 上行口的 IP 地址（10.23.101.2）。

（2）将接口 GE0/0/0 加入 VLAN 101，具体命令如下所示。

```
[Router] interface gi0/0/0
[Router-GigabitEthernet0/0/0] port link-type access
[Router-GigabitEthernet0/0/0] port default vlan 101
[Router-GigabitEthernet0/0/0] quit
```

第 2 步，配置 AP 与上行网络互通。

（1）登录 AP 命令行界面。新建 VLAN 101，配置 VLAN 101 的 IP 地址用于和路由器通信，具体命令如下所示。

```
<Huawei> system-view
[Huawei] sysname AP
[AP] vlan 101
[AP] interface vlanif 101
[AP-Vlanif101] ip address 10.23.101.2 24
[AP-Vlanif101] quit
```

（2）配置 AP 上行口的 IP 地址和 VLAN 参数，具体命令如下所示。同样，如果 PC 通过网口连接 AP 的 GE0/0/0 接口，那么修改该接口的 IP 地址会导致网络连接断开。此时需要将 PC 的 IP 地址改为与 GE0/0/0 接口相同的网段，如 10.23.101.100/24，再使用 GE0/0/0 接口的新 IP 地址（10.23.101.2）重新登录 AP，继续执行后续操作。

```
[AP] interface gi 0/0/0
[AP-GigabitEthernet0/0/0] port link-type trunk
```

```
[AP-GigabitEthernet0/0/0] port trunk allow-pass vlan 101
[AP-GigabitEthernet0/0/0] port trunk pvid vlan 101
[AP-GigabitEthernet0/0/0] quit
```

第 3 步，配置 AP 国家码，具体命令如下所示。

```
[AP] wlan
[AP-wlan-view] country-code cn
```

第 4 步，配置 WLAN 业务参数。

（1）创建名为"sec-office"的安全模板，并配置安全策略，具体命令如下所示。

```
[AP-wlan-view] security-profile name sec-office
[AP-wlan-sec-prof-wlan-office] security wpa-wpa2 psk pass-phrase huawei123 aes
[AP-wlan-sec-prof-wlan-office] quit
```

（2）创建名为"wlan-office"的 SSID 模板，并配置 SSID 名称为"wlan-office"，具体命令如下所示。

```
[AP-wlan-view] ssid-profile name wlan-office
[AP-wlan-ssid-prof-wlan-office] ssid wlan-office
[AP-wlan-ssid-prof-wlan-office] quit
```

（3）创建名为"vap-office"的 VAP 模板，配置业务 VLAN 为 101，并引用安全模板 sec-office 和 SSID 模板 wlan-office，具体命令如下所示。

```
[AP-wlan-view] vap-profile name vap-office
[AP-wlan-vap-prof-wlan-office] service-vlan vlan-id 101
[AP-wlan-vap-prof-wlan-office] security-profile sec-office
[AP-wlan-vap-prof-wlan-office] ssid-profile wlan-office
[AP-wlan-vap-prof-wlan-office] quit
```

第 5 步，配置 VAP 和 AP 射频参数。关闭 AP 射频的信道和功率自动调优功能，并配置 AP 射频的信道和功率，具体命令如下所示。

```
[AP] interface wlan-radio0/0/0
[AP-Wlan-Radio0/0/0] vap-profile vap-office wlan 2
[AP-Wlan-Radio0/0/0] calibrate auto-channel-select disable
[AP-Wlan-Radio0/0/0] calibrate auto-txpower-select disable
[AP-Wlan-Radio0/0/0] channel 20mhz 6
[AP-Wlan-Radio0/0/0] eirp 127
[AP-Wlan-Radio0/0/0] quit
[AP] interface wlan-radio0/0/1
[AP-Wlan-Radio0/0/1] vap-profile vap-office wlan 2
[AP-Wlan-Radio0/0/1] calibrate auto-channel-select disable
[AP-Wlan-Radio0/0/1] calibrate auto-txpower-select disable
[AP-Wlan-Radio0/0/1] channel 20mhz 149
[AP-Wlan-Radio0/0/1] eirp 127
```

第 6 步，验证配置结果。

（1）在 AP 上查看 VAP 配置信息，具体命令如下所示。

```
[AP] display vap ssid wlan-office
AP MAC          RfID WID  BSSID         Status  Auth type      STA   SSID
------------------------------------------------------------------------
b008-75cb-49e0 0  2   B008-75CB-49E1 ON    WPA/WPA2-PSK   0    wlan-office
b008-75cb-49e0 1  2   B008-75CB-49F1 ON    WPA/WPA2-PSK   0    wlan-office
```

> **注意** 在 VAP 的输出信息中，"Status"字段显示为"ON"，表示 AP 对应射频上的 VAP 已创建成功。

（2）在 PC 中搜索 SSID 为"wlan-office"的无线网络，输入密钥后关联 AP。

（3）在 AP 上查看已上线的用户信息，具体命令如下所示。

```
[AP] display station all
STA MAC          Ap name           Rf/WLAN Band Type Rx/Tx RSSI VLAN IP address SSID
--------------------------------------------------------------------------------
14cf-9202-13dc 00bc-da3f-e900      0/2   2.4G  11n   19/13  -63  101  10.23.101.254 wlan-office
```

 拓展知识

STA 接入过程中的 MAC 帧

STA 接入 AP 的整个过程是通过在双方之间交换相应的 MAC 帧完成的，这些帧全部采用管理帧的格式封装。下面来了解其中某些帧包含的具体字段，借助这些字段可以更加深刻地理解 STA 接入 AP 的过程。

（1）信标帧。

信标帧帧主体的部分参数如表 4-5 所示。

表 4-5　信标帧帧主体的部分参数

字段	说明
时间戳	信标帧发送时间，可用于同步 BSS 中的 STA
信标间隔	发送信标帧的时间间隔
能力信息	表示设备和网络的能力信息，如网络类型、是否支持轮询及加密信息等
SSID	无线网络的 SSID
支持速率	AP 支持的速率
FH 参数设置	出现在采用跳频技术的 STA 发送的信标帧中
DS 参数设置	出现在采用直接序列技术的 STA 发送的信标帧中，指明网络使用的信道数
CF 参数设置	出现在支持 PCF 的 AP 产生的信标帧中
国家识别码	AP 的工作行为受到国家法律法规的限制
功率限制	AP 的最大传输功率

（2）探测请求帧。

探测请求帧帧主体的部分参数如表 4-6 所示。

表 4-6　探测请求帧帧主体的部分参数

字段	说明
SSID	SSID 可能为空，或者是指定的某个无线网络的 SSID
支持速率	STA 所支持的速率

（3）探测响应帧。

探测响应帧和信标帧都是 AP 对外通告无线信息参数的管理帧，因此这两种帧的帧主体基本相同，这里不再赘述。

（4）关联请求帧。

关联请求帧帧主体的部分参数如表 4-7 所示。

表 4-7   关联请求帧帧主体的部分参数

字段	说明
能力信息	无线网络的能力信息
监听间隔	STA 的监听间隔
SSID	当前无线网络的 SSID
支持速率	STA 支持的速率

（5）关联响应帧。

关联响应帧帧主体的部分参数如表 4-8 所示。

表 4-8   关联响应帧帧主体的部分参数

字段	说明
能力信息	无线网络的能力信息
状态代码	表示关联结果的状态码，0 表示成功
关联 ID	本次关联的 ID
支持速率	无线网络支持的速率

✕ 拓展实训

FAT AP 由于安装简单、成本低等特点，广泛应用于面积较小、用户数不多的无线组网场景，如家庭、小型办公室或会议室等。希望读者通过完成以下的实训内容，可以深化理解相关知识。

【实训目的】

（1）了解 FAT AP 组网模式的优点和局限性。

（2）熟悉无线用户接入 AP 的主要过程。

（3）熟悉通过 Web 网管配置 FAT AP 组网模式的主要步骤。

（4）熟悉通过命令行界面配置 FAT AP 组网模式的主要步骤。

【实训内容】

（1）学习 FAT AP 的技术特点，了解 FAT AP 的适用场景。

（2）研究无线用户接入 AP 的主要过程。

（3）通过 Web 网管配置 FAT AP 组网模式。

（4）通过命令行界面方式配置 FAT AP 组网模式。

▨ 项目小结

早期的 WLAN 主要应用于对覆盖范围要求不高、无线用户数较少的场景，使用的组网设备主要有无线路由器和无线 AP。本项目包含两个任务，分别介绍了无线路由器和无线 AP 的组网应用。任务 4.1 以家庭 WLAN 为例，重点介绍了无线路由器的技术特点及组网方法。任务 4.2 主要讨论了以办公室 WLAN 为代表的小型企业 WLAN 的组网过程。在小型企业这种组网场景中，一般使用 FAT AP 组建无线网络。FAT AP 除了具有基本的无线信号接入功能外，还集成了网络管理、安全认证、漫游、QoS 等功能，其功能全面但结构复杂。任务 4.2 还介绍了无线用户接入 AP 的主要过程。

////////// 项目练习题

1. 选择题

（1）下列关于家庭无线网络环境的说法中错误的一项是（　　）。

　　A. 家庭无线网络的核心设备一般是无线路由器

　　B. 家庭无线网络的覆盖范围一般不大

　　C. 家庭无线网络的用户数一般不多

　　D. 家庭无线网络一般不用考虑其他家用设备的影响

（2）关于无线路由器，下列说法中错误的一项是（　　）。

　　A. 无线路由器是家庭无线网络的核心设备

　　B. 无线路由器可以看作带路由功能的无线 AP

　　C. 无线路由器具有无线接入功能，仅支持无线方式上网

　　D. 无线路由器一般还集成了许多应用层功能

（3）关于 FAT AP 组网模式，下列说法中错误的一项是（　　）。

　　A. FAT AP 也称自治型 AP，其功能全面但结构复杂

　　B. FAT AP 的可扩展性较好

　　C. FAT AP 适用于用户数量不多的组网场景

　　D. FAT AP 是一种独立的组网模式，FAT AP 承担着网络管理功能

（4）下列不是 FAT AP 组网模式特点的为（　　）。

　　A. FAT AP 独立工作，WLAN 的配置保存在各个 FAT AP 中

　　B. 当部署多个 FAT AP 时，FAT AP 可以自动调整优化相关参数

　　C. 由于 FAT AP 独立工作，无法集中查看网络运行状况或统计无线用户信息

　　D. 升级 FAT AP 软件时必须逐一手动升级

（5）STA 识别可接入的无线网络的过程称为（　　）。

　　A. 扫描　　　　　　　B. 认证　　　　　　　C. 关联　　　　　　　D. 鉴别

（6）在主动扫描过程中，STA 通过发送（　　）发现周围的无线网络。

　　A. 信标帧　　　　　　B. 认证请求帧　　　　　C. 关联请求帧　　　　D. 探测请求帧

（7）扫描结束后，STA 获得的无线网络信息不包括（　　）。

　　A. SSID　　　　　　　B. BSS 类型　　　　　　C. 共享密钥　　　　　D. 物理层参数

（8）以下关于认证阶段的说法中错误的一项是（　　）。

　　A. 早期的 IEEE 802.11 系列标准定义了开放系统认证和共享密钥认证两种认证方式

　　B. 认证的主要作用是确认无线用户的身份

　　C. 开放系统认证需要 STA 提供口令

　　D. 共享密钥认证比开放系统认证安全性高

（9）以下关于共享密钥认证的说法中错误的一项是（　　）。

　　A. 共享密钥认证要求 STA 和 AP 配置相同的共享密钥

　　B. STA 发起的认证请求帧中包含由 WEP 协议生成的挑战短语

　　C. STA 使用预先配置的密钥对挑战短语进行加密，并将其发送给 AP

　　D. AP 使用预先配置的密钥对加密的挑战短语进行解密，并确定认证结果

（10）以下关于关联阶段的说法中正确的一项是（　　）。

　　A. 关联的过程实际上就是 STA 和 AP 协商链路服务参数的过程

    B．关联过程由 AP 发起

    C．关联过程发生在认证阶段之前

    D．STA 可以和多个 AP 进行关联

2．填空题

（1）家庭无线网络中使用的组网设备一般是_____。

（2）无线路由器通过_____接入宽带网络，通过_____和计算机建立有线连接。

（3）无线路由器可以看作带_____功能的无线 AP。

（4）在 WLAN 的早期应用中，AP 的工作模式一般是_____。

（5）FAT AP 也被称为_____，可独立组网，功能全面但结构复杂。

（6）FAT AP 的功能包括_____、_____、_____和_____。

（7）无线用户接入无线网络的过程共涉及_____、_____和_____ 3 个阶段。

（8）根据扫描的发起方不同，有两种扫描方式，即_____和_____。

（9）根据探测请求帧是否包含 SSID，主动扫描又分为_____和_____。

（10）早期的 IEEE 802.11 系列标准定义了_____和_____两种认证方式。

（11）在关联阶段，STA 先向 AP 发送_____，AP 通过_____通知关联结果。

3．简答题

（1）简述家庭无线网络环境的主要特点。

（2）简述无线路由器的主要特点。

（3）简述 FAT AP 组网模式的特点和缺点。

（4）简述 STA 接入无线网络涉及的阶段及每个阶段的主要任务。

项目5
组建校园WLAN

05

学习目标

【知识目标】

（1）熟悉FIT AP+AC组网模式的技术特点。

（2）熟悉FIT AP+AC与FAT AP两种组网模式的区别。

（3）了解CAPWAP的起源和历史。

（4）了解CAPWAP隧道的建立过程。

（5）熟悉CAPWAP的数据转发方式和数据传输过程。

【技能目标】

（1）能够说明FIT AP+AC组网模式的技术特点和应用场景。

（2）能够列举FIT AP+AC的连接方式。

（3）能够阐述CAPWAP的数据转发方式。

（4）能够阐明CAPWAP的数据传输过程。

【素养目标】

（1）增强持之以恒的学习定力。

（2）培养勇于承担风险和责任的意识。

（3）形成认真负责的行为习惯。

引例描述

通过前面的学习，小郭掌握了组建家庭和办公室WLAN的主要技术，并从中体会到了搭建无线网络的乐趣。但他现在已经把目光投向了更远处。在他看来，尽管无线路由器和FAT AP比较容易上手，但毕竟只适合组建小型WLAN。他迫切地希望学习如何在大中型企业中搭建WLAN。小郭把想法告诉了张老师。张老师知道目前这些内容对小郭来说算不上挑战，于是把早就准备好的下一步学习计划发给了小郭。张老师同时告诉小郭，接下来要学习的FIT AP+AC组网模式是学习的重点和难点。他要求小郭务必保持耐心，遇到问题主动查找资料，有意识地培养自己独立解决问题的能力。小郭看着这份学习计划，若有所思地点了点头，眼神中透露着坚定，因为他早就把"世上无难事，只要肯登攀"这句名言当作自己的座右铭了。

任务 5.1 学习 FIT AP+AC 组网模式

任务陈述

相比于 FAT AP，FIT AP+AC 组网模式在大中型企业无线组网实践中更受欢迎。FIT AP+AC 组网模式允许网络管理员集中控制大量的 AP 设备、统一升级 AP 版本和下发网络配置，避免逐一配置和管理 AP 带来的巨大工作量。本任务将详细介绍 FIT AP+AC 组网模式的技术特点和工作原理，为后续组建不同架构的 WLAN 提供必要的知识。

知识准备

5.1.1 FIT AP+AC 组网模式概述

我们在任务 4.2 中曾经提到，在 FAT AP 组网模式中，FAT AP 是 WLAN 的中心设备，集成了物理层、报文加解密、用户认证、QoS、网络管理、漫游及其他应用层功能，其功能全面但结构复杂。当部署单个或少数几个 AP 时，由于 FAT AP 具有较好的独立性，不需要另外部署集中控制设备，因此网络结构比较简单，成本也较低。

V5-1 FIT AP+
AC 组网特点

FAT AP 比较合适在覆盖面积小、用户数不多的环境中使用。但是在大中型企业中，覆盖面积大，用户数多，需要安装数量巨大的 AP 才能实现网络全覆盖。此时，如果没有统一的集中控制设备，管理、维护这些 AP 将会非常耗时且效率低下。FIT AP+AC 组网模式能够很好地满足简化部署和集中控制的组网需求。

在 FIT AP+AC 组网模式中，AC 是整个 WLAN 的中心设备。AC 和 FIT AP 对 FAT AP 的功能进行了划分。原来由 FAT AP 承担的用户接入控制、数据转发和统计、AP 配置监控、漫游管理、安全控制等功能，全部交由 AC 负责。FIT AP 接受 AC 的管理，只保留基本的物理层功能、报文加解密和空口统计等功能，可基本实现零配置启动。AC 与 FIT AP 通过交换各种报文完成网络管理和数据转发。这些报文有管理报文和业务报文两种。管理报文是为实现 AC 对 FIT AP 的配置和管理、收集设备状态信息等功能而定义的报文；业务报文是指无线用户上送的数据。AC 与 FIT AP 之间交换的报文需要按照无线接入点控制和配置（Control And Provisioning of Wireless Access Points，CAPWAP）协议进行封装，也就是在 AC 与 FIT AP 之间建立 CAPWAP 隧道传输管理报文和业务报文。关于 CAPWAP 协议及管理报文和业务报文的详细内容请参见任务 5.2。

表 5-1 所示为 FAT AP 和 FIT AP+AC 两种组网模式的比较。

表 5-1　FAT AP 和 FIT AP+AC 两种组网模式的比较

比较项	FAT AP	FIT AP+AC
应用场景	覆盖面积小、用户数不多，家庭或小型企业	覆盖面积大、用户数多，大中型企业
组网成本	AP 成本较低	有 AC 成本
安全性	AP 独立认证和加密，安全性不高	AC 集中认证，统一安全策略，安全性较高
兼容性	不存在兼容性问题	AC 和 AP 间为私有协议，存在厂商兼容性问题
网络管理	AP 独立组网，承担网络管理功能	AP 零配置，AC 对 AP 下发配置
业务能力	仅支持简单数据接入，支持二层漫游	可扩展语音等业务，通过 AC 增强业务 QoS、安全等功能，支持二层和三层漫游

5.1.2　FIT AP+AC 连接方式

1. 二层组网与三层组网

根据 AP 与 AC 之间的网络架构或者 AP 与 AC 的连接方式的不同，FIT AP+AC 组网模式可分为二层组网与三层组网两种方式，如图 5-1 所示。

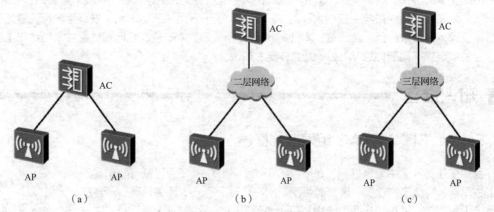

图 5-1　FIT AP+AC 二层组网与三层组网

当 FIT AP 与 AC 直连或者通过二层网络互连时，称为二层组网，如图 5-1（a）与图 5-1（b）所示。采用二层组网方式时，FIT AP 与 AC 同属于一个二层广播域，使用二层交换技术即可实现 FIT AP 与 AC 之间的通信。这种组网方式配置和管理方便，适用于网络规模小、结构简单的小型企业组网场景，但不适用于大中型企业复杂的网络架构。

当 FIT AP 与 AC 之间通过三层网络互连时，称为三层组网，如图 5-1（c）所示。采用三层组网方式时，FIT AP 与 AC 分属于不同的 IP 网段，需要使用路由器或三层交换机才能完成通信。在大型的无线网络组网环境中，一台 AC 可能连接成百上千台 AP，组网结构一般比较复杂。例如，FIT AP 通常部署在公司办公室、会议室、会客厅等需要无线网络覆盖的区域，而 AC 通常部署在公司机房，与有线网络的核心设备连接。在这种网络环境中，FIT AP 和 AC 必须采用三层组网方式。

2. 直连式组网与旁挂式组网

根据 AC 在网络中的位置的不同，FIT AP+AC 组网模式又可分为直连式组网与旁挂式组网。

在直连式组网拓扑结构中，AC 同时承担 AP 的管理功能和汇聚交换机的数据转发功能，如图 5-2（a）所示。AC 与原有的有线网络串联在一起，无线网络中的所有管理报文和业务报文都要经过 AC 转发和处理。直连式组网拓扑结构相对简单，实施起来比较方便，缺点是对 AC 的吞吐量及数据处理能力要求比较高，AC 容易成为整个无线网络的带宽瓶颈。

旁挂式组网是指 AC 旁挂在 AP 的上行网络上，一般是旁挂在上行网络的汇聚层交换机上，如图 5-2（b）所示。在实际组网中，无线网络往往是在有线网络部署完成之后组建的。采用旁挂式组网方式可以较少地改动有线网络结构。由于 AC 承担对 FIT AP 的管理功能，因此 FIT AP 上的管理报文需经 CAPWAP 协议封装后通过上行网络传输至 AC。业务报文可以通过 CAPWAP 隧道传输给 AC 处理转发，也可以不经过 AC 而由 AP 直接转发。任务 5.2 会详细讲解管理报文和业务报文的转发方式。

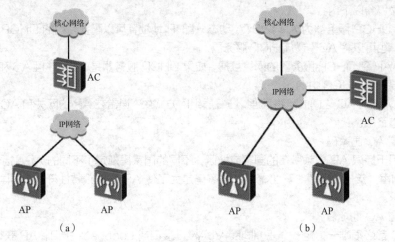

图 5-2　FIT AP+AC 直连式组网与旁挂式组网

5.1.3　华为 FIT AP+AC 配置流程

在 FIT AP+AC 组网模式中，FIT AP 零配置启动，业务配置主要在 AC 上进行。由于网络结构比较复杂，因此其配置工作量和难度相比 FAT AP 都有所增加。推荐的做法是按照规划好的流程进行配置，这样能够保持清晰的思路，不容易出错。下面介绍一种华为 FIT AP+AC 组网模式中推荐的配置流程，如图 5-3 所示。

V5-2　FIT AP+AC 配置流程

1. 配置 AP 上线

这一步骤的主要任务是打通 AP 与 AC 通信的网络链路，保证 AP 与 AC 之间网络互通，具体包括下面几个步骤。

图 5-3　华为 FIT AP+AC 组网模式中推荐的配置流程

（1）创建 AP 组。

在 FIT AP+AC 组网模式中，一台 AC 需要管理很多 AP，且通常会有多个 AP 需要相同的配置。将这些 AP 加入同一 AP 组进行统一配置，所有加入这个 AP 组的 AP 都将使用相同的配置。这样可以简化配置操作，减少配置工作量。每个 AP 都要加入且只能加入一个 AP 组。如果没有手动把 AP 加入某个 AP 组，那么 AP 会自动加入名为"default"的默认 AP 组。AP 组用于多个 AP 的通用配置，但是也可以对单个 AP 进行个性化的参数配置。

（2）配置网络互通。

这一步又包含以下内容。

① 配置 DHCP 服务器为 AP 和 STA 动态分配 IP 地址，可以配置专门的 DHCP 服务器，如三层交换机，也可以将 AC 作为 DHCP 服务器。

② 配置 AP 到 DHCP 服务器的网络互通，如果 DHCP 服务器是 AC，并且 AC 和 AP 是三层组网，则需要配置 DHCP 中继。

③ 配置 AP 到 AC 之间的网络互通，在三层组网方式中，通常在 AP 的网关和 AC 之间配置静态路由或动态路由。

（3）配置 AC 国家码。

国家码用于标识 AP 射频所在的国家或地区，不同的国家码规定了不同的 AP 射频特性，包括 AP 的发射功率、支持的信道等。配置 AC 国家码是为了使 AP 的射频特性符合不同国家或地区的法律法规要求。

（4）配置 AC 地址。

每台 AC 都必须唯一指定一个 IP 地址、VLANIF 接口或 Loopback 接口，AP 获得这个 IP 地址或接口后，才能在 AC 上建立 CAPWAP 隧道进行通信。这个 IP 地址或接口称为 AC 的源地址或源接口。可以使用物理接口、VLANIF 接口或 Loopback 接口作为 AC 的源接口，并把这些接口的 IP 地址作为 AC 的源地址。

（5）添加 AP 设备。

把 AP 设备添加到 AC 的管理列表中用于 AP 的认证和上线。添加 AP 设备有 3 种方式：离线导入 AP、自动发现 AP 及手工确认未认证列表中的 AP。

2. 配置模板

为了方便网络管理员配置和维护 WLAN 的各种功能，华为针对 WLAN 的不同功能和特性设计了各种类型的模板，这些模板统称为 WLAN 模板。常用的 WLAN 模板有域管理模板、射频模板、SSID 模板、安全模板和 VAP 模板等，部分模板还能继续引用其他模板。

（1）域管理模板。

域管理模板可提供对 AP 的国家码、调优信道集合和调优带宽等的配置；通过配置调优信道集合，可以在配置射频调优功能时指定 AP 信道的动态调整范围，避开雷达信道和终端不支持的信道。

（2）射频模板。

射频模板主要用于优化射频的参数，使 AP 具备满足实际需求的射频能力，提高 WLAN 的信号质量。射频模板可配置的参数包括射频的类型和速率、AP 发送信标帧的周期等。

（3）SSID 模板。

SSID 模板主要用于配置 WLAN 的 SSID 名称及其他 SSID 相关功能。例如，可以在 SSID 模板中配置 SSID 隐藏功能，使得只有知道 SSID 名称的无线用户才能连接到这个 WLAN。另外，为了保证用户的上网体验，还可以配置单个 VAP 能够关联的最大用户数，以及用户数达到最大时自动隐藏 SSID 的功能。

（4）安全模板。

安全模板用于配置 WLAN 的安全策略，这些策略用于在 STA 接入 WLAN 时对其进行身份验证，或者对用户的数据报文进行加解密，以保护 WLAN 和用户的安全。WLAN 的安全策略有开放认证、WEP、WPA/WPA2-PSK 等。

（5）VAP 模板。

在 VAP 模板中可配置数据转发方式和业务 VLAN 等参数，还可以引用 SSID 模板和安全模板的配置。

3．绑定模板

这一步的主要任务是对 AP 组或 AP 与 VAP 模板进行绑定，从而允许 AC 把 VAP 模板中的配置下发给相应的 AP 组或 AP。

任务实施

实验 1：通过管理 SSID 连接和登录 FIT AP

【实验背景】与 FAT AP 类似，通过管理 SSID 也可以连接和登录 FIT AP。这种方式适用于在首次登录 FIT AP 时切换工作模式，或者对 FIT AP 进行故障诊断。从 V200R007C10 版本开始，华为 FIT AP 上电后默认开启管理 SSID，其默认参数如表 5-2 所示。

表 5-2　FIT AP 管理 SSID 默认参数

SSID 名称	密码	IP 地址
hw_manage_xxxx 其中，xxxx 为 AP MAC 地址的后 4 位	V200R020C10 及之前版本：hw_manage V200R021C00 及之后版本：无	169.254.2.1/24

【实验设备】AP（1 台，华为 AirEngine 5760），PC（1 台，Windows 10 操作系统）。

【实验拓扑】通过管理 SSID 连接和登录 FIT AP 实验拓扑如图 5-4 所示。将 PC 放在 AP 附近，保证 PC 在 AP 的覆盖范围内。

【实验要求】使用 PC 通过管理 SSID 连接和登录 FIT AP。

【实验步骤】以下是本实验的具体步骤。

第 1 步，将 PC 无线网卡的 IP 地址设置为 FIT AP 所在网段，本实验设为 169.254.2.100/24，单击"确定"按钮，如图 5-5 所示。

图 5-4　通过管理 SSID 连接和登录 FIT AP 实验拓扑　　　图 5-5　设置无线网卡的 IP 地址

第 2 步，使用 PC 扫描 FIT AP 的管理 SSID 并进行关联，本实验为 hw_manage_49e0，如

图 5-6（a）所示。单击"连接"按钮，在图 5-6（b）所示的文本框中输入密码"hw_manage"，单击"下一步"按钮，验证通过后即可接入 FIT AP 的管理 SSID。

（a）

（b）

图 5-6　关联 FIT AP 管理 SSID

第 3 步，确保在 PC 上能 ping 通 FIT AP，如下所示。

C:\Users\Administrator> ping 169.254.2.1
正在 Ping 169.254.2.1 具有 32 字节的数据:
来自 169.254.2.1 的回复: 字节=32 时间=260ms TTL=255
来自 169.254.2.1 的回复: 字节=32 时间=4ms TTL=255
来自 169.254.2.1 的回复: 字节=32 时间=5ms TTL=255
来自 169.254.2.1 的回复: 字节=32 时间=5ms TTL=255

169.254.2.1 的 Ping 统计信息:
　数据包: 已发送 = 4，已接收 = 4，丢失 = 0 (0% 丢失)，
往返行程的估计时间(以毫秒为单位):
　最短 = 4ms，最长 = 260ms，平均 = 68ms

第 4 步，在 PC 上运行 PuTTY 软件，连接类型选择"SSH"，输入 FIT AP 的 IP 地址 169.254.2.1，单击"Open"按钮，连接 FIT AP，如图 5-7 所示。

第 5 步，输入 FIT AP 的用户名和密码，如下所示。验证成功后即可进入 FIT AP 命令行界面。

login as: admin
Further authentication required
admin@169.254.2.1's password:
<HUAWEI>display version
Huawei Versatile Routing Platform Software
VRP (R) software, Version 5.170 (AirEngine5760-10 FIT V200R019C00SPC903)
Copyright (C) 2011-2021 HUAWEI TECH CO., LTD
Huawei AirEngine5760-10 Router uptime is 0 week, 0 day, 0 hour, 57 minutes

图 5-7　使用 SSH 连接 FIT AP

实验 2：切换 AP 工作模式为 FIT AP

【实验背景】根据不同应用场景的实际组网需求，AP 可工作在 FAT AP 和 FIT AP 两种模式下。华为 AP 产品的默认工作模式为 FIT AP。从本任务开始，所有的实验均要求 AP 工作在 FIT AP 模式下。如果当前 AP 的工作模式是 FAT AP，则需要先将其切换到 FIT AP 模式。V200R019C10 及之后版本的 AP，可以直接在命令行界面中使用 ap-mode-switch fit 命令进行模式切换；V200R019C10 之前版本的 AP，可以使用 Web 网管系统切换其模式。

> **注意** 实验前需要在华为的官方网站上下载相应的系统软件。

【实验设备】AP（1 台，华为 AirEngine 5760），PC（1 台，Windows 10 操作系统）。

【实验拓扑】切换 AP 工作模式为 FIT AP 实验拓扑如图 5-8 所示。

图 5-8　切换 AP 工作模式为 FIT AP 实验拓扑

【实验要求】通过 Web 网管系统将 FAT AP 切换为 FIT AP 模式。

【实验步骤】以下是本实验的具体步骤。

第 1 步，从华为官方网站下载 FIT AP 系统软件并将其保存在 PC 中，本实验为 FitAirEngine 5760-10_V200R019C00SPC903.bin。

第 2 步，进入 FAT AP 的 Web 网管系统（IP 地址为 192.168.1.1）。选择"系统"→"系统更新"选项，进入 FAT AP 系统更新界面，如图 5-9 所示。

第 3 步，单击"下次启动系统版本"右侧的选择按钮，弹出"更换下次启动系统文件"对话框，如图 5-10 所示。

第 4 步，单击"上传"按钮，在弹出的"上传"对话框中选择提前下载好的系统软件，单击"确定"按钮上传系统文件并开始更新过程。待系统更新完成后，选择从"备份启动区"启动，单击"确定"按钮回到 FAT AP 系统更新界面。单击"应用"按钮，可以选择立即重启系统或稍后手动重启系统。这里选择立即重启系统。

图 5-9　FAT AP 系统更新界面

图 5-10　"更换下次启动系统文件"对话框

第 5 步，待 AP 重启后，通过 SSH 进入 AP 的命令行界面，使用 display version 命令查看 AP 的版本信息，如下所示。从输出信息中可以看到，AP 当前已切换为 FIT AP 模式。

```
<HUAWEI> display version
Huawei Versatile Routing Platform Software
VRP (R) software, Version 5.170 (AirEngine5760-10 FIT V200R019C00SPC903)
Copyright (C) 2011-2021 HUAWEI TECH CO., LTD
Huawei AirEngine5760-10 Router uptime is 0 week, 0 day, 1 hour, 1 minute

MPU 0(Master) : uptime is 0 week, 0 day, 1 hour, 1 minute
SDRAM Memory Size     : 1024      M bytes
NOR FLASH Memory Size: 16        M bytes
NAND FLASH Memory Size: 128       M bytes
MPU version information :
1. PCB       Version  : VER.D
2. MAB       Version  : 0
```

实验 3：通过 Web 网管组建简单 FIT AP+AC 网络

【实验背景】为了方便网络管理员配置和管理无线网络，华为 AC 内置了一个 Web 服务器，即前面介绍的 Web 网管系统。通过 Web 网管系统，网络管理员能够以可视化的方式配置和管理无线网络、监控无线网络运行状态。

【实验设备】AP（1 台，华为 AirEngine 5760）、AC（1 台，华为 AC6508）、Switch（1 台，华为 S5731S-S24P4X）、PC（1 台，Windows 10 操作系统）。

【实验拓扑】本实验采用直连式二层组网，通过 Web 网管组建简单 FIT AP+AC 网络实验拓扑，如图 5-11 所示。

图 5-11　通过 Web 网管组建简单 FIT AP+AC 网络实验拓扑

【实验要求】本实验涉及的各配置项如表 5-3 所示，设备 IP 地址参数如表 5-4 所示。

表 5-3　本实验涉及的各配置项

配置项	要求
管理 VLAN	VLAN 100
业务 VLAN	VLAN 101
DHCP 服务器	AC 作为 AP 和无线用户的 DHCP 服务器和网关
AP 地址池	VLAN 100：10.1.100.2/24 ～ 10.1.100.254/24
STA 地址池	VLAN 101：10.1.101.2/24 ～ 10.1.101.254/24
AC 源接口 IP 地址	VLANIF 100：10.1.100.1/24
AP 组	名称：group-sie 引用模板：VAP 模板、域管理模板
AP 配置	名称：ap503 组名称：group-sie

续表

配置项	要求
域管理模板	名称：domain 国家码：CN
SSID 模板	模板名称：wlan-sie SSID 名称：wlan-sie
安全模板	模板名称：sec-sie 安全策略：WPA/WPA2-PSK-AES 密码：huawei123
VAP 模板	模板名称：vap-sie 业务 VLAN：VLAN 101 转发模式：隧道转发 引用模板：SSID 模板、安全模板

表 5-4　设备 IP 地址参数

设备	接口或 VLAN	IP 地址或接口类型	备注
AC	VLANIF 100	10.1.100.1/24	
	VLANIF 101	10.1.101.1/24	
	GE0/0/1	Trunk	放通 VLAN：100
Switch	GE0/0/1	Access	PVID：100
	GE0/0/2	Trunk	放通 VLAN：100

【实验步骤】以下是本实验的具体步骤。

第 1 步，进入 AC 的 Web 网管系统，配置网络互通。

（1）在 AC 上创建 VLAN。依次选择"配置"→"AC 配置"→"VLAN"→"VLAN"选项，进入"VLAN"配置页面，如图 5-12 所示。

图 5-12　"VLAN"配置页面

（2）单击"批量新建"按钮，在进入的"批量新建 VLAN"页面中创建 VLAN 100 和 VLAN 101。单击"确定"按钮，完成 VLAN 的创建，如图 5-13 所示。

图 5-13　创建 VLAN

（3）配置以太网接口。依次选择"配置"→"AC 配置"→"接口管理"→"物理接口"选项，进入"物理接口"配置页面。单击接口 1，在其"接口属性"页面中配置链路类型为"Trunk"，并允许 VLAN 100 通过，如图 5-14 所示。单击"确定"按钮，完成接口 1 的属性配置。注意，图 5-14 中的接口 10 显示为绿色，是因为本实验通过接口 10 连接 AC。

图 5-14　配置接口 1 的属性

（4）配置 VLANIF 接口。依次选择"配置"→"AC 配置"→"VLAN"→"VLANIF"选项，进入"VLANIF"配置页面，如图 5-15 所示。

（5）单击"新建"按钮，进入"新建 VLANIF"页面，配置 VLANIF 100 接口的 IP 地址，如图 5-16（a）所示。VLANIF 101 接口的配置方式与此相同，如图 5-16（b）所示。

图 5-15　"VLANIF"配置页面

（a）

（b）

图 5-16　配置 VLANIF 接口的 IP 地址

（6）配置使用 DHCP 服务器为 AP 和 STA 分配 IP 地址。依次选择"配置"→"AC 配置"→"IP"→"DHCP 地址池"选项，进入"DHCP 地址池"配置页面，如图 5-17 所示。

图 5-17　"DHCP 地址池"配置页面

（7）先启动 DHCP 服务，再单击"新建"按钮，在进入的"新建 DHCP 地址池"页面中配置 AP 地址池相关参数，如图 5-18（a）所示。选中"接口地址池"单选按钮，选择 VLANIF 100 接口，单击"确定"按钮，完成地址池配置。STA 地址池配置方法与此相同，如图 5-18（b）所示。

（8）配置 AC 源地址。依次选择"配置"→"AC 配置"→"AC 基本配置"→"AC 基本信息"，进入"AC 基本信息"页面，如图 5-19 所示。选择 AC 源地址的 IP 类型为"IPv4"，设置源地址为 10.1.100.1，单击地址栏右侧的"+"按钮，添加 AC 源地址。单击"应用"按钮，完成 AC 源地址的配置。

（a）

（b）

图 5-18　配置 AP 地址池相关参数

图 5-19　"AC 基本信息"页面

第 2 步，配置交换机网络参数。配置接口 GE0/0/1 和 GE0/0/2 的接口类型及 VLAN 信息，如下所示。

```
<HUAWEI> system-view
[HUAWEI] sysname SW1
[SW1] vlan batch 100 101
[SW1] interface gi0/0/1
[SW1-GigabitEthernet0/0/1] port link-type access
[SW1-GigabitEthernet0/0/1] port default vlan 100
[SW1-GigabitEthernet0/0/1] quit
[SW1] interface gi0/0/2
[SW1-GigabitEthernet0/0/2] port link-type trunk
[SW1-GigabitEthernet0/0/2] port trunk allow-pass vlan 100
[SW1-GigabitEthernet0/0/2] quit
```

第 3 步，创建 AP 组并添加 AP。

（1）依次选择"配置"→"AP 配置"→"AP 组配置"→"AP 组"选项，进入"AP 组"页面，如图 5-20 所示。

（2）单击"新建"按钮，在进入的"新建 AP 组"页面中添加 AP 组，名称为"group-sie"，单击"确定"按钮保存配置，如图 5-21 所示。

图 5-20 "AP 组"页面

图 5-21 "新建 AP 组"页面

（3）添加 AP。依次选择"配置"→"AP 配置"→"AP 配置"→"AP 信息"选项，进入"AP 信息"页面，如图 5-22 所示。

图 5-22 "AP 信息"页面

（4）单击"添加"按钮，在进入出的"添加 AP"页面中配置 AP 信息，如图 5-23 所示。本实验使用的 AP 的 MAC 地址是"b008-75cb-49e0"，AP 名称设置为"ap503"。单击"确定"按钮保存配置。

图 5-23　配置 AP 信息

（5）选择"AP 信息"右侧的"AP 白名单"选项，进入"AP 白名单"页面。单击"新建"按钮，在进入的"新建 MAC 地址"页面中配置 AP 白名单信息，将第（4）步新建的 AP 添加至 AP 白名单中，如图 5-24 所示。单击"确定"按钮保存配置。

图 5-24　配置 AP 白名单信息

（6）修改 AP 组。选择刚才添加的 AP，单击"修改"按钮，在进入的"修改 AP"页面中将该 AP 的 AP 组配置为 group-sie，如图 5-25 所示。单击"确定"按钮保存配置。

图 5-25　修改 AP 组

（7）查看 AP 上线信息。依次选择"监控"→"AP"→"AP 统计"选项，进入"AP 统计"页面，如图 5-26 所示。从图中可以看到，AP 的状态为"normal"，说明 AP 已成功上线。AP 获取的 IP 地址是 10.1.100.186。

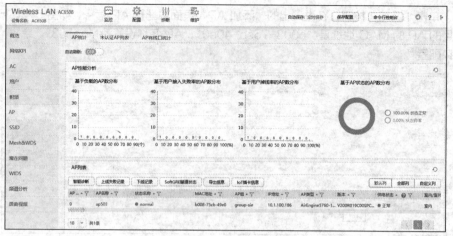

图 5-26 "AP 统计"页面

第 4 步，配置模板。

（1）配置 SSID 模板。

依次选择"配置→"AP 配置"→"模板管理"→"无线业务"→"SSID 模板"选项，进入"SSID
模板列表"页面，如图 5-27 所示。

图 5-27 "SSID 模板列表"页面

（2）单击"新建"按钮，进入"新建 SSID 模板"页面，如图 5-28（a）所示。设置 SSID 模
板名称为"wlan-sie"，单击"确定"按钮，在新进入的页面中继续设置 SSID 名称，如图 5-28（b）
所示。单击"应用"按钮保存配置。

（a）

（b）

图 5-28 "新建 SSID 模板"页面

（3）配置安全模板。依次选择"配置"→"AP 配置"→"模板管理"→"无线业务"→"安全模板"选项，进入"安全模板列表"页面，如图 5-29 所示。

图 5-29 "安全模板列表"页面

（4）单击"新建"按钮，在进入的"新建安全模板"页面中输入安全模板名称"sec-sie"，如图 5-30（a）所示。单击"确定"按钮，在进入的"基础配置"页面中配置安全策略，如图 5-30（b）所示。单击"应用"按钮保存配置。

（a）   （b）

图 5-30 新建安全模板并配置安全策略

（5）配置 VAP 模板。依次选择"配置"→"AP 配置"→"模板管理"→"无线业务"→"VAP 模板"选项，进入"VAP 模板列表"页面，如图 5-31 所示。

图 5-31 "VAP 模板列表"页面

（6）单击"新建"按钮，在进入的"新建 VAP 模板"页面中指定模板名称为"vap-sie"，单击"确定"按钮，在进入的"基础配置"页面中配置 WLAN 的转发模式和业务 VLAN ID，如图 5-32 所示。在本实验中，WLAN 转发模式为隧道转发，业务 VLAN ID 是 101。配置完成后，单击"应用"按钮保存配置。

图 5-32　配置 VAP 模板

（7）依次选择"配置"→"AP 配置"→"模板管理"→"无线业务"→"VAP 模板"选项，选择第（6）步创建的"vap-sie"模板，并选择"SSID 模板"选项，在"SSID 模板"页面中对刚才创建的 VAP 模板和 SSID 模板进行绑定，如图 5-33 所示。单击"应用"按钮保存配置。采用同样的方法绑定 VAP 模板和安全模板，如图 5-34 所示。

图 5-33　绑定 VAP 模板和 SSID 模板

图 5-34　绑定 VAP 模板和安全模板

第 5 步，配置 AP 组模板。

（1）依次选择"配置"→"AP 配置"→"AP 组配置"→"AP 组"选项，进入"AP 组"页面，如图 5-35 所示。

（2）单击要配置的 AP 组"group-sie"，在进入的"AP 组"页面中选择"VAP 配置"选项，进入"VAP 模板列表"页面。单击"添加"按钮，进入"添加 VAP 模板"页面，如图 5-36 所示。选择 VAP 模板"vap-sie"，指定 WLAN ID 和射频参数，单击"确定"按钮保存配置。

图 5-35 "AP 组"页面

（a）

（b）

图 5-36 添加 VAP 模板

第 6 步，打开 PC，搜索并加入 SSID 为 wlan-sie 的无线网络。

第 7 步，查看用户上线信息。依次选择"监控"→"用户"选项，进入"上线用户统计"页面，如图 5-37 所示。从图中可以看到已经有一个无线用户上线，为其分配的 IP 地址为 10.1.101.206。

图 5-37 "上线用户统计"页面

实验 4：通过命令行界面组建简单 FIT AP+AC 网络

下面采用命令行界面的方式完成实验 3。

第 1 步，配置网络互通。

（1）在 AC 上创建 VLAN 和对应 VLANIF 接口，配置 VLANIF 接口的 IP 地址并在 VLANIF 接口上开启 DHCP 服务，具体命令如下所示。

```
[AC6508] sysname AC
[AC] vlan batch 100 101
[AC] dhcp enable
[AC] interface vlanif 100
[AC-Vlanif100] ip address 10.1.100.1 24
[AC-Vlanif100] dhcp select interface
[AC-Vlanif100] quit
[AC] interface vlanif 101
[AC-Vlanif101] ip address 10.1.101.1 24
[AC-Vlanif101] dhcp select interface
[AC-Vlanif101] quit
```

（2）配置 AC 下行口链路类型为 Trunk，放行 VLAN 100，具体命令如下所示。

```
[AC] interface gi0/0/1
[AC-GigabitEthernet0/0/1] port link-type trunk
[AC-GigabitEthernet0/0/1] port trunk allow-pass vlan 100
[AC-GigabitEthernet0/0/1] quit
```

第 2 步，配置交换机网络参数。配置接口 GE0/0/1 和 GE0/0/2 的接口类型及 VLAN 信息，具体命令如下所示。

```
<HUAWEI> system-view
[HUAWEI] sysname SW1
[SW1] vlan batch 100 101
[SW1] interface gi0/0/1
[SW1-GigabitEthernet0/0/1] port link-type access
[SW1-GigabitEthernet0/0/1] port default vlan 100
[SW1-GigabitEthernet0/0/1] quit
[SW1] interface gi0/0/2
[SW1-GigabitEthernet0/0/2] port link-type trunk
[SW1-GigabitEthernet0/0/2] port trunk allow-pass vlan 100
[SW1-GigabitEthernet0/0/2] quit
```

第 3 步，配置 AP 上线。

（1）创建 AP 组，组名为"group-sie"，具体命令如下所示。

```
[AC] wlan
[AC-wlan-view] ap-group name group-sie
[AC-wlan-ap-group-group-sie] quit
```

（2）创建域管理模板，配置 AC 的国家码，并绑定 AP 组，具体命令如下所示。

```
[AC-wlan-view] regulatory-domain-profile name domain
[AC-wlan-regulate-domain-domain] country-code CN
[AC-wlan-regulate-domain-domain] quit
[AC-wlan-view] ap-group name group-sie
[AC-wlan-ap-group-group-sie] regulatory-domain-profile domain
[AC-wlan-ap-group-group-sie] quit
[AC-wlan-view] quit
```

（3）配置 AC 的源接口，具体命令如下所示。

```
[AC] capwap source interface vlanif 100
```

（4）在 AC 上离线导入 AP，本实验使用的 AP 的 MAC 地址为"b008-75cb-49e0"，具体命令如下所示。

```
[AC] wlan
[AC-wlan-view] ap auth-mode mac-auth
[AC-wlan-view] ap-id 0 ap-mac b008-75cb-49e0
[AC-wlan-ap-0] ap-name ap503
[AC-wlan-ap-0] ap-group group-sie
[AC-wlan-ap-0] quit
```

 注意 设置 AP 名称和所属 AP 组时，可能导致 AP 重启。

（5）查看 AP 上线，具体命令如下所示。从输出信息中可以看到，"State"字段值为"nor"，表示 AP 正常上线。

```
[AC-wlan-view] display ap all
ID   MAC              Name   Group     IP    Type     State   STA  Uptime  ExtraInfo
-------------------------------------------------------------------------------------
0    b008-75cb-49e0  ap503  group-sie 10.1.100.190 AirEngine5760-10 nor  0   34S      -
```

第 4 步，配置 WLAN 业务参数。

（1）创建安全模板并配置安全策略，具体命令如下所示。

```
[AC-wlan-view] security-profile name sec-sie
[AC-wlan-sec-prof-wlan-sie] security wpa-wpa2 psk pass-phrase huawei123 aes
[AC-wlan-sec-prof-wlan-sie] quit
```

（2）创建 SSID 模板，配置 SSID 名称，具体命令如下所示。

```
[AC-wlan-view] ssid-profile name wlan-sie
[AC-wlan-ssid-prof-wlan-sie] ssid wlan-sie
[AC-wlan-ssid-prof-wlan-sie] quit
```

（3）创建 VAP 模板，配置业务数据转发模式、业务 VLAN，并引用安全模板和 SSID 模板，具体命令如下所示。

```
[AC-wlan-view] vap-profile name wlan-sie
[AC-wlan-vap-prof-wlan-sie] forward-mode tunnel
[AC-wlan-vap-prof-wlan-sie] service-vlan vlan-id 101
[AC-wlan-vap-prof-wlan-sie] security-profile sec-sie
[AC-wlan-vap-prof-wlan-sie] ssid-profile wlan-sie
[AC-wlan-vap-prof-wlan-sie] quit
```

（4）配置 AP 组引用 VAP 模板，具体命令如下所示。

```
[AC-wlan-view] ap-group name group-sie
[AC-wlan-ap-group-group-sie] vap-profile vap-sie wlan 1 radio all
[AC-wlan-ap-group-group-sie] quit
```

注意 AP 组引用 VAP 模板后，AP 上的所有射频都将使用该 VAP 模板的配置，包括转发模式、业务 VLAN、SSID 和安全策略。

（5）查看 VAP 模板信息，具体命令如下所示。从输出信息中可以看出，"Status"字段显示为"ON"，表示 AP 相应射频上的 VAP 已创建成功。

```
[AC-wlan-view] display vap ssid wlan-sie
AP ID AP name RfID WID  BSSID         Status   Auth type         STA  SSID
-------------------------------------------------------------------------------------
```

| 0 | ap503 | 0 | 1 | B008-75CB-49E0 | ON | WPA/WPA2-PSK | 0 | wlan-sie |
| 0 | ap503 | 1 | 1 | B008-75CB-49F0 | ON | WPA/WPA2-PSK | 0 | wlan-sie |

第5步，打开 PC，搜索并加入 SSID 为 wlan-sie 的无线网络。

第6步，查看用户上线信息，具体命令如下所示。

```
[AC-wlan-view] display station ssid wlan-sie
STA MAC       AP ID Ap name   Rf/WLAN  Band   Type  Rx/Tx   RSSI  VLAN  IP address
----------------------------------------------------------------------------------
2638-61a9-5ea2 0    ap503      1/1      5G    11n   130/86   -32   101   10.1.101.150
```

拓展知识

云管理架构和 Leader AP 架构

除了前面介绍的 FAT AP 及 FIT AP+AC 组网架构外，还有两种新的 WLAN 组网架构，即云管理架构和 Leader AP 架构。

（1）云管理架构。

在部署无线网络时，传统的网络解决方案存在部署成本高、运维困难等问题。对于无线站点数量多、地域分散的大型企业来说，这些问题尤为明显。而采用云管理架构部署无线网络，可以很好地解决这些问题。

云管理架构如图 5-38（a）所示。当云 AP 安装完成并上电后，会自动连接到云管理平台并下载指定的配置文件、软件包和补丁文件等系统文件。云管理平台基于云计算技术构建，网络管理员可以随时随地通过云管理平台向云 AP 统一下属配置。引入云管理平台，能够在任意地点对设备进行集中管理和维护，大大降低了网络部署和运维成本。

（2）Leader AP 架构。

有的企业不愿采用云管理架构，想要独立组建和管理无线网络。这类企业终端数量不多，采用 FIT AP+AC 组网模式显得"大材小用"，且要负担 AC 的硬件成本，但是采用 FAT AP 组网模式又不能统一管理和维护 AP。FIT AP+AC 一般应用于大中型企业，用于管理和维护大量的 AP 设备，同时引入了 AC 的硬件成本。华为公司设计的 Leader AP 架构能够满足这类企业的组网需求，如图 5-38（b）所示。

图 5-38　云管理架构和 Leader AP 架构

Leader AP 架构中只包含 AP，其中有一台 AP 被称为 Leader AP，其承担着管理其他 AP 的职责。Leader AP 在网络中广播自己的角色，其他 AP 发现 Leader AP 后以 FIT AP 组网模式与其建立连接以实现二层互通。Leader AP 在功能上和 AC 非常类似，可提供基于 CAPWAP 隧道的统一管理。网络管理员只要登录 Leader AP，就能在 Leader AP 上配置无线网络。其他 AP 对外提供相同的无线服务，无线终端可以在不同 AP 间漫游。

拓展实训

FIT AP+AC 组网模式能够实现对 AP 的集中配置和管理，支持 FIT AP 零配置启动，扩展性较好。FIT AP 和 AC 之间通过建立 CAPWAP 隧道交换管理报文和业务报文。FIT AP+AC 是目前大中型企业组建 WLAN 时最常使用的组网模式之一。希望读者通过完成以下的实训内容，可以深化理解相关知识。

【实训目的】
（1）熟悉 FIT AP+AC 组网模式的技术特点和应用场景。
（2）掌握 FAT AP 和 FIT AP+AC 两种组网模式的优缺点。
（3）掌握 FIT AP 与 AC 的连接方式，比较二层组网与三层组网、直连式组网与旁挂式组网的不同之处。
（4）熟悉华为 FIT AP+AC 组网模式的基本流程和注意事项。

【实训内容】
（1）学习 FIT AP+AC 组网模式的技术特点和应用场景。
（2）研究 FAT AP 和 FIT AP+AC 两种组网模式，比较其优缺点。
（3）比较二层组网与三层组网、直连式组网与旁挂式组网的不同之处。
（4）组建简单的 FIT AP+AC 网络，采用直连式二层组网，将 AC 作为 AP 和无线用户的 DHCP 服务器。

任务 5.2　了解隧道传输技术

任务陈述

在 FIT AP+AC 组网模式中，AC 是无线网络的核心设备，承担着用户接入认证、安全、网络管理等功能，AP 通过 AC 实现软件升级和网络配置。FIT AP+AC 组网模式的关键技术是 CAPWAP 通信协议。本任务将详细介绍 CAPWAP 协议的基本概念、CAPWAP 隧道的建立过程，以及两种数据转发方式和数据传输过程。

知识准备

5.2.1　CAPWAP 协议概述

在 FIT AP+AC 组网模式中，AC 集中管理全网的 AP，AC 与 AP 之间的通信协议称为 CAPWAP。CAPWAP 协议规定了 AC 如何对关联的 AP 进行管理和业务配置，以及 AC 和 AP 之间交换报文的数据格式等。

V5-3　CAPWAP
协议概述

1. CAPWAP 协议起源

在传统的 FAT AP 组网模式中，AP 独立工作，集成了射频信号收发、网络管理等功能。在 FIT AP+AC 组网模式中，AP 和 AC 配合工作，因此需要制定配套的通信协议规范双方的通信行为。

思科公司制定了 AP 和 AC 之间的首个通信协议，称为轻型接入点协议（Light Weight Access Point Protocol，LWAPP）。该协议详细定义了 AP 发现 AC、安全控制和系统管理的方法，支持 AP 和 AC 的二层及三层连接。LWAPP 制定了全新的安全机制，但其有效性有待进一步验证。互联网工程任务组为了解决各厂商 AP 和 AC 间通信协议的互不兼容问题，成立了 CAPWAP 工作组，以研究大规模 WLAN 组网技术及 AP 和 AC 间通信协议的标准化工作。

除了 LWAPP 外，CAPWAP 工作组还参考了其他 3 种协议，包括安全轻量级接入协议（Secure Light Access Point Protocol，SLAPP）、CAPWAP 隧道协议（CAPWAP Tunneling Protocol，CTP）和无线局域网控制协议（Wireless LAN Control Protocol，WiCoP）。SLAPP 使用数据包传输层安全协议（Datagram Transport Layer Security，DTLS）作为报文的加密协议。CTP 和 WiCoP 在安全性方面考虑不够全面。CAPWAP 工作组以 LWAPP 为基础进行扩展，使用 DTLS 安全加密技术及其他 3 种协议的有用特性，形成了较为完善的 CAPWAP 协议。

CAPWAP 协议规定了 AC 如何对与其关联的 AP 进行集中管理和控制，具体包括下面几项内容。

（1）AP 如何发现 AC。

（2）AP 与 AC 如何建立关联及 AP 与 AC 间的状态维护。

（3）AC 如何对 AP 进行管理、业务配置下发等。

（4）数据如何在 CAPWAP 隧道中转发。

2. 控制通道和数据通道

CAPWAP 协议是基于用户数据报协议（User Datagram Protocol，UDP）的应用层协议。CAPWAP 协议可以承载 AP 与 AC 之间交换的两种报文，即管理报文（控制报文）和业务报文（数据报文）。AP 与 AC 之间交换的报文必须在 CAPWAP 隧道中传输。所谓的 CAPWAP 隧道，其实就是为报文添加一个 CAPWAP 协议定义的报文头，或者说使用 CAPWAP 协议对报文进行封装。携带 CAPWAP 报文头的管理报文或业务报文在 AP 与 AC 之间传输时，逻辑上可以认为使用一个专用的传输通道。其中，传输管理报文的通道称为控制通道或管理通道，传输业务报文的通道称为数据通道或业务通道，这就像是在一条公路上划分出两条车道，如图 5-39 所示。控制通道和数据通道使用不同的 UDP 端口发送报文，前者使用 UDP 端口 5246，后者使用 UDP 端口 5247。

图 5-39　控制通道和数据通道

管理报文是指 AC 对 AP 进行业务配置和管理、对 CAPWAP 会话进行维护的控制信息。除发现请求和发现响应两种管理报文采用明文传输外，其他管理报文必须使用 DTLS 加密传输。业务报文是无线用户产生或发送给其他无线用户的实际数据。根据 AP 与 AC 的协商结果，业务报文可以选择是否使用 DTLS 加密传输。管理报文与业务报文的格式如图 5-40 所示。

图 5-40　管理报文与业务报文的格式

5.2.2　CAPWAP 隧道建立过程

V5-4　CAPWAP
隧道建立过程

　　AP 与 AC 通信之前必须先建立 CAPWAP 隧道。CAPWAP 隧道的建立过程如图 5-41 所示，整个过程经历 DHCP 交互、AP 发现 AC（Discovery）、建立 DTLS 连接（DTLS Connect）等多个阶段。下面按照先后顺序分别介绍各个阶段的具体行为。

图 5-41　CAPWAP 隧道的建立过程

　　（1）DHCP 交互。

　　AP 要有自己的 IP 地址才能与 AC 通信。管理员可以通过静态的方式为 AP 手动配置 IP 地址，但这种方式在大中型组网中显然是不适用的。在 FIT AP+AC 组网模式中，AP 一般是零配置启动的。通常的做法是使用 DHCP 服务器为 AP 动态分配 IP 地址。可以在 AC 或核心交换机上配置 DHCP 服务。

　　（2）AP 发现 AC（Discovery）。

　　有了自己的 IP 地址，AP 还要知道 AC 的 IP 地址才能与 AC 通信，这个过程就是 AP 发现 AC 的过程。如果在 AP 上预配置了 AC 的 IP 地址，那么 AP 上电后可直接启动静态发现流程并与指定的 AC 连接。如果未预先配置 AC 的 IP 地址，那么 AP 只能通过动态发现流程发现可用的 AC。在二层交换网络中，AP 可以通过广播方式发现本地网络中的 AC。最常见的方式是通过 DHCP 服务的 Option 43 字段获取 AC 的 IP 地址（不同网络设备厂商定义的 DHCP Option 字段各不相同）。除此之外，另一种比较常见的方式是通过 DNS 解析获取 AC 的 IP 地址。

得到 AC 的 IP 地址后，AP 以单播（三层组网）或广播（二层组网）的方式发送一个发现请求（Discovery Request）报文尝试关联 AC。AC 收到 AP 的 Discovery Request 报文后，发送一个单播发现响应（Discovery Response）报文给 AP。Discovery Response 报文携带有 AC 的优先级或 AC 当前关联的 AP 的数量等信息，AP 可根据这些信息决定与哪个 AC 建立连接。

（3）建立 DTLS 连接（DTLS Connect）。

Discovery Response 报文还会指示是否需要采用 DTLS 加密传输 CAPWAP 隧道中的 UDP 报文。如果需要加密，则 AP 与 AC 会协商 DTLS 加密参数。

（4）加入 AC（Join）。

这一阶段是 AP 请求加入 AC 并与之共同建立控制通道的过程。在 AC 与 AP 完成 DTLS 握手后，AP 发送加入请求（Join Request）报文请求与 AC 建立控制通道，AC 判断是否允许 AP 加入，并发送加入响应（Join Response）报文予以响应。Join Response 报文携带有用户配置的升级版本号、握手报文间隔/超时时间、控制报文优先级等信息。

（5）AP 版本升级（Image Data）。

AP 根据 Join Response 报文中指定的 AP 版本检查自身的版本。如果 AP 当前的版本无法满足 AC 的版本要求，则 AP 将直接进入 Image Data 状态准备进行版本升级。AP 向 AC 发送版本开发请求（Image Data Request）报文请求下载最新软件版本，AC 收到该请求后回应版本升级响应（Image Data Response）报文向 AP 下发软件版本。AP 完成软件版本升级后重新启动，重新进行 AC 发现、DTLS 连接和加入操作。

（6）AP 配置下发（Configuration Status）。

如果 AP 当前的版本与 AC 指定的版本一致，则 AP 直接进入 Configuration 状态，这是 AC 检查 AP 配置和下发配置的过程。进入 Configuration 状态后，AP 向 AC 发送配置状态请求（Configuration Status Request）报文，该报文包含 AP 现有的配置。AC 收到该报文后若发现 AP 的配置不符合要求，则回应配置状态响应（Configuration Status Response）报文通知 AP 同步配置。

（7）AP 配置确认（Data Check）。

Configuration 阶段完成后，AC 需要确认配置是否在 AP 上执行成功。AP 向 AC 发送配置确认请求（Change State Event Request）报文，其中包含射频、错误码、配置信息等内容。AC 接收到 Change State Event Request 后，会回复配置确认响应（Change State Event Response）报文。Data Check 完成后，标志着控制通道建立完成，AP 开始进入 Run 状态。

（8）Run（data）。

进入 Run 状态后，AP 与 AC 开始转发用户数据，同时需要定期检查 CAPWAP 数据通道是否正常工作。AP 向 AC 发送数据心跳（Keepalive）报文（俗称保活报文），AC 收到 Keepalive 报文后也会回应 Keepalive 报文。这表示数据隧道已经建立，AP 可以开始正常工作。

（9）Run（Control）。

AP 进入 Run 状态后，同时向 AC 发送控制心跳请求（Echo Request）报文（即控制通道的保活报文），表示启动控制通道超时定时器以检测控制通道的状态。AC 收到 Echo Request 报文后，向 AP 回应控制心跳响应（Echo Response）报文，同时启动控制通道超时定时器。

5.2.3 CAPWAP 数据转发方式

CAPWAP 隧道承载着管理报文和业务报文，即管理流量和业务流量。管理报文只在 AC 与 AP 之间交换，且必须封装在 CAPWAP 控制通道中传输，到

V5-5 CAPWAP
数据转发方式

达 AC 即终止。图 5-42（a）和图 5-42（b）所示分别为直连式组网和旁挂式组网中管理报文的传输路径。

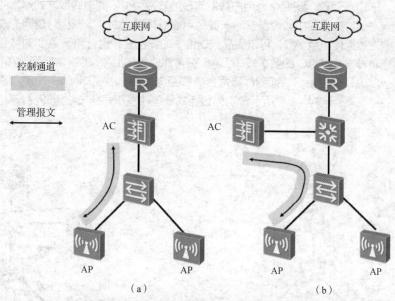

图 5-42　直连式组网和旁挂式组网中管理报文的传输路径

与管理报文不同的是，业务报文可以选择是否封装在 CAPWAP 隧道中传输。根据业务报文是否封装在 CAPWAP 隧道中传输，可以将业务报文的转发方式分为两种：直接转发和隧道转发。直接转发又称本地转发，是指用户的业务报文到达 AP 后，不经过 CAPWAP 封装直接转发到上行网络。在直接转发方式下，业务报文在 AP 上完成从无线（802.11）报文到有线（802.3）报文的转换，并通过 AP 的上行交换机转发到上行网络。也就是说，AC 只负责管理 AP，不负责转发数据流量。

在直接转发方式下，业务报文无须经过 AC 集中处理，因此不用考虑 AC 产生的带宽瓶颈，且可以直接继承上行网络现有的安全策略。直接转发方式的网络架构比较简单，适用于中小规模的 WLAN 组网场景，是一种较为推荐的整合网络部署方式。直连式组网和旁挂式组网都可以采用直接转发方式，如图 5-43（a）和图 5-43（b）所示。

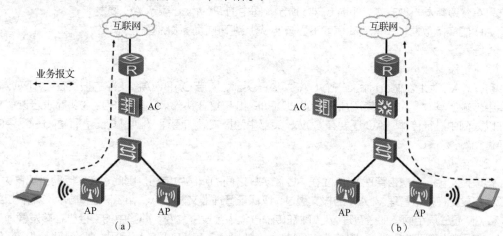

图 5-43　直连式直接转发和旁挂式直接转发

与直接转发相对的是隧道转发，又称集中转发。在隧道转发方式下，业务报文在 AP 上进行 CAPWAP 封装，并经 CAPWAP 数据通道传输到 AC，AC 将其解封装后转发至上行网络。因此，AC 不仅要对 AP 进行管理，还要作为用户数据流量的转发中枢。隧道转发方式通常应用于旁挂式组网，部署配置方便。在现网中新增设备时一般采用隧道转发方式，以减少对现网的改动。另外，业务报文通过数据通道传输至 AC，可以提高数据传输的安全性，也有利于 AC 对数据进行集中管理和控制。隧道转发方式对 AC 的要求较高，AC 有可能成为 WLAN 的带宽瓶颈。在实际组网时，可以考虑部署一台 AC 作为备份，或者部署两台 AC 互为备份，以提高 WLAN 的可靠性和转发效率。图 5-44（a）和图 5-44（b）所示分别为直连式隧道转发和旁挂式隧道转发。

图 5-44　直连式隧道转发和旁挂式隧道转发

5.2.4　CAPWAP 数据传输过程

本小节以直连式组网为例，详细介绍 FIT AP+AC 组网模式中管理报文和业务报文的具体传输过程。

1. 管理报文传输过程

首先要明确一点，管理报文必须封装在 CAPWAP 隧道中传输，因此管理报文只有隧道转发一种方式，如图 5-45 所示。图中的 Payload 表示 AC 要发送给 AP 的实际数据，即有效载荷。下面按照从上到下的顺序跟踪管理报文的传输过程。

V5-6　CAPWAP
数据传输过程

（1）封装。

首先，AC 为 Payload 添加一个 CAPWAP 头部，携带 CAPWAP 头部的报文在 CAPWAP 隧道中传输。其次，AC 继续添加必要的 UDP/IP 和 802.3 头部。这里的 802.3 头部表示该报文要在以太网中进行传输。AC 还要在 802.3 头部中为报文添加管理 VLAN 标记，即图 5-45 中的 VLAN m'。

（2）传输。

管理报文会一直携带管理 VLAN 在 AC 和 AP 之间的网络中传输。因此，在实际网络配置中，这个网络要允许携带管理 VLAN 的报文通过，以保证管理报文能在 AC 和 AP 之间顺利传输。如果 AC 和 AP 是三层组网，那么管理 VLAN 在传输过程中会发生改变，即图中的交换机在转发管理报文时，将原来的管理 VLAN m'替换为 VLAN m。如果 AC 和 AP 是二层组网，那么管理 VLAN 保持不变，即 m' = m。

（3）解封装。

一般情况下，AP 只能识别和处理不带管理 VLAN 标记的报文。因此，交换机会去掉管理报文外层的管理 VLAN（ VLAN m ），只将剩下的报文下发给 AP。AP 收到管理报文后，依次去掉 802.3、UDP/IP 和 CAPWAP 头部，最后保留并处理管理报文的 Payload。在实际网络配置中，通常把直连 AP 的设备接口（这里为交换机的下行口）的 PVID 配置为管理 VLAN。这样，管理报文从该接口发送出去时，会被去掉外层的管理 VLAN。如果该接口没有配置 PVID，则可能导致 AP 收到携带管理 VLAN 的管理报文，解决方法是把 AP 上行口的 PVID 配置为管理 VLAN，这样 AP 就能够识别并去掉管理 VLAN，解封装后得到需要的 Payload。

图 5-45　管理报文隧道转发

上面分析的是 AC 发送给 AP 的管理报文的传输过程。对于 AP 发送给 AC 的管理报文，传输过程可以反过来理解。AP 把经过 CAPWAP 封装的管理报文发送给交换机，交换机为其添加管理 VLAN 标记后将其转发给 AC。AC 收到管理报文后，去掉管理 VLAN 标记，解除 CAPWAP 封装，得到 Payload。

2．业务报文传输过程

（1）业务报文的直接转发。

下面结合图 5-46 分析直接转发方式下业务报文的传输过程。这一次，我们按照从下到上的顺序跟踪业务报文。图中的 Payload 表示无线用户要发送的实际有效数据，即有效载荷。

① 封装。

无线用户的业务数据先由工作站（即图 5-46 中的 STA）的无线网卡完成 802.11 封装，再通过无线信道发送至 AP。这里的 802.11 封装是指按照 IEEE 802.11 相关标准进行封装，封装后形成一个 IEEE 802.11 MAC 帧。需要注意的是，在直接转发方式下，业务报文不需要进行 CAPWAP 封装。

② 传输。

AP 在收到用户的无线报文后，需要把无线报文转换为有线报文，即 802.11 到 802.3 的转换。同时，AP 要为转换后的报文添加业务 VLAN 标记，即图中的 VLAN s。此后，AP 通过上行口把报文发送给交换机。

交换机收到 AP 的报文后，根据 AC 与 AP 的组网情况，可能要对报文中的业务 VLAN 进行替换。如果 AC 与 AP 之间是三层组网，那么业务 VLAN 会发生改变，使用 VLAN s'替换 VLAN s；

如果 AC 与 AP 之间是二层组网，那么业务 VLAN 保持不变，即 s = s'。交换机把携带业务 VLAN 标记的报文继续转发至上行网络。在直接转发方式下，从 AP 到目的主机之间的网络都要允许携带业务 VLAN 标记的报文通过。

在直连式组网拓扑中，AC 会收到交换机上送的业务报文。但此时 AC 会和交换机一样，只负责把报文转发给下一个网络设备，不会对其进行 CAPWAP 封装。AC 发送出去的报文与交换机发送出去的报文在格式上是相同的。如果是旁挂式组网，则 AC 不会收到业务报文。

③ 解封装。

业务报文到达目的网络后，业务 VLAN 及其他报文头部会被依次移除，剩下的 Payload 就是无线用户实际发送的数据。

当业务报文从目的网络返回时，先进行 802.3 封装并添加业务 VLAN 标记（VLAN s'），再发送至交换机。同样，交换机根据 AC 与 AP 间的组网情况确定是否要替换报文中的业务 VLAN，并继续把报文下发给 AP。由于 STA 无法处理带业务 VLAN 标记的报文，因此当业务报文到达 AP 后，AP 必须先去掉业务 VLAN 标记，再对报文进行 802.3 到 802.11 的转换，并把转换后的报文通过无线信道发送至 STA。最后，STA 去掉报文外层的 802.11 头部及其他头部，得到 Payload。

图 5-46 业务报文直接转发

（2）业务报文隧道转发。

最后，结合图 5-47，按照从下到上的顺序介绍隧道转发方式下业务报文的传输过程。

① 封装。

隧道转发方式下，业务报文从 STA 到 AP 的过程和直接转发方式是相同的。STA 把经过 802.11 封装的业务报文通过无线信道发送给 AP。接下来 AP 的处理比较关键，体现了两种转发方式的不同。AP 先把无线报文转换为有线报文，即完成 802.11 到 802.3 的转换，再添加业务 VLAN 标记（VLAN s）。由于在隧道转发方式中业务报文统一交给 AC 处理，因此 AP 需要对报文进行 CAPWAP 封装，添加必要的 UDP/IP 和 802.3 头部，并将其向上发送至交换机。

② 传输。

交换机对业务报文的处理方式和上面讲到的对管理报文的处理方式是相同的。如果 AC 与 AP

之间是三层组网，则交换机会使用 VLAN m 替换 VLAN m'；如果 AC 与 AP 之间是二层组网，则管理 VLAN 保持不变，即 m = m'。交换机将业务报文继续向上转发至 AC。

需要注意的是，从交换机的角度来看，此时的业务报文在形式上是一个管理报文，因为它携带的是管理 WLAN 而非业务 WLAN。

③ 解封装。

AC 收到业务报文后，先去掉 802.3 头部中的管理 VLAN 标记（VLAN m'），以及 UDP/IP 和 CAPWAP 头部，得到携带业务 VLAN 标记（VLAN s）的业务报文，再把该业务报文继续转发至目的网络。

对比管理报文的传输过程可以发现，在隧道转发方式中，业务报文在 AP 与 AC 之间的网络中是携带管理 VLAN 标记进行传输的，转发处理流程与管理报文是相同的。不同之处在于，管理报文的 Payload 是一个携带业务 VLAN 标记（VLAN s）的业务报文，而不是单纯的有效数据。

当业务报文从目的网络返回时，也要先经过 AC，再由 AC 转发处理。AC 收到的是一个携带业务 VLAN 标记（VLAN s）的报文。AC 对整个报文进行 CAPWAP 封装，添加 UDP/IP、802.3 头部及管理 VLAN 标记（VLAN m），再将其转发至 AP。在这个过程中，中间的交换机根据 AC 与 AP 的组网方式对管理 VLAN 进行替换。报文到达 AP 后，AP 除了要去掉报文外层的 802.3、UDP/IP 和 CAPWAP 头部外，还要去掉报文内部的业务 VLAN 标记（VLAN s），并把有线报文转换为无线报文，通过无线信道将其发送至 STA。最后，STA 解封装 802.11 报文，得到 Payload。

图 5-47　业务报文隧道转发

任务实施

实验 1：组建 FIT AP+AC 直连二层 WLAN

【实验背景】从拓扑结构上看，AP 和 AC 可以采用直连式或旁挂式组网。从网络逻辑规划上看，AP 和 AC 可以同属一个二层网络，也可以属于不同的二层网络，即三层组网。另外，在 FIT AP+AC 组网模式中，业务报文有直接转发和隧道转发之分。针对不同的网络拓扑结构、逻辑规划和业务报文的转发方式，网络配置的思路和方法也有所不同。本实验及实验 2 采用直连式组网。在直连式组网拓扑中，AC 与原有的有线网络串联在一起，AC 同时承担 AP 管理和汇聚交换机的功能，无线网络中的所有管理报文和业务报文都要经过 AC 转发和处理。直连式组网实施起来比较方便，但是它对 AC 的吞吐量及数据处理能力要求比较高，AC 容易成为整个无线网络的带宽瓶颈。

【实验设备】AP（1 台，华为 AirEngine 5760），AC（1 台，华为 AC6508），Switch（1 台，华为 S5731S-S24P4X），Router（1 台，华为 AR6140-16G4XG），PC（1 台，Windows 10 操作系统）。

【实验拓扑】本实验采用直连式二层组网，组建 FIT AP+AC 直连二层 WLAN 实验拓扑如图 5-48 所示。

图 5-48 组建 FIT AP+AC 直连二层 WLAN 实验拓扑

【实验要求】本实验涉及的各配置项对于直接转发和隧道转发是相同的，如表 5-5 所示。但是在这两种转发方式下，各设备 IP 地址参数有所不同，分别如表 5-6 和表 5-7 所示。

表 5-5 本实验涉及的各配置项

配置项	要求
管理 VLAN	VLAN 100
业务 VLAN	VLAN 101
DHCP 服务器	AC 作为 AP 和无线用户的 DHCP 服务器及网关
AP 地址池	VLAN 100：10.23.100.2/24 ～ 10.23.100.254/24
STA 地址池	VLAN 101：10.23.101.3/24 ～ 10.23.101.254/24 默认网关：10.23.101.2
AC 源接口 IP 地址	VLANIF 100：10.23.100.1/24
AP 组	名称：group-ito 引用模板：VAP 模板、域管理模板
AP 配置	名称：ap508 组名称：group-ito
域管理模板	名称：domain 国家码：CN
SSID 模板	模板名称：wlan-ito SSID 名称：wlan-ito
安全模板	模板名称：sec-ito 安全策略：WPA/WPA2-PSK-AES 密码：huawei123
VAP 模板	模板名称：vap-ito 业务 VLAN：VLAN 101 引用模板：SSID 模板、安全模板

表 5-6　直接转发方式下的设备 IP 地址参数

设备	接口或 VLAN	IP 地址或接口类型	备注
Switch	GE0/0/1	Trunk	PVID：100 放行 VLAN：100、101
	GE0/0/2	Trunk	放行 VLAN：100
AC	GE0/0/1	Trunk	放行 VLAN：100、101
	GE0/0/2	Trunk	放行 VLAN：101
	VLANIF 100	10.23.100.1/24	接口地址池
	VLANIF 101	10.23.101.1/24	接口地址池
Router	GE0/0/0	Trunk	放行 VLAN：101
	VLANIF 101	10.23.101.2/24	

表 5-7　隧道转发方式下的设备 IP 地址参数

设备	接口或 VLAN	IP 地址或接口类型	备注
Switch	GE0/0/1	Trunk	PVID：100 放行 VLAN：100
	GE0/0/2	Trunk	放行 VLAN：100
AC	GE0/0/1	Trunk	放行 VLAN：100
	GE0/0/2	Trunk	放行 VLAN：101
	VLANIF 100	10.23.100.1/24	接口地址池
	VLANIF 101	10.23.101.1/24	接口地址池
Router	GE0/0/0	Trunk	放行 VLAN：101
	VLANIF 101	10.23.101.2/24	

【实验步骤】下面分别演示直接转发和隧道转发方式下的具体实验步骤。

注意　（1）应该在与 AP 直连的设备接口上配置端口隔离，当不配置端口隔离，尤其是业务报文采用直接转发方式时，可能会在 VLAN 内形成大量不必要的广播报文，导致网络阻塞，影响用户体验。

（2）在隧道转发方式下，管理 VLAN 和业务 VLAN 不能配置为同一 VLAN，且 AP 和 AC 之间只能放通管理 VLAN，不能放通业务 VLAN。

1. 直接转发

第 1 步，配置接入交换机。将接口 GE0/0/1 和 GE0/0/2 加入 VLAN 100 和 VLAN 101，接口 GE0/0/1 的默认 VLAN 为 100，具体命令如下所示。

```
<HUAWEI> system-view
[HUAWEI] sysname Switch
[Switch] vlan batch 100 101
[Switch] interface gi0/0/1
[Switch-GigabitEthernet0/0/1] port link-type trunk
[Switch-GigabitEthernet0/0/1] port trunk pvid vlan 100
[Switch-GigabitEthernet0/0/1] port trunk allow-pass vlan 100 101
[Switch-GigabitEthernet0/0/1] port-isolate enable
[Switch-GigabitEthernet0/0/1] quit
```

```
[Switch] interface gi0/0/2
[Switch-GigabitEthernet0/0/2] port link-type trunk
[Switch-GigabitEthernet0/0/2] port trunk allow-pass vlan 100 101
[Switch-GigabitEthernet0/0/2] quit
```

第 2 步，配置 AC。将接口 GE0/0/1 加入 VLAN 100 和 VLAN 101，将接口 GE0/0/2 加入 VLAN 101，具体命令如下所示。

```
<HUAWEI> system-view
[HUAWEI] sysname AC
[AC] vlan batch 100 101
[AC] interface gi0/0/1
[AC-GigabitEthernet0/0/1] port link-type trunk
[AC-GigabitEthernet0/0/1] port trunk allow-pass vlan 100 101
[AC-GigabitEthernet0/0/1] quit
[AC] interface gi0/0/2
[AC-GigabitEthernet0/0/2] port link-type trunk
[AC-GigabitEthernet0/0/2] port trunk   allow-pass vlan 101
[AC-GigabitEthernet0/0/2] quit
```

第 3 步，配置路由器。将接口 GE0/0/0 加入 VLAN 101，创建新接口 VLANIF 101 并配置其 IP 地址为 10.23.101.2/24，具体命令如下所示。

```
<Huawei> system-view
[Huawei] sysname Router
[Router] vlan 101
[Router-vlan 101] interface gi0/0/0
[Router-GigabitEthernet0/0/0] port link-type trunk
[Router-GigabitEthernet0/0/0] port trunk allow-pass vlan 101
[Router-GigabitEthernet0/0/0] quit
[Router] interface vlanif 101
[Router-Vlanif101] ip address 10.23.101.2 24
[Router-Vlanif101] quit
```

第 4 步，配置 DHCP 服务器。在 AC 上配置 DHCP 服务器为 AP 和 STA 分配 IP 地址。其中，接口 VLANIF 100 为 AP 分配 IP 地址，接口 VLANIF 101 为 STA 分配 IP 地址，STA 的下一跳为路由器的接口 GE0/0/0，具体命令如下所示。

```
[AC] dhcp enable
[AC] interface vlanif 100
[AC-Vlanif100] ip address 10.23.100.1 24
[AC-Vlanif100] dhcp select interface
[AC-Vlanif100] quit
[AC] interface vlanif 101
[AC-Vlanif101] ip address 10.23.101.1 24
[AC-Vlanif101] dhcp select interface
[AC-Vlanif101] dhcp server gateway-list 10.23.101.2
[AC-Vlanif101] quit
[AC] ip route-static 0.0.0.0 0.0.0.0 10.23.101.2
```

第 5 步，配置 AP 上线。

（1）创建 AP 组，具体命令如下所示。

```
[AC] wlan
[AC-wlan-view] ap-group name group-ito
[AC-wlan-ap-group-group-ito] quit
```

（2）创建域管理模板，在域管理模板下配置 AC 的国家码并在 AP 组下引用域管理模板，具体命令如下所示。

```
[AC-wlan-view] regulatory-domain-profile name default
[AC-wlan-regulate-domain-default] country-code cn
[AC-wlan-regulate-domain-default] quit
[AC-wlan-view] ap-group name group-ito
[AC-wlan-ap-group-group-ito] regulatory-domain-profile default
[AC-wlan-ap-group-group-ito] quit
[AC-wlan-view] quit
```

（3）配置 AC 的源接口，具体命令如下所示。

```
[AC] capwap source interface vlanif 100
```

（4）离线导入 AP，配置 AP 组和 AP 名称，具体命令如下所示。

```
[AC-wlan-view] ap auth-mode mac-auth
[AC-wlan-view] ap-id 0 ap-mac b008-75cb-49e0
[AC-wlan-ap-0] ap-name ap508
[AC-wlan-ap-0] ap-group group-ito
[AC-wlan-ap-0] quit
```

（5）监控 AP 上线情况，具体命令如下所示。当"State"字段值为"nor"时，表示 AP 正常上线。

```
[AC-wlan-view] display ap all
ID  MAC            Name  Group     IP           Type          State STA Uptime ExtraInfo
----------------------------------------------------------------------------------------
0   b008-75cb-49e0 ap508 group-ito 10.23.100.184 AirEngine5760-10 nor  0  1M:1S   –
```

第 6 步，配置 WLAN 业务参数。

（1）创建安全模板并配置安全策略，具体命令如下所示。

```
[AC-wlan-view] security-profile name sec-ito
[AC-wlan-sec-prof-wlan-ito] security wpa-wpa2 psk pass-phrase huawei123 aes
[AC-wlan-sec-prof-wlan-ito] quit
```

（2）创建 SSID 模板并配置 SSID 名称，具体命令如下所示。

```
[AC-wlan-view] ssid-profile name wlan-ito
[AC-wlan-ssid-prof-wlan-ito] ssid wlan-ito
[AC-wlan-ssid-prof-wlan-ito] quit
```

（3）创建 VAP 模板，配置业务数据转发方式、业务 VLAN，并引用安全模板和 SSID 模板，具体命令如下所示。

```
[AC-wlan-view] vap-profile name vap-ito
[AC-wlan-vap-prof-wlan-ito] forward-mode direct-forward
[AC-wlan-vap-prof-wlan-ito] service-vlan vlan-id 101
[AC-wlan-vap-prof-wlan-ito] security-profile sec-ito
[AC-wlan-vap-prof-wlan-ito] ssid-profile wlan-ito
[AC-wlan-vap-prof-wlan-ito] quit
```

（4）配置 AP 组引用 VAP 模板，AP 上的射频 0 和射频 1 都使用 VAP 模板 vap-ito 的配置，具体命令如下所示。

```
[AC-wlan-view] ap-group name group-ito
[AC-wlan-ap-group-group-ito] vap-profile vap-ito wlan 1 radio 0
[AC-wlan-ap-group-group-ito] vap-profile vap-ito wlan 1 radio 1
[AC-wlan-ap-group-group-ito] quit
```

第 7 步，配置 AP 射频的信道和功率。射频的信道和功率自动调优功能默认开启，如果不关闭此功能，则可能会导致手动配置无法生效。

（1）关闭 AP 射频 0 的信道和功率自动调优功能，并配置 AP 射频 0 的信道和功率，具体命令如下所示。

```
[AC-wlan-view]ap-id 0
```

```
[AC-wlan-ap-0]radio 0
[AC-wlan-radio-0/0]calibrate auto-channel-select disable
[AC-wlan-radio-0/0]calibrate auto-txpower-select disable
[AC-wlan-radio-0/0]channel 20mhz 6
[AC-wlan-radio-0/0]eirp 127
[AC-wlan-radio-0/0]quit
```

（2）关闭 AP 射频 1 的信道和功率自动调优功能，并配置 AP 射频 1 的信道和功率，具体命令如下所示。

```
[AC-wlan-ap-0]radio 1
[AC-wlan-radio-0/1]calibrate auto-channel-select disable
[AC-wlan-radio-0/1]calibrate auto-txpower-select disable
[AC-wlan-radio-0/1]channel 20mhz 149
[AC-wlan-radio-0/1]eirp 127
[AC-wlan-radio-0/1]quit
[AC-wlan-ap-0]quit
```

第 8 步，验证配置结果。

（1）检查 VAP 是否创建成功，具体命令如下所示。当"Status"字段显示为"ON"时，表示 AP 相应射频上的 VAP 已创建成功。

```
[AC-wlan-view] display vap ssid wlan-ito
```

AP ID	AP name	RfID	WID	BSSID	Status	Auth type	STA	SSID
0	ap508	0	1	B008-75CB-49E0	ON	WPA/WPA2-PSK	0	wlan-ito
0	ap508	1	1	B008-75CB-49F0	ON	WPA/WPA2-PSK	0	wlan-ito

（2）使用智能手机或 PC 搜索并加入名为 wlan-ito 的无线网络。

（3）监控已关联的无线用户，具体命令如下所示。

```
[AC-wlan-view] display station ssid wlan-ito
```

STA MAC	AP ID	Ap name	Rf/WLAN	Band	Type	Rx/Tx	RSSI	VLAN	IP address
3a77-7916-5d9d	0	ap508	1/1	5G	11ac	156/130	-43	101	10.23.101.136

2. 隧道转发

第 1 步，配置接入交换机。将接口 GE0/0/1 和 GE0/0/2 加入 VLAN 100，接口 GE0/0/1 的默认 VLAN 为 100，具体命令如下所示。

```
<HUAWEI> system-view
[HUAWEI] sysname Switch
[Switch] vlan 100
[Switch-vlan100] interface gi0/0/1
[Switch-GigabitEthernet0/0/1] port link-type trunk
[Switch-GigabitEthernet0/0/1] port trunk pvid vlan 100
[Switch-GigabitEthernet0/0/1] port trunk allow-pass vlan 100
[Switch-GigabitEthernet0/0/1] port-isolate enable
[Switch-GigabitEthernet0/0/1] quit
[Switch] interface gi0/0/2
[Switch-GigabitEthernet0/0/2] port link-type trunk
[Switch-GigabitEthernet0/0/2] port trunk allow-pass vlan 100
[Switch-GigabitEthernet0/0/2] quit
```

第 2 步，配置 AC。将接口 GE0/0/1 加入 VLAN 100，将接口 GE0/0/2 加入 VLAN 101，具体命令如下所示。

```
<HUAWEI> system-view
[HUAWEI] sysname AC
[AC] vlan batch 100 101
```

```
[AC] interface gi0/0/1
[AC-GigabitEthernet0/0/1] port link-type trunk
[AC-GigabitEthernet0/0/1] port trunk allow-pass vlan 100
[AC-GigabitEthernet0/0/1] quit
[AC] interface gi0/0/2
[AC-GigabitEthernet0/0/2] port link-type trunk
[AC-GigabitEthernet0/0/2] port trunk allow-pass vlan 101
[AC-GigabitEthernet0/0/2] quit
```

第 3 步，配置路由器。将接口 GE0/0/0 加入 VLAN 101，创建接口 VLANIF 101 并配置 IP 地址为 10.23.101.2/24，具体命令如下所示。

```
<Huawei> system-view
[Huawei] sysname Router
[Router] vlan 101
[Router-vlan 101] interface gi0/0/0
[Router-GigabitEthernet0/0/0] port link-type trunk
[Router-GigabitEthernet0/0/0] port trunk allow-pass vlan 101
[Router-GigabitEthernet0/0/0] quit
[Router] interface vlanif 101
[Router-Vlanif101] ip address 10.23.101.2 24
[Router-Vlanif101] quit
```

第 4 步，配置 DHCP 服务器。在 AC 上配置使用 DHCP 服务器为 AP 和 STA 分配 IP 地址。其中，接口 VLANIF 100 为 AP 分配 IP 地址，接口 VLANIF 101 为 STA 分配 IP 地址，STA 的下一跳为路由器的接口 GE0/0/0，具体命令如下所示。

```
[AC] dhcp enable
[AC] interface vlanif 100
[AC-Vlanif100] ip address 10.23.100.1 24
[AC-Vlanif100] dhcp select interface
[AC-Vlanif100] quit
[AC] interface vlanif 101
[AC-Vlanif101] ip address 10.23.101.1 24
[AC-Vlanif101] dhcp select interface
[AC-Vlanif101] dhcp server gateway-list 10.23.101.2
[AC-Vlanif101] quit
[AC] ip route-static 0.0.0.0 0.0.0.0 10.23.101.2
```

第 5 步，AP 组、WLAN 业务参数、AP 信道和功率的相关配置参考直接转发方式。不同的是，在创建 VAP 模板时，需要将数据转发方式配置为隧道转发，具体命令如下所示。验证方式与直接转发方式相同，这里不再赘述。

```
[AC-wlan-view] vap-profile name vap-ito
[AC-wlan-vap-prof-wlan-ito] forward-mode tunnel
[AC-wlan-vap-prof-wlan-ito] service-vlan vlan-id 101
[AC-wlan-vap-prof-wlan-ito] security-profile sec-ito
[AC-wlan-vap-prof-wlan-ito] ssid-profile wlan-ito
[AC-wlan-vap-prof-wlan-ito] quit
```

实验 2：组建 FIT AP+AC 直连三层 WLAN

【实验背景】在 FIT AP+AC 组网模式中，当 AP 与 AC 属于不同的 IP 网段时称为三层组网。在三层组网中，需要在核心交换机和 AC 上配置静态或动态路由，以保证 AP 与 AC 间路由可达。

【实验设备】AP（1 台，华为 AirEngine 5760），AC（1 台，华为 AC6508），Switch（2 台，华为 S5731S-S24P4X），Router（1 台，华为 AR6140-16G4XG），PC（1 台，Windows 10

操作系统）。

【实验拓扑】本实验采用直连式三层组网，组建 FIT AP+AC 直连三层 WLAN 实验拓扑如图 5-49 所示。

【实验要求】本实验涉及的各配置项在直接转发和隧道转发方式下基本相同，表 5-8 所示为直接转发方式下的配置项。本实验中，用户的业务 VLAN 从 VLAN 池（VLAN pool）中获得，包含 VLAN 101 和 VLAN 102。对于隧道转发方式，AC 同时作为 AP 与无线用户的 DHCP 服务器。在这两种转发方式下，设备 IP 地址参数有所不同，分别如表 5-9 和表 5-10 所示。

图 5-49　组建 FIT AP+AC 直连三层 WLAN 实验拓扑

表 5-8　直接转发方式下的配置项

配置项	要求
管理 VLAN	VLAN 10、VLAN 100
业务 VLAN	VLAN pool：sta-pool，包含 VLAN 101 和 VLAN 102
DHCP 服务器	AC 作为 AP 的 DHCP 服务器 SwitchB 作为无线用户的 DHCP 服务器和网关
AP 地址池	VLAN 10：10.45.10.2/24　～　10.45.10.254/24
STA 地址池	VLAN 101：10.45.101.3/24　～　10.45.101.254/24 默认网关：10.45.101.2 VLAN 102：10.45.102.3/24　～　10.45.102.254/24 默认网关：10.45.102.2
AC 源接口 IP 地址	VLANIF 100：10.45.100.1/24
AP 组	名称：group-sft 引用模板：VAP 模板、域管理模板
AP 配置	名称：ap504 组名称：group-sft
域管理模板	名称：domain 国家码：CN
SSID 模板	模板名称：wlan-sft SSID 名称：wlan-sft
安全模板	模板名称：sec-sft 安全策略：WPA/WPA2-PSK-AES 密码：huawei123
VAP 模板	模板名称：vap-sft 业务 VLAN：VLAN pool（sta-pool） 引用模板：SSID 模板、安全模板

表 5-9　直接转发方式下的设备 IP 地址参数

设备	接口或 VLAN	IP 地址或接口类型	备注
SwitchA	GE0/0/1	Trunk	PVID：10 放行 VLAN：10、101、102
	GE0/0/2	Trunk	放行 VLAN：10、101、102
SwitchB	GE0/0/1	Trunk	放行 VLAN：10、101、102
	GE0/0/2	Trunk	放行 VLAN：100、101、102
	VLANIF 10	10.45.10.1/24	DHCP 中继
	VLANIF 100	10.45.100.2/24	
	VLANIF 101	10.45.101.1/24	接口地址池
	VLANIF 102	10.45.102.1/24	接口地址池
AC	GE0/0/1	Trunk	放行 VLAN：100、101、102
	GE0/0/2	Trunk	放行 VLAN：101、102
	VLANIF 100	10.45.100.1/24	全局地址池
Router	GE0/0/0	Trunk	放行 VLAN：101、102
	VLANIF 101	10.45.101.2/24	
	VLANIF 102	10.45.102.2/24	

表 5-10　隧道转发方式下的设备 IP 地址参数

设备	接口或 VLAN	IP 地址或接口类型	备注
SwitchA	GE0/0/1	Trunk	PVID：10 放行 VLAN：10
	GE0/0/2	Trunk	放行 VLAN：10
SwitchB	GE0/0/1	Trunk	放行 VLAN：10
	GE0/0/2	Trunk	放行 VLAN：100
	VLANIF 10	10.45.10.1/24	DHCP 中继
	VLANIF 100	10.45.100.2/24	
AC	GE0/0/1	Trunk	放行 VLAN：100
	GE0/0/2	Trunk	放行 VLAN：101、102
	VLANIF 100	10.45.100.1/24	全局地址池
	VLANIF 101	10.45.101.1/24	接口地址池
	VLANIF 102	10.45.102.1/24	接口地址池
Router	GE0/0/0	Trunk	放行 VLAN：101、102
	VLANIF 101	10.45.101.2/24	
	VLANIF 102	10.45.102.2/24	

【实验步骤】下面分别演示直接转发和隧道转发方式下的具体实验步骤。

1. 直接转发

第 1 步，配置接入交换机 SwitchA。将接口 GE0/0/1 和 GE0/0/2 加入 VLAN 10、VLAN 101 和 VLAN 102，接口 GE0/0/1 的默认 VLAN 为 VLAN 10，具体命令如下所示。

```
<HUAWEI>system-view
[HUAWEI]sysname SwitchA
[SwitchA]vlan batch 10 101 102
[SwitchA]interface gi0/0/1
```

```
[SwitchA-GigabitEthernet0/0/1]port link-type trunk
[SwitchA-GigabitEthernet0/0/1]port trunk pvid vlan 10
[SwitchA-GigabitEthernet0/0/1]port trunk allow-pass vlan 10 101 102
[SwitchA-GigabitEthernet0/0/1]port-isolate enable
[SwitchA-GigabitEthernet0/0/1]quit
[SwitchA]interface gi0/0/2
[SwitchA-GigabitEthernet0/0/2]port link-type trunk
[SwitchA-GigabitEthernet0/0/2]port trunk allow-pass vlan 10 101 102
[SwitchA-GigabitEthernet0/0/2]quit
```

第2步，配置汇聚交换机SwitchB。将接口GE0/0/1加入VLAN 10、VLAN 101和VLAN 102，将接口GE0/0/2加入VLAN 100、VLAN 101和VLAN 102；创建接口VLAN IF 100，IP地址为10.45.100.2/24，具体命令如下所示。

```
<HUAWEI>system-view
[HUAWEI]sysname SwitchB
[SwitchB]vlan batch 10 100 101 102
[SwitchB]interface gi0/0/1
[SwitchB-GigabitEthernet0/0/1]port link-type trunk
[SwitchB-GigabitEthernet0/0/1]port trunk allow-pass vlan 10 101 102
[SwitchB-GigabitEthernet0/0/1]quit
[SwitchB]interface gi0/0/2
[SwitchB-GigabitEthernet0/0/2]port link-type trunk
[SwitchB-GigabitEthernet0/0/2]port trunk allow-pass vlan 100 101 102
[SwitchB-GigabitEthernet0/0/2]quit
[SwitchB]interface vlanif 100
[SwitchB-Vlanif100]ip address 10.45.100.2 24
[SwitchB-Vlanif100]quit
```

第3步，配置AC。

（1）将接口GE0/0/1加入VLAN 100、VLAN 101和VLAN 102，将接口GE0/0/2加入VLAN 101和VLAN 102；创建接口VLANIF 100，IP地址为10.45.100.1/24，具体命令如下所示。

```
<HUAWEI>system-view
[HUAWEI]sysname AC
[AC]vlan 100
[AC-vlan100]interface gi0/0/1
[AC-GigabitEthernet0/0/1]port link-type trunk
[AC-GigabitEthernet0/0/1]port trunk allow-pass vlan 100 101 102
[AC-GigabitEthernet0/0/1]quit
[AC]interface gi0/0/2
[AC-GigabitEthernet0/0/2]port link-type trunk
[AC-GigabitEthernet0/0/2]port trunk allow-pass vlan 101 102
[AC-GigabitEthernet0/0/2]quit
[AC]interface vlanif 100
[AC-Vlanif100]ip address 10.45.100.1 24
[AC-Vlanif100]quit
```

（2）配置AC到AP的路由，下一跳为SwitchB的VLANIF 100，具体命令如下所示。

```
[AC] ip route-static 10.45.10.0 24 10.45.100.2
```

第4步，配置Router。将接口GE0/0/0加入VLAN 101和VLAN 102；创建接口VLANIF 101并配置IP地址为10.45.101.2/24，创建接口VLANIF 102并配置IP地址为10.45.102.2/24，具体命令如下所示。

```
<Huawei>system-view
[Huawei]sysname Router
```

```
[Router]vlan batch 101 102
[Router]interface gi0/0/0
[Router-GigabitEthernet0/0/0]port link-type trunk
[Router-GigabitEthernet0/0/0]port trunk allow-pass vlan 101 102
[Router-GigabitEthernet0/0/0]quit
[Router]interface vlanif 101
[Router-Vlanif101]ip address 10.45.101.2 24
[Router-Vlanif101]quit
[Router]interface vlanif 102
[Router-Vlanif102]ip address 10.45.102.2 24
[Router-Vlanif102]quit
```

第 5 步，配置 DHCP 服务器。

（1）在 AC 上创建全局地址池为 AP 提供 IP 地址，具体命令如下所示。

```
[AC]dhcp enable
[AC]ip pool ap-pool
[AC-ip-pool-ap-pool]network 10.45.10.0 mask 24
[AC-ip-pool-ap-pool]gateway-list 10.45.10.1
[AC-ip-pool-ap-pool]option 43 sub-option 3 ascii 10.45.100.1
[AC-ip-pool-ap-pool]quit
[AC]interface vlanif 100
[AC-Vlanif100]dhcp select global
[AC-Vlanif100]quit
```

（2）在 SwitchB 上配置 DHCP 中继，代理 AC 分配 IP 地址，具体命令如下所示。

```
[SwitchB] dhcp enable
[SwitchB] interface vlanif 10
[SwitchB-Vlanif10] ip address 10.45.10.1 24
[SwitchB-Vlanif10] dhcp select relay
[SwitchB-Vlanif10] dhcp relay server-ip 10.45.100.1
[SwitchB-Vlanif10] quit
```

（3）在 SwitchB 上创建 VLANIF 101 和 VLANIF 102 接口为 STA 提供 IP 地址，并指定默认网关，具体命令如下所示。

```
[SwitchB] interface vlanif 101
[SwitchB-Vlanif101] ip address 10.45.101.1 24
[SwitchB-Vlanif101] dhcp select interface
[SwitchB-Vlanif101] dhcp server gateway-list 10.45.101.2
[SwitchB-Vlanif101] quit
[SwitchB] interface vlanif 102
[SwitchB-Vlanif102] ip address 10.45.102.1 24
[SwitchB-Vlanif102] dhcp select interface
[SwitchB-Vlanif102] dhcp server gateway-list 10.45.102.2
[SwitchB-Vlanif102] quit
```

第 6 步，在 AC 上新建 VLAN pool，并将 VLAN 101 和 VLAN 102 加入其中作为业务 VLAN；配置 VLAN pool 中的 VLAN 的分配算法为 Hash，具体命令如下所示。

```
[AC] vlan batch 101 102
[AC] vlan pool sta-pool
[AC-vlan-pool-sta-pool] vlan 101 102
[AC-vlan-pool-sta-pool] assignment hash
[AC-vlan-pool-sta-pool] quit
```

第 7 步，配置 AP 上线。

（1）创建 AP 组，具体命令如下所示。

```
[AC] wlan
```

```
[AC-wlan-view] ap-group name group-sft
[AC-wlan-ap-group-group-sft] quit
```

（2）创建域管理模板，在域管理模板下配置 AC 的国家码并在 AP 组下引用域管理模板，具体命令如下所示。

```
[AC-wlan-view] regulatory-domain-profile name default
[AC-wlan-regulate-domain-default] country-code cn
[AC-wlan-regulate-domain-default] quit
[AC-wlan-view] ap-group name group-sft
[AC-wlan-ap-group-group-sft] regulatory-domain-profile default
[AC-wlan-ap-group-group-sft] quit
[AC-wlan-view] quit
```

（3）配置 AC 的源接口，具体命令如下所示。

```
[AC] capwap source interface vlanif 100
```

（4）离线导入 AP，配置 AP 组和 AP 名称，具体命令如下所示。

```
[AC] wlan
[AC-wlan-view] ap auth-mode mac-auth
[AC-wlan-view] ap-id 0 ap-mac b008-75cb-49e0
[AC-wlan-ap-0] ap-name ap504
[AC-wlan-ap-0] ap-group group-sft
[AC-wlan-ap-0] quit
```

（5）监控 AP 上线情况，具体命令如下所示。

```
[AC-wlan-view] display ap all
ID  MAC          Name  Group        IP           Type            State  STA Uptime ExtraInfo
-----------------------------------------------------------------------------------------
0   b008-75cb-49e0 ap504 group-sft 10.45.10.75 AirEngine5760-10 nor    0   39S     -
```

第 8 步，配置 WLAN 业务参数。

（1）创建安全模板并配置安全策略，具体命令如下所示。

```
[AC-wlan-view] security-profile name sec-sft
[AC-wlan-sec-prof-wlan-sft] security wpa-wpa2 psk pass-phrase huawei123 aes
[AC-wlan-sec-prof-wlan-sft] quit
```

（2）创建 SSID 模板并配置 SSID 名称，具体命令如下所示。

```
[AC-wlan-view] ssid-profile name wlan-sft
[AC-wlan-ssid-prof-wlan-sft] ssid wlan-sft
[AC-wlan-ssid-prof-wlan-sft] quit
```

（3）创建 VAP 模板，配置业务数据转发方式、业务 VLAN，并引用安全模板和 SSID 模板，具体命令如下所示。

```
[AC-wlan-view] vap-profile name vap-sft
[AC-wlan-vap-prof-wlan-sft] forward-mode direct-forward
[AC-wlan-vap-prof-wlan-sft] service-vlan vlan-pool sta-pool
[AC-wlan-vap-prof-wlan-sft] security-profile sec-sft
[AC-wlan-vap-prof-wlan-sft] ssid-profile wlan-sft
[AC-wlan-vap-prof-wlan-sft] quit
```

（4）配置 AP 组引用 VAP 模板，AP 上的射频 0 和射频 1 都使用 VAP 模板 vap-sft 的配置，具体命令如下所示。

```
[AC-wlan-view] ap-group name group-sft
[AC-wlan-ap-group-group-sft] vap-profile vap-sft wlan 1 radio 0
[AC-wlan-ap-group-group-sft] vap-profile vap-sft wlan 1 radio 1
[AC-wlan-ap-group-group-sft] quit
```

第 9 步，配置 AP 射频的信道和功率。射频的信道和功率自动调优功能默认开启，如果不关闭此功能，则可能会导致手动配置无法生效。

（1）关闭 AP 射频 0 的信道和功率自动调优功能，并配置 AP 射频 0 的信道和功率，具体命令如下所示。

```
[AC-wlan-view] ap-id 0
[AC-wlan-ap-0] radio 0
[AC-wlan-radio-0/0] calibrate auto-channel-select disable
[AC-wlan-radio-0/0] calibrate auto-txpower-select disable
[AC-wlan-radio-0/0] channel 20mhz 6
[AC-wlan-radio-0/0] eirp 127
[AC-wlan-radio-0/0] quit
```

（2）关闭 AP 射频 1 的信道和功率自动调优功能，并配置 AP 射频 1 的信道和功率，具体命令如下所示。

```
[AC-wlan-ap-0] radio 1
[AC-wlan-radio-0/1] calibrate auto-channel-select disable
[AC-wlan-radio-0/1] calibrate auto-txpower-select disable
[AC-wlan-radio-0/1] channel 20mhz 149
[AC-wlan-radio-0/1] eirp 127
[AC-wlan-radio-0/1] quit
[AC-wlan-ap-0] quit
```

第 10 步，验证配置结果。

（1）检查 VAP 是否创建成功，具体命令如下所示。当 "Status" 字段显示为 "ON" 时，表示 AP 相应射频上的 VAP 已创建成功。

```
[AC-wlan-view] display vap ssid wlan-sft
AP ID AP name  RfID WID      BSSID        Status  Auth type       STA  SSID
--------------------------------------------------------------------------
0     ap504    0    1    B008-75CB-49E0  ON  WPA/WPA2-PSK    0    wlan-sft
0     ap504    1    1    B008-75CB-49F0  ON  WPA/WPA2-PSK    0    wlan-sft
```

（2）使用智能手机或 PC 搜索并加入名为 wlan-sft 的无线网络。

（3）监控已关联的无线用户，具体命令如下所示。

```
[AC-wlan-view] display station ssid wlan-sft
STA MAC      AP ID Ap name  Rf/WLAN  Band  Type  Rx/Tx  RSSI  VLAN  IP address
------------------------------------------------------------------------------
a611-7dc0-95b9  0   ap504    1/1     5G    -     -/-     -    101  10.45.101.176
```

2. 隧道转发

第 1 步，配置接入交换机 SiwtchA。将接口 GE0/0/1 和 GE0/0/2 加入 VLAN 10，GE0/0/1 的默认 VLAN 为 VLAN 10，具体命令如下所示。

```
<HUAWEI> system-view
[HUAWEI] sysname SwitchA
[SwitchA] vlan 10
[SwitchA-vlan10] interface gi0/0/1
[SwitchA-GigabitEthernet0/0/1] port link-type trunk
[SwitchA-GigabitEthernet0/0/1] port trunk pvid vlan 10
[SwitchA-GigabitEthernet0/0/1] port trunk allow-pass vlan 10
[SwitchA-GigabitEthernet0/0/1] port-isolate enable
[SwitchA-GigabitEthernet0/0/1] quit
[SwitchA] interface gi0/0/2
[SwitchA-GigabitEthernet0/0/2] port link-type trunk
[SwitchA-GigabitEthernet0/0/2] port trunk allow-pass vlan 10
[SwitchA-GigabitEthernet0/0/2] quit
```

第 2 步，配置汇聚交换机 SwitchB。将接口 GE0/0/1 加入 VLAN 10，将接口 GE0/0/2 加入 VLAN 100；创建接口 VLANIF 100，IP 地址为 10.45.100.2/24，具体命令如下所示。

```
<HUAWEI> system-view
[HUAWEI] sysname SwitchB
[SwitchB] vlan batch 10 100
[SwitchB] interface gi0/0/1
[SwitchB-GigabitEthernet0/0/1] port link-type trunk
[SwitchB-GigabitEthernet0/0/1] port trunk allow-pass vlan 10
[SwitchB-GigabitEthernet0/0/1] quit
[SwitchB] interface gi0/0/2
[SwitchB-GigabitEthernet0/0/2] port link-type trunk
[SwitchB-GigabitEthernet0/0/2] port trunk allow-pass vlan 100
[SwitchB-GigabitEthernet0/0/2] quit
[SwitchB] interface vlanif 100
[SwitchB-Vlanif100] ip address 10.45.100.2 24
[SwitchB-Vlanif100] quit
```

第 3 步，配置 AC。

（1）将接口 GE0/0/1 加入 VLAN 100，将接口 GE0/0/2 加入 VLAN 101 和 VLAN 102；创建接口 VLANIF 100，IP 地址为 10.45.100.1/24，具体命令如下所示。

```
<AC> system-view
[AC] sysname AC
[AC] vlan batch 100 101 102
[AC] interface gi0/0/1
[AC-GigabitEthernet0/0/1] port link-type trunk
[AC-GigabitEthernet0/0/1] port trunk allow-pass vlan 100
[AC-GigabitEthernet0/0/1] quit
[AC] interface gi0/0/2
[AC-GigabitEthernet0/0/2] port link-type trunk
[AC-GigabitEthernet0/0/2] port trunk allow-pass vlan 101 102
[AC-GigabitEthernet0/0/2] quit
[AC] interface vlanif 100
[AC-Vlanif100] ip address 10.45.100.1 24
[AC-Vlanif100] quit
```

（2）配置 AC 到 AP 的路由，下一跳为 SwitchB 的 VLANIF 100，具体命令如下所示。

```
[AC] ip route-static 10.45.10.0 24 10.45.100.2
```

第 4 步，配置 Router。将接口 GE0/0/0 加入 VLAN 101 和 VLAN 102；创建接口 VLANIF 101 并配置 IP 地址为 10.45.101.2/24，创建接口 VLANIF 102 并配置 IP 地址为 10.45.102.2/24，具体命令如下所示。

```
<Huawei> system-view
[Huawei] sysname Router
[Router] vlan batch 101 102
[Router] interface gi0/0/0
[Router-GigabitEthernet0/0/0] port link-type trunk
[Router-GigabitEthernet0/0/0] port trunk allow-pass vlan 101 102
[Router-GigabitEthernet0/0/0] quit
[Router] interface vlanif 101
[Router-Vlanif101] ip address 10.45.101.2 24
[Router-Vlanif101] quit
[Router] interface vlanif 102
[Router-Vlanif102] ip address 10.45.102.2 24
[Router-Vlanif102] quit
```

第 5 步，配置 DHCP 服务器。

（1）在 AC 上创建 VLANIF 101 和 VLANIF 102 接口为 STA 提供 IP 地址，并指定默认网关，

具体命令如下所示。

```
[AC] dhcp enable
[AC] interface vlanif 101
[AC-Vlanif101] ip address 10.45.101.1 24
[AC-Vlanif101] dhcp select interface
[AC-Vlanif101] dhcp server gateway-list 10.45.101.2
[AC-Vlanif101] quit
[AC] interface vlanif 102
[AC-Vlanif102] ip address 10.45.102.1 24
[AC-Vlanif102] dhcp select interface
[AC-Vlanif102] dhcp server gateway-list 10.45.102.2
[AC-Vlanif102] quit
```

（2）在 AC 上创建全局地址池为 AP 提供 IP 地址，具体命令如下所示。

```
[AC] ip pool ap-pool
[AC-ip-pool-ap-pool] network 10.45.10.0 mask 24
[AC-ip-pool-ap-pool] gateway-list 10.45.10.1
[AC-ip-pool-ap-pool] option 43 sub-option 3 ascii 10.45.100.1
[AC-ip-pool-ap-pool] quit
[AC] interface vlanif 100
[AC-Vlanif100] dhcp select global
[AC-Vlanif100] quit
```

（3）在 SwitchB 上配置 DHCP 中继，代理 AC 分配 IP 地址，具体命令如下所示。

```
[SwitchB] dhcp enable
[SwitchB] interface vlanif 10
[SwitchB-Vlanif10] ip address 10.45.10.1 24
[SwitchB-Vlanif10] dhcp select relay
[SwitchB-Vlanif10] dhcp relay server-ip 10.45.100.1
[SwitchB-Vlanif10] quit
```

第 6 步，在 AC 上新建 VLAN pool，并将 VLAN 101 和 VLAN 102 加入其中作为业务 VLAN；配置 VLAN pool 中的 VLAN 的分配算法为 Hash，具体命令如下所示。

```
[AC] vlan pool sta-pool
[AC-vlan-pool-sta-pool] vlan 101 102
[AC-vlan-pool-sta-pool] assignment hash
[AC-vlan-pool-sta-pool] quit
```

第 7 步，AP 组、WLAN 业务参数、AP 信道和功率的相关配置参考直接转发方式。不同的是，在创建 VAP 模板时，需要将数据转发方式配置为隧道转发，具体命令如下所示。验证方式与直接转发方式相同，这里不再赘述。

```
[AC-wlan-view] vap-profile name wlan-sft
[AC-wlan-vap-prof-wlan-sft] forward-mode tunnel
[AC-wlan-vap-prof-wlan-sft] service-vlan vlan-pool sta-pool
[AC-wlan-vap-prof-wlan-sft] security-profile sec-sft
[AC-wlan-vap-prof-wlan-sft] ssid-profile wlan-sft
[AC-wlan-vap-prof-wlan-sft] quit
```

实验 3：组建 FIT AP+AC 旁挂二层 WLAN

【实验背景】本实验及实验 4 采用旁挂式组网。旁挂式组网是指 AC 旁挂在 AP 的上行网络，一般旁挂在上行网络的汇聚层交换机上。采用旁挂式组网方式可以在较少改动现有有线网络结构的情况下方便地实现对 FIT AP 的集中管理。旁挂式组网支持 FIT AP 与 AC 的二层组网和三层组网。

在实际配置无线网络时，还要考虑业务报文的转发方式，即直接转发和隧道转发。

【实验设备】AP（1 台，华为 AirEngine 5760）、AC（1 台，华为 AC6508）、Switch（2 台，华为 S5731S-S24P4X）、Router（1 台，华为 AR6140-16G4XG）、PC（1 台，Windows 10 操作系统）。

【实验拓扑】本实验采用旁挂式二层组网，组建 FIT AP+AC 旁挂二层 WLAN 实验拓扑如图 5-50 所示。

【实验要求】本实验涉及的各配置项在直接转发和隧道转发方式下是相同的，如表 5-11 所示。但是在这两种转发方式下，设备 IP 地址参数有所不同，分别如表 5-12 和表 5-13 所示。

图 5-50 组建 FIT AP+AC 旁挂二层 WLAN 实验拓扑

表 5-11 本实验涉及的各配置项

配置项	要求
管理 VLAN	VLAN 100
业务 VLAN	VLAN 101
DHCP 服务器	AC 作为 AP 的 DHCP 服务器 SwitchB 作为无线用户的 DHCP 服务器
AP 地址池	VLAN 100：10.67.100.2/24～10.67.100.254/24
STA 地址池	VLAN 101：10.67.101.3/24～10.67.101.254/24 默认网关：10.67.101.2
AC 源接口 IP 地址	VLANIF 100：10.67.100.1/24
AP 组	名称：group-dts 引用模板：VAP 模板、域管理模板
AP 配置	名称：ap507 组名称：group-dts
域管理模板	名称：domain 国家码：CN
SSID 模板	模板名称：wlan-dts SSID 名称：wlan-dts
安全模板	模板名称：sec-dts 安全策略：WPA/WPA2-PSK-AES 密码：huawei123
VAP 模板	模板名称：vap-dts 业务 VLAN：VLAN 101 引用模板：SSID 模板、安全模板

表 5-12 直接转发方式下的设备 IP 地址参数

设备	接口或 VLAN	IP 地址或接口类型	备注
SwitchA	GE0/0/1	Trunk	PVID：100 放行 VLAN：100、101
	GE0/0/2	Trunk	放行 VLAN：100、101

续表

设备	接口或 VLAN	IP 地址或接口类型	备注
SwitchB	GE0/0/1	Trunk	放行 VLAN：100、101
	GE0/0/2	Trunk	放行 VLAN：100
	GE0/0/3	Trunk	放行 VLAN：101
	VLANIF 101	10.67.101.1/24	接口地址池
AC	GE0/0/1	Trunk	放行 VLAN：100
	VLANIF 100	10.67.100.1/24	接口地址池
Router	GE0/0/0	Trunk	放行 VLAN：101
	VLANIF 101	10.67.101.2/24	

表 5-13　隧道转发方式下的设备 IP 地址参数

设备	接口或 VLAN	IP 地址或接口类型	备注
SwitchA	GE0/0/1	Trunk	PVID：100 放行 VLAN：100
	GE0/0/2	Trunk	放行 VLAN：100
SwitchB	GE0/0/1	Trunk	放行 VLAN：100
	GE0/0/2	Trunk	放行 VLAN：100、101
	GE0/0/3	Trunk	放行 VLAN：101
	VLANIF 101	10.67.101.1/24	接口地址池
AC	GE0/0/1	Trunk	放行 VLAN：100、101
	VLANIF 100	10.67.100.1/24	接口地址池
Router	GE0/0/0	Trunk	放行 VLAN：101
	VLANIF 101	10.67.101.2/24	

【实验步骤】下面分别演示直接转发和隧道转发方式下的具体实验步骤。

1. 直接转发

第 1 步，配置接入交换机 SwitchA。将接口 GE0/0/1 和 GE0/0/2 加入 VLAN 100 和 VLAN 101，接口 GE0/0/1 的默认 VLAN 为 VLAN 100，具体命令如下所示。

```
<HUAWEI> system-view
[HUAWEI] sysname SwitchA
[SwitchA] vlan batch 100 101
[SwitchA] interface gi0/0/1
[SwitchA-GigabitEthernet0/0/1] port link-type trunk
[SwitchA-GigabitEthernet0/0/1] port trunk pvid vlan 100
[SwitchA-GigabitEthernet0/0/1] port trunk allow-pass vlan 100 101
[SwitchA-GigabitEthernet0/0/1] port-isolate enable
[SwitchA-GigabitEthernet0/0/1] quit
[SwitchA] interface gi0/0/2
[SwitchA-GigabitEthernet0/0/2] port link-type trunk
[SwitchA-GigabitEthernet0/0/2] port trunk allow-pass vlan 100 101
[SwitchA-GigabitEthernet0/0/2] quit
```

第 2 步，配置汇聚交换机 SwitchB。将接口 GE0/0/1 加入 VLAN 100 和 VLAN 101，将接口 GE0/0/2 加入 VLAN 100，将接口 GE0/0/3 加入 VLAN 101，具体命令如下所示。

```
<HUAWEI> system-view
[HUAWEI] sysname SwitchB
```

```
[SwitchB] vlan batch 100 101
[SwitchB] interface gi0/0/1
[SwitchB-GigabitEthernet0/0/1] port link-type trunk
[SwitchB-GigabitEthernet0/0/1] port trunk allow-pass vlan 100 101
[SwitchB-GigabitEthernet0/0/1] quit
[SwitchB] interface gi0/0/2
[SwitchB-GigabitEthernet0/0/2] port link-type trunk
[SwitchB-GigabitEthernet0/0/2] port trunk allow-pass vlan 100
[SwitchB-GigabitEthernet0/0/2] quit
[SwitchB] interface gi0/0/3
[SwitchB-GigabitEthernet0/0/3] port link-type trunk
[SwitchB-GigabitEthernet0/0/3] port trunk allow-pass vlan 101
[SwitchB-GigabitEthernet0/0/3] quit
```

第 3 步，配置 AC。将接口 GE0/0/1 加入 VLAN 100，具体命令如下所示。

```
<HUAWEI> system-view
[HUAWEI] sysname AC
[AC] vlan 100
[AC] interface gi0/0/1
[AC-GigabitEthernet0/0/1] port link-type trunk
[AC-GigabitEthernet0/0/1] port trunk allow-pass vlan 100
[AC-GigabitEthernet0/0/1] quit
```

第 4 步，配置 Router。将接口 GE0/0/0 加入 VLAN 101，创建接口 VLANIF 101 并配置 IP 地址为 10.67.101.2/24，具体命令如下所示。

```
<Huawei> system-view
[Huawei] sysname Router
[Router] vlan 101
[Router-vlan 101] interface gi0/0/0
[Router-GigabitEthernet0/0/0] port link-type trunk
[Router-GigabitEthernet0/0/0] port trunk allow-pass vlan 101
[Router-GigabitEthernet0/0/0] quit
[Router] interface vlanif 101
[Router-Vlanif101] ip address 10.67.101.2 24
[Router-Vlanif101] quit
```

第 5 步，配置 DHCP 服务器。

（1）在 AC 上配置 VLANIF 100 接口为 AP 提供 IP 地址，具体命令如下所示。

```
[AC] dhcp enable
[AC] interface vlanif 100
[AC-Vlanif100] ip address 10.67.100.1 24
[AC-Vlanif100] dhcp select interface
[AC-Vlanif100] quit
```

（2）在 SwitchB 上配置 VLANIF 101 接口为 STA 提供 IP 地址，并指定 10.67.101.2 作为 STA 的默认网关地址，具体命令如下所示。

```
[SwitchB] dhcp enable
[SwitchB] interface vlanif 101
[SwitchB-Vlanif101] ip address 10.67.101.1 24
[SwitchB-Vlanif101] dhcp select interface
[SwitchB-Vlanif101] dhcp server gateway-list 10.67.101.2
[SwitchB-Vlanif101] quit
```

第 6 步，配置 AP 上线。

（1）创建 AP 组，具体命令如下所示。

```
[AC] wlan
```

```
[AC-wlan-view] ap-group name group-dts
[AC-wlan-ap-group-group-dts] quit
```

（2）创建域管理模板，在域管理模板下配置 AC 的国家码并在 AP 组下引用域管理模板，具体命令如下所示。

```
[AC-wlan-view] regulatory-domain-profile name default
[AC-wlan-regulate-domain-default] country-code cn
[AC-wlan-regulate-domain-default] quit
[AC-wlan-view] ap-group name group-dts
[AC-wlan-ap-group-group-dts] regulatory-domain-profile default
[AC-wlan-ap-group-group-dts] quit
[AC-wlan-view] quit
```

（3）配置 AC 的源接口，具体命令如下所示。

```
[AC] capwap source interface vlanif 100
```

（4）离线导入 AP，配置 AP 组和 AP 名称，具体命令如下所示。

```
[AC] wlan
[AC-wlan-view] ap auth-mode mac-auth
[AC-wlan-view] ap-id 0 ap-mac b008-75cb-49e0
[AC-wlan-ap-0] ap-name ap507
[AC-wlan-ap-0] ap-group group-dts
[AC-wlan-ap-0] quit
```

（5）监控 AP 上线情况，具体命令如下所示。

```
[AC-wlan-view] display ap all
ID  MAC            Name      Group      IP      Type       State  STA Uptime ExtraInfo
--------------------------------------------------------------------------------------
0   b008-75cb-49e0 ap507 group-dts 10.67.100.194 AirEngine5760-10 nor    0    15S    -
```

第 7 步，配置 WLAN 业务参数。

（1）创建安全模板并配置安全策略，具体命令如下所示。

```
[AC-wlan-view] security-profile name sec-dts
[AC-wlan-sec-prof-wlan-dts] security wpa-wpa2 psk pass-phrase huawei123 aes
[AC-wlan-sec-prof-wlan-dts] quit
```

（2）创建 SSID 模板并配置 SSID 名称，具体命令如下所示。

```
[AC-wlan-view] ssid-profile name wlan-dts
[AC-wlan-ssid-prof-wlan-dts] ssid wlan-dts
[AC-wlan-ssid-prof-wlan-dts] quit
```

（3）创建 VAP 模板，配置业务数据转发方式、业务 VLAN，并引用安全模板和 SSID 模板，具体命令如下所示。

```
[AC-wlan-view] vap-profile name vap-dts
[AC-wlan-vap-prof-wlan-dts] forward-mode direct-forward
[AC-wlan-vap-prof-wlan-dts] service-vlan vlan-id 101
[AC-wlan-vap-prof-wlan-dts] security-profile sec-dts
[AC-wlan-vap-prof-wlan-dts] ssid-profile wlan-dts
[AC-wlan-vap-prof-wlan-dts] quit
```

（4）配置 AP 组引用 VAP 模板，AP 上的射频 0 和射频 1 都使用 VAP 模板 vap-dts 的配置，具体命令如下所示。

```
[AC-wlan-view] ap-group name group-dts
[AC-wlan-ap-group-group-dts] vap-profile vap-dts wlan 1 radio 0
[AC-wlan-ap-group-group-dts] vap-profile vap-dts wlan 1 radio 1
[AC-wlan-ap-group-group-dts] quit
```

第 8 步，配置 AP 射频的信道和功率。射频的信道和功率自动调优功能默认开启，如果不关闭此功能，则可能会导致手动配置无法生效。

（1）关闭 AP 射频 0 的信道和功率自动调优功能，并配置 AP 射频 0 的信道和功率，具体命令如下所示。

```
[AC-wlan-view] ap-id 0
[AC-wlan-ap-0] radio 0
[AC-wlan-radio-0/0] calibrate auto-channel-select disable
[AC-wlan-radio-0/0] calibrate auto-txpower-select disable
[AC-wlan-radio-0/0] channel 20mhz 6
[AC-wlan-radio-0/0] eirp 127
[AC-wlan-radio-0/0] quit
```

（2）关闭 AP 射频 1 的信道和功率自动调优功能，并配置 AP 射频 1 的信道和功率，具体命令如下所示。

```
[AC-wlan-ap-0] radio 1
[AC-wlan-radio-0/1] calibrate auto-channel-select disable
[AC-wlan-radio-0/1] calibrate auto-txpower-select disable
[AC-wlan-radio-0/1] channel 20mhz 149
[AC-wlan-radio-0/1] eirp 127
[AC-wlan-radio-0/1] quit
[AC-wlan-ap-0] quit
```

第 9 步，验证配置结果。

（1）检查 VAP 是否创建成功，具体命令如下所示。当"Status"字段显示为"ON"时，表示 AP 相应射频上的 VAP 已创建成功。

```
[AC-wlan-view] display vap ssid wlan-dts
AP ID AP name  RfID WID    BSSID          Status   Auth type          STA    SSID
--------------------------------------------------------------------------------
0      ap507    0    1     B008-75CB-49E0  ON       WPA/WPA2-PSK       0      wlan-dts
0      ap507    1    1     B008-75CB-49F0  ON       WPA/WPA2-PSK       0      wlan-dts
```

（2）使用智能手机或 PC 搜索并加入名为 wlan-dts 的无线网络。

（3）监控已关联的无线用户，具体命令如下所示。

```
[AC-wlan-view] display station ssid wlan-dts
STA MAC        AP ID Ap name   Rf/WLAN  Band   Type   Rx/Tx    RSSI  VLAN  IP address
-----------------------------------------------------------------------------------
6e29-7b76-3a70   0   ap507     1/1      5G     11ac   156/130   -37   101   10.67.101.164
```

2. 隧道转发

第 1 步，配置接入交换机 SwitchA。将接口 GE0/0/1 和 GE0/0/2 加入 VLAN 100，GE0/0/1 的默认 VLAN 为 VLAN 100，具体命令如下所示。

```
<HUAWEI> system-view
[HUAWEI] sysname SwitchA
[SwitchA] vlan 100
[SwitchA-vlan100] interface gi0/0/1
[SwitchA-GigabitEthernet0/0/1] port link-type trunk
[SwitchA-GigabitEthernet0/0/1] port trunk pvid vlan 100
[SwitchA-GigabitEthernet0/0/1] port trunk allow-pass vlan 100
[SwitchA-GigabitEthernet0/0/1] port-isolate enable
[SwitchA-GigabitEthernet0/0/1] quit
[SwitchA] interface gi0/0/2
[SwitchA-GigabitEthernet0/0/2] port link-type trunk
[SwitchA-GigabitEthernet0/0/2] port trunk allow-pass vlan 100
[SwitchA-GigabitEthernet0/0/2] quit
```

第 2 步，配置汇聚交换机 SwitchB。将接口 GE0/0/1 和 GE0/0/2 加入 VLAN 100，将接口 GE0/0/2 和 GE0/0/3 加入 VLAN 101，具体命令如下所示。

```
<HUAWEI> system-view
[HUAWEI] sysname SwitchB
[SwitchB] vlan batch 100 101
[SwitchB] interface gi0/0/1
[SwitchB-GigabitEthernet0/0/1] port link-type trunk
[SwitchB-GigabitEthernet0/0/1] port trunk allow-pass vlan 100
[SwitchB-GigabitEthernet0/0/1] quit
[SwitchB] interface gi0/0/2
[SwitchB-GigabitEthernet0/0/2] port link-type trunk
[SwitchB-GigabitEthernet0/0/2] port trunk allow-pass vlan 100 101
[SwitchB-GigabitEthernet0/0/2] quit
[SwitchB] interface gi0/0/3
[SwitchB-GigabitEthernet0/0/3] port link-type trunk
[SwitchB-GigabitEthernet0/0/3] port trunk allow-pass vlan 101
[SwitchB-GigabitEthernet0/0/3] quit
```

第 3 步，配置 AC。将接口 GE0/0/1 加入 VLAN 100 和 VLAN 101，具体命令如下所示。

```
<HUAWEI> system-view
[HUAWEI] sysname AC
[AC] vlan batch 100 101
[AC] interface gi0/0/1
[AC-GigabitEthernet0/0/1] port link-type trunk
[AC-GigabitEthernet0/0/1] port trunk allow-pass vlan 100 101
[AC-GigabitEthernet0/0/1] quit
```

第 4 步，配置 Router。将接口 GE0/0/0 加入 VLAN 101，创建接口 VLANIF 101 并配置 IP 地址为 10.67.101.2/24，具体命令如下所示。

```
<Huawei> system-view
[Huawei] sysname Router
[Router] vlan 101
[Router-vlan 101] interface gi0/0/0
[Router-GigabitEthernet0/0/0] port link-type trunk
[Router-GigabitEthernet0/0/0] port trunk allow-pass vlan 101
[Router-GigabitEthernet0/0/0] quit
[Router] interface vlanif 101
[Router-Vlanif101] ip address 10.67.101.2 24
[Router-Vlanif101] quit
```

第 5 步，配置 DHCP 服务器。

（1）在 AC 上配置 VLANIF 100 接口为 AP 提供 IP 地址，具体命令如下所示。

```
[AC] dhcp enable
[AC] interface vlanif 100
[AC-Vlanif100] ip address 10.67.100.1 24
[AC-Vlanif100] dhcp select interface
[AC-Vlanif100] quit
```

（2）在 SwitchB 上配置 VLANIF 101 接口为 STA 提供 IP 地址，并指定 10.67.101.2 作为 STA 的默认网关地址，具体命令如下所示。

```
[SwitchB] dhcp enable
[SwitchB] interface vlanif 101
[SwitchB-Vlanif101] ip address 10.67.101.1 24
[SwitchB-Vlanif101] dhcp select interface
```

```
[SwitchB-Vlanif101] dhcp server gateway-list 10.67.101.2
[SwitchB-Vlanif101] quit
```

第 6 步，AP 组、WLAN 业务参数、AP 信道和功率的相关配置参考直接转发方式。不同的是，在创建 VAP 模板时，需要将数据转发方式配置为隧道转发，具体命令如下所示。验证方式与直接转发方式相同，这里不再赘述。

```
[AC-wlan-view] vap-profile name vap-dts
[AC-wlan-vap-prof-wlan-dts] forward-mode tunnel
[AC-wlan-vap-prof-wlan-dts] service-vlan vlan-id 101
[AC-wlan-vap-prof-wlan-dts] security-profile sec-dts
[AC-wlan-vap-prof-wlan-dts] ssid-profile wlan-dts
[AC-wlan-vap-prof-wlan-dts] quit
```

实验 4：组建 FIT AP+AC 旁挂三层 WLAN

【实验背景】与直连式三层组网相同，在旁挂式三层组网中，也需要在核心交换机和 AC 上配置静态或动态路由，以保证 AP 与 AC 间路由可达。

【实验设备】AP（1 台，华为 AirEngine 5760），AC（1 台，华为 AC6508），交换机（2 台，华为 S5731S-S24P4X），Router（1 台，华为 AR6140-16G4XG），PC（1 台，Windows 10 操作系统）。

【实验拓扑】本实验采用旁挂式三层组网，组建 FIT AP+AC 旁挂三层 WLAN 实验拓扑如图 5-51 所示。

图 5-51　组建 FIT AP+AC 旁挂三层 WLAN 实验拓扑

【实验要求】本实验涉及的各配置项在直接转发和隧道转发方式下是相同的，如表 5-14 所示。但是在这两种转发方式下，设备 IP 地址参数有所不同，分别如表 5-15 和表 5-16 所示。

表 5-14　本实验涉及的各配置项

配置项	要求
管理 VLAN	VLAN 10、VLAN 100
业务 VLAN	VLAN pool: sta-pool，包含 VLAN 101 和 VLAN 102
DHCP 服务器	AC 作为 AP 的 DHCP 服务器 SwitchB 作为无线用户的 DHCP 服务器
AP 地址池	VLAN 10: 10.89.10.2/24 ～ 10.89.10.254/24

续表

配置项	要求
STA 地址池	VLAN 101: 10.89.101.3/24 ～ 10.89.101.254/24 默认网关: 10.89.101.2 VLAN 102: 10.89.102.3/24 ～ 10.89.102.254/24 默认网关: 10.89.102.2
AC 源接口 IP 地址	VLANIF 100: 10.89.100.1/24
AP 组	名称: group-ict 引用模板: VAP 模板、域管理模板
AP 配置	名称: ap510 组名称: group-ict
域管理模板	名称: domain 国家码: CN
SSID 模板	模板名称: wlan-ict SSID 名称: wlan-ict
安全模板	模板名称: sec-ict 安全策略: WPA/WPA2-PSK-AES 密码: huawei123
VAP 模板	模板名称: vap-ict 业务 VLAN: VLAN pool (sta-pool) 引用模板: SSID 模板、安全模板

表 5-15 直接转发方式下的设备 IP 地址参数

设备	接口或 VLAN	IP 地址或接口类型	备注
SwitchA	GE0/0/1	Trunk	PVID: 10 放行 VLAN: 10、100、101
	GE0/0/2	Trunk	放行 VLAN: 10、100、101
SwitchB	GE0/0/1	Trunk	放行 VLAN: 10、100、101
	GE0/0/2	Trunk	放行 VLAN: 100
	GE0/0/3	Trunk	放行 VLAN: 101、102
	VLANIF 10	10.89.10.1/24	DHCP 中继
	VLANIF 100	10.89.100.2/24	
	VLANIF 101	10.89.101.1/24	接口地址池
	VLANIF 102	10.89.102.1/24	接口地址池
AC	GE0/0/1	Trunk	放行 VLAN: 100
	VLANIF 100	10.89.100.1/24	全局地址池
Router	GE0/0/0	Trunk	放行 VLAN: 101、102
	VLANIF 101	10.89.101.2/24	
	VLANIF 102	10.89.102.2/24	

表 5-16 隧道转发方式下的设备 IP 地址参数

设备	接口或 VLAN	IP 地址或接口类型	备注
SwitchA	GE0/0/1	Trunk	PVID: 10 放行 VLAN: 10
	GE0/0/2	Trunk	放行 VLAN: 10

续表

设备	接口或 VLAN	IP 地址或接口类型	备注
SwitchB	GE0/0/1	Trunk	放行 VLAN：10
	GE0/0/2	Trunk	放行 VLAN：100、101、102
	GE0/0/3	Trunk	放行 VLAN：101、102
	VLANIF 10	10.89.10.1/24	DHCP 中继
	VLANIF 100	10.89.100.2/24	
	VLANIF 101	10.89.101.1/24	接口地址池
	VLANIF 102	10.89.102.1/24	接口地址池
AC	GE0/0/1	Trunk	放行 VLAN：100、101、102
	VLANIF 100	10.89.100.1/24	全局地址池
Router	GE0/0/0	Trunk	放行 VLAN：101、102
	VLANIF 101	10.89.101.2/24	
	VLANIF 102	10.89.102.2/24	

【实验步骤】下面分别演示直接转发和隧道转发方式下的具体实验步骤。

1. 直接转发

第 1 步，配置接入交换机 SwitchA。将接口 GE0/0/1 和 GE0/0/2 加入 VLAN 10、VLAN 101 和 VLAN 102，GE0/0/1 的默认 VLAN 为 VLAN 10，具体命令如下所示。

```
<HUAWEI> system-view
[HUAWEI] sysname SwitchA
[SwitchA] vlan batch 10 101 102
[SwitchA] interface gi0/0/1
[SwitchA-GigabitEthernet0/0/1] port link-type trunk
[SwitchA-GigabitEthernet0/0/1] port trunk pvid vlan 10
[SwitchA-GigabitEthernet0/0/1] port trunk allow-pass vlan 10 101 102
[SwitchA-GigabitEthernet0/0/1] port-isolate enable
[SwitchA-GigabitEthernet0/0/1] quit
[SwitchA] interface gi0/0/2
[SwitchA-GigabitEthernet0/0/2] port link-type trunk
[SwitchA-GigabitEthernet0/0/2] port trunk allow-pass vlan 10 101 102
[SwitchA-GigabitEthernet0/0/2] quit
```

第 2 步，配置汇聚交换机 SwitchB。将接口 GE0/0/1 加入 VLAN 10、VLAN 101 和 VLAN 102，将接口 GE0/0/2 加入 VLAN 100，将接口 GE0/0/3 加入 VLAN 101 和 VLAN 102；创建接口 VLANIF 100，配置 IP 地址为 10.89.100.2/24，具体命令如下所示。

```
<HUAWEI> system-view
[HUAWEI] sysname SwitchB
[SwitchB] vlan batch 10 100 101 102
[SwitchB] interface gi0/0/1
[SwitchB-GigabitEthernet0/0/1] port link-type trunk
[SwitchB-GigabitEthernet0/0/1] port trunk allow-pass vlan 10 101 102
[SwitchB-GigabitEthernet0/0/1] quit
[SwitchB] interface gi0/0/2
[SwitchB-GigabitEthernet0/0/2] port link-type trunk
[SwitchB-GigabitEthernet0/0/2] port trunk allow-pass vlan 100
[SwitchB-GigabitEthernet0/0/2] quit
[SwitchB] interface gi0/0/3
[SwitchB-GigabitEthernet0/0/3] port link-type trunk
```

```
[SwitchB-GigabitEthernet0/0/3] port trunk allow-pass vlan 101 102
[SwitchB-GigabitEthernet0/0/3] quit
[SwitchB] interface vlanif 100
[SwitchB-Vlanif100] ip address 10.89.100.2 24
[SwitchB-Vlanif100] quit
```

第 3 步，配置 AC。

（1）将 AC 的接口 GE0/0/1 加入 VLAN 100，并创建接口 VLANIF 100，具体命令如下所示。

```
<AC6508> system-view
[AC6508] sysname AC
[AC] vlan 100
[AC-vlan100] quit
[AC] interface gi0/0/1
[AC-GigabitEthernet0/0/1] port link-type trunk
[AC-GigabitEthernet0/0/1] port trunk allow-pass vlan 100
[AC-GigabitEthernet0/0/1] quit
[AC] interface vlanif 100
[AC-Vlanif100] ip address 10.89.100.1 24
[AC-Vlanif100] quit
```

（2）配置 AC 到 AP 的路由，下一跳为 SwitchB 的 VLANIF 100，具体命令如下所示。

```
[AC] ip route-static 10.89.10.0 24 10.89.100.2
```

第 4 步，配置 Router。将接口 GE0/0/0 加入 VLAN 101 和 VLAN 102，创建接口 VLANIF 101 并配置 IP 地址为 10.89.101.2/24，创建接口 VLANIF 102 并配置 IP 地址为 10.89.102.2/24，具体命令如下所示。

```
<Huawei> system-view
[Huawei] sysname Router
[Router] vlan batch 101 102
[Router] interface gi0/0/0
[Router-GigabitEthernet0/0/0] port link-type trunk
[Router-GigabitEthernet0/0/0] port trunk allow-pass vlan 101 102
[Router-GigabitEthernet0/0/0] quit
[Router] interface vlanif 101
[Router-Vlanif101] ip address 10.89.101.2 24
[Router-Vlanif101] quit
[Router] interface vlanif 102
[Router-Vlanif102] ip address 10.89.102.2 24
[Router-Vlanif102] quit
```

第 5 步，配置 DHCP 服务器。

（1）在 AC 上创建全局地址池为 AP 提供 IP 地址，具体命令如下所示。

```
[AC] dhcp enable
[AC] ip pool ap-pool
[AC-ip-pool-ap-pool] network 10.89.10.0 mask 24
[AC-ip-pool-ap-pool] gateway-list 10.89.10.1
[AC-ip-pool-ap-pool] option 43 sub-option 3 ascii 10.89.100.1
[AC-ip-pool-ap-pool] quit
[AC] interface vlanif 100
[AC-Vlanif100] dhcp select global
[AC-Vlanif100] quit
```

（2）在 SwitchB 上配置 DHCP 中继，代理 AC 分配 IP 地址，具体命令如下所示。

```
[SwitchB] dhcp enable
[SwitchB] interface vlanif 10
```

```
[SwitchB-Vlanif10] ip address 10.89.10.1 24
[SwitchB-Vlanif10] dhcp select relay
[SwitchB-Vlanif10] dhcp relay server-ip 10.89.100.1
[SwitchB-Vlanif10] quit
```

（3）在 SwitchB 上创建 VLANIF 101 和 VLANIF 102 接口为 STA 提供 IP 地址，并指定默认网关，具体命令如下所示。

```
[SwitchB] interface vlanif 101
[SwitchB-Vlanif101] ip address 10.89.101.1 24
[SwitchB-Vlanif101] dhcp select interface
[SwitchB-Vlanif101] dhcp server gateway-list 10.89.101.2
[SwitchB-Vlanif101] quit
[SwitchB] interface vlanif 102
[SwitchB-Vlanif102] ip address 10.89.102.1 24
[SwitchB-Vlanif102] dhcp select interface
[SwitchB-Vlanif102] dhcp server gateway-list 10.89.102.2
[SwitchB-Vlanif102] quit
```

第 6 步，在 AC 上新建 VLAN pool，并将 VLAN 101 和 VLAN 102 加入其中作为业务 VLAN；配置 VLAN pool 中的 VLAN 的分配算法为 Hash，具体命令如下所示。

```
[AC] vlan batch 101 102
[AC] vlan pool sta-pool
[AC-vlan-pool-sta-pool] vlan 101 102
[AC-vlan-pool-sta-pool] assignment hash
[AC-vlan-pool-sta-pool] quit
```

第 7 步，配置 AP 上线。

（1）创建 AP 组，具体命令如下所示。

```
[AC] wlan
[AC-wlan-view] ap-group name group-ict
[AC-wlan-ap-group-group-ict] quit
```

（2）创建域管理模板，在域管理模板下配置 AC 的国家码并在 AP 组下引用域管理模板，具体命令如下所示。

```
[AC-wlan-view] regulatory-domain-profile name default
[AC-wlan-regulate-domain-default] country-code cn
[AC-wlan-regulate-domain-default] quit
[AC-wlan-view] ap-group name group-ict
[AC-wlan-ap-group-group-ict] regulatory-domain-profile default
[AC-wlan-ap-group-group-ict] quit
[AC-wlan-view] quit
```

（3）配置 AC 的源接口，具体命令如下所示。

```
[AC] capwap source interface vlanif 100
```

（4）离线导入 AP，配置 AP 组和 AP 名称，具体命令如下所示。

```
[AC] wlan
[AC-wlan-view] ap auth-mode mac-auth
[AC-wlan-view] ap-id 0 ap-mac b008-75cb-49e0
[AC-wlan-ap-0] ap-name ap510
[AC-wlan-ap-0] ap-group group-ict
[AC-wlan-ap-0] quit
```

（5）监控 AP 上线情况，具体命令如下所示。

```
[AC-wlan-view] display ap all
ID    MAC        Name   Group    IP      Type             State  STA Uptime ExtraInfo
-------------------------------------------------------------------------------------
```

```
0    b008-75cb-49e0 ap510 group-ict 10.89.10.53 AirEngine5760-10 nor    0    14S    -
```

第 8 步，配置 WLAN 业务参数。

（1）创建安全模板并配置安全策略，具体命令如下所示。

```
[AC-wlan-view] security-profile name sec-ict
[AC-wlan-sec-prof-wlan-ict] security wpa-wpa2 psk pass-phrase huawei123 aes
[AC-wlan-sec-prof-wlan-ict] quit
```

（2）创建 SSID 模板并配置 SSID 名称，具体命令如下所示。

```
[AC-wlan-view] ssid-profile name wlan-ict
[AC-wlan-ssid-prof-wlan-ict] ssid wlan-ict
[AC-wlan-ssid-prof-wlan-ict] quit
```

（3）创建 VAP 模板，配置业务数据转发方式、业务 VLAN，并引用安全模板和 SSID 模板，具体命令如下所示。

```
[AC-wlan-view] vap-profile name vap-ict
[AC-wlan-vap-prof-wlan-ict] forward-mode direct-forward
[AC-wlan-vap-prof-wlan-ict] service-vlan vlan-pool sta-pool
[AC-wlan-vap-prof-wlan-ict] security-profile sec-ict
[AC-wlan-vap-prof-wlan-ict] ssid-profile wlan-ict
[AC-wlan-vap-prof-wlan-ict] quit
```

（4）配置 AP 组引用 VAP 模板，AP 上的射频 0 和射频 1 都使用 VAP 模板 vap-ict 的配置，具体命令如下所示。

```
[AC-wlan-view] ap-group name group-ict
[AC-wlan-ap-group-group-ict] vap-profile vap-ict wlan 1 radio 0
[AC-wlan-ap-group-group-ict] vap-profile vap-ict wlan 1 radio 1
[AC-wlan-ap-group-group-ict] quit
```

第 9 步，配置 AP 射频的信道和功率。射频的信道和功率自动调优功能默认开启，如果不关闭此功能，则可能会导致手动配置无法生效。

（1）关闭 AP 射频 0 的信道和功率自动调优功能，并配置 AP 射频 0 的信道和功率，具体命令如下所示。

```
[AC-wlan-view] ap-id 0
[AC-wlan-ap-0] radio 0
[AC-wlan-radio-0/0] calibrate auto-channel-select disable
[AC-wlan-radio-0/0] calibrate auto-txpower-select disable
[AC-wlan-radio-0/0] channel 20mhz 6
[AC-wlan-radio-0/0] eirp 127
[AC-wlan-radio-0/0] quit
```

（2）关闭 AP 射频 1 的信道和功率自动调优功能，并配置 AP 射频 1 的信道和功率，具体命令如下所示。

```
[AC-wlan-ap-0] radio 1
[AC-wlan-radio-0/1] calibrate auto-channel-select disable
[AC-wlan-radio-0/1] calibrate auto-txpower-select disable
[AC-wlan-radio-0/1] channel 20mhz 149
[AC-wlan-radio-0/1] eirp 127
[AC-wlan-radio-0/1] quit
[AC-wlan-ap-0] quit
```

第 10 步，验证配置结果。

（1）检查 VAP 是否创建成功，具体命令如下所示。当"Status"字段显示为"ON"时，表示 AP 相应射频上的 VAP 已创建成功。

```
[AC-wlan-view] display vap ssid wlan-ict
AP ID AP name   RfID WID  BSSID          Status   Auth type      STA  SSID
```

```
--------------------------------------------------------------------------
0      ap510    0    1    B008-75CB-49E0    ON    WPA/WPA2-PSK    0    wlan-ict
0      ap510    1    1    B008-75CB-49F0    ON    WPA/WPA2-PSK    0    wlan-ict
```

（2）使用智能手机或 PC 搜索并加入名为 wlan-ict 的无线网络。

（3）监控已关联的无线用户，具体命令如下所示。

```
[AC-wlan-view] display station ssid wlan-ict
STA MAC        AP ID Ap name  Rf/WLAN  Band  Type  Rx/Tx  RSSI  VLAN  IP address
--------------------------------------------------------------------------
a276-8ad6-e78f  0    ap510    1/1      5G    -     -/-    -     101   10.89.101.165
```

2. 隧道转发

第 1 步，配置接入交换机 SwitchA。将接口 GE0/0/1 和 GE0/0/2 加入 VLAN 10，GE0/0/1 的默认 VLAN 为 VLAN 10，具体命令如下所示。

```
<HUAWEI> system-view
[HUAWEI] sysname SwitchA
[SwitchA] vlan batch 10
[SwitchA] interface gi0/0/1
[SwitchA-GigabitEthernet0/0/1] port link-type trunk
[SwitchA-GigabitEthernet0/0/1] port trunk pvid vlan 10
[SwitchA-GigabitEthernet0/0/1] port trunk allow-pass vlan 10
[SwitchA-GigabitEthernet0/0/1] port-isolate enable
[SwitchA-GigabitEthernet0/0/1] quit
[SwitchA] interface gi0/0/2
[SwitchA-GigabitEthernet0/0/2] port link-type trunk
[SwitchA-GigabitEthernet0/0/2] port trunk allow-pass vlan 10
[SwitchA-GigabitEthernet0/0/2] quit
```

第 2 步，配置汇聚交换机 SwitchB。将接口 GE0/0/1 加入 VLAN 10，接口 GE0/0/2 加入 VLAN 100、VLAN 101 和 VLAN 102，将接口 GE0/0/3 加入 VLAN 101 和 VLAN 102；创建接口 VLANIF 100，配置 IP 地址为 10.89.100.2/24，具体命令如下所示。

```
<HUAWEI> system-view
[HUAWEI] sysname SwitchB
[SwitchB] vlan batch 10 100 101 102
[SwitchB] interface gi0/0/1
[SwitchB-GigabitEthernet0/0/1] port link-type trunk
[SwitchB-GigabitEthernet0/0/1] port trunk allow-pass vlan 10
[SwitchB-GigabitEthernet0/0/1] quit
[SwitchB] interface gi0/0/2
[SwitchB-GigabitEthernet0/0/2] port link-type trunk
[SwitchB-GigabitEthernet0/0/2] port trunk allow-pass vlan 100 101 102
[SwitchB-GigabitEthernet0/0/2] quit
[SwitchB] interface gi0/0/3
[SwitchB-GigabitEthernet0/0/3] port link-type trunk
[SwitchB-GigabitEthernet0/0/3] port trunk allow-pass vlan 101 102
[SwitchB-GigabitEthernet0/0/3] quit
[SwitchB] interface vlanif 100
[SwitchB-Vlanif100] ip address 10.89.100.2 24
[SwitchB-Vlanif100] quit
```

第 3 步，配置 AC。

（1）配置 AC 的接口 GE0/0/1，将其加入 VLAN 100、VLAN 101 和 VLAN 102，并创建接口 VLANIF 100，具体命令如下所示。

```
<AC6508> system-view
```

```
[AC6508] sysname AC
[AC] vlan 100
[AC-vlan100] quit
[AC] interface gi0/0/1
[AC-GigabitEthernet0/0/1] port link-type trunk
[AC-GigabitEthernet0/0/1] port trunk allow-pass vlan 100 101 102
[AC-GigabitEthernet0/0/1] quit
[AC] interface vlanif 100
[AC-Vlanif100] ip address 10.89.100.1 24
[AC-Vlanif100] quit
```

（2）配置 AC 到 AP 的路由，下一跳为 SwitchB 的 VLANIF 100，具体命令如下所示。

```
[AC] ip route-static 10.89.10.0 24 10.89.100.2
```

第 4 步，配置 Router。将接口 GE0/0/0 加入 VLAN 101 和 VLAN 102，创建接口 VLANIF 101 并配置 IP 地址为 10.89.101.2/24，创建接口 VLANIF 102 并配置 IP 地址为 10.89.102.2/24，具体命令如下所示。

```
<Huawei> system-view
[Huawei] sysname Router
[Router] vlan batch 101 102
[Router] interface gi0/0/0
[Router-GigabitEthernet0/0/0] port link-type trunk
[Router-GigabitEthernet0/0/0] port trunk allow-pass vlan 101 102
[Router-GigabitEthernet0/0/0] quit
[Router] interface vlanif 101
[Router-Vlanif101] ip address 10.89.101.2 24
[Router-Vlanif101] quit
[Router] interface vlanif 102
[Router-Vlanif102] ip address 10.89.102.2 24
[Router-Vlanif102] quit
```

第 5 步，配置 DHCP 服务器。

（1）在 AC 上创建全局地址池为 AP 提供 IP 地址，具体命令如下所示。

```
[AC] dhcp enable
[AC] ip pool ap-pool
[AC-ip-pool-ap-pool] network 10.89.10.0 mask 24
[AC-ip-pool-ap-pool] gateway-list 10.89.10.1
[AC-ip-pool-ap-pool] option 43 sub-option 3 ascii 10.89.100.1
[AC-ip-pool-ap-pool] quit
[AC] interface vlanif 100
[AC-Vlanif100] dhcp select global
[AC-Vlanif100] quit
```

（2）在 SwitchB 上配置 DHCP 中继，代理 AC 分配 IP 地址，具体命令如下所示。

```
[SwitchB] dhcp enable
[SwitchB] interface vlanif 10
[SwitchB-Vlanif10] ip address 10.89.10.1 24
[SwitchB-Vlanif10] dhcp select relay
[SwitchB-Vlanif10] dhcp relay server-ip 10.89.100.1
[SwitchB-Vlanif10] quit
```

（3）在 SwitchB 上创建 VLANIF 101 和 VLANIF 102 接口为 STA 提供 IP 地址，并指定默认网关，具体命令如下所示。

```
[SwitchB] interface vlanif 101
[SwitchB-Vlanif101] ip address 10.89.101.1 24
```

```
[SwitchB-Vlanif101] dhcp select interface
[SwitchB-Vlanif101] dhcp server gateway-list 10.89.101.2
[SwitchB-Vlanif101] quit
[SwitchB] interface vlanif 102
[SwitchB-Vlanif102] ip address 10.89.102.1 24
[SwitchB-Vlanif102] dhcp select interface
[SwitchB-Vlanif102] dhcp server gateway-list 10.89.102.2
[SwitchB-Vlanif102] quit
```

第 6 步，在 AC 上新建 VLAN pool，并将 VLAN 101 和 VLAN 102 加入其中作为业务 VLAN；配置 VLAN pool 中的 VLAN 的分配算法为 Hash，具体命令如下所示。

```
[AC] vlan batch 101 102
[AC] vlan pool sta-pool
[AC-vlan-pool-sta-pool] vlan 101 102
[AC-vlan-pool-sta-pool] assignment hash
[AC-vlan-pool-sta-pool] quit
```

第 7 步，AP 组、WLAN 业务参数、AP 信道和功率的相关配置参考直接转发方式。不同的是，在创建 VAP 模板时，需要将数据转发方式配置为隧道转发，具体命令如下所示。验证方式与直接转发方式相同，这里不再赘述。

```
[AC-wlan-view] vap-profile name vap-ict
[AC-wlan-vap-prof-wlan-ict] forward-mode tunnel
[AC-wlan-vap-prof-wlan-ict] service-vlan vlan-pool sta-pool
[AC-wlan-vap-prof-wlan-ict] security-profile sec-ict
[AC-wlan-vap-prof-wlan-ict] ssid-profile wlan-ict
[AC-wlan-vap-prof-wlan-ict] quit
```

 拓展知识

AP 接入控制流程

在建立 CAPWAP 隧道的 Join 阶段，AC 需要判断是否允许 AP 接入，其流程如图 5-52 所示。

图 5-52　AP 接入控制流程

（1）首先，AC 检查 AP 是否被列入黑名单。如果 AP 在黑名单中，则不允许 AP 接入，终止整个流程，否则进入下一步。

（2）其次，AC 检查 AP 的认证方式。如果认证方式为不认证，则允许 AP 接入。一般来说，组网时通常采用 MAC 或 SN 对 AP 进行认证，防止 AP 随意接入 AC。如果是 MAC 或 SN 认证，则进入下一步。

（3）再次，AC 检查 MAC 或 SN 对应的 AP 是否已离线添加。如果已离线添加，则允许 AP 接入，否则进入下一步。

（4）最后，如果能在白名单中匹配 MAC 或 SN 对应的 AP，则允许其接入，否则将该 AP 放入未认证列表。

可以通过手动配置的方式允许未认证列表中的 AP 接入 AC。如果不对其进行手动确认，则 AP 无法接入 AC。

拓展实训

FIT AP+AC 组网模式具有集中控制和易于扩展的优点，是大中型企业组建 WLAN 的首选模式。CAPWAP 协议是 AC 与 FIT AP 之间的通信协议，也是 FIT AP+AC 组网模式的核心技术。AC 与 FIT AP 通信之前必须先建立 CAPWAP 隧道，用于承载管理报文和业务报文。希望读者通过完成以下的实训内容，可以深化理解相关知识。

【实训目的】
（1）了解 CAPWAP 协议的起源和历史。
（2）了解 CAPWAP 隧道的建立过程。
（3）熟悉直接转发和隧道转发的区别。
（4）了解管理报文和业务报文的传输过程。

【实训内容】
（1）学习 CAPWAP 协议的基本概念，了解 CAPWAP 协议的起源和主要作用。
（2）研究 CAPWAP 隧道的建立过程，了解建立 CAPWAP 隧道过程中各阶段的报文。
（3）比较直接转发和隧道转发的区别，掌握这两种转发方式的应用场景。
（4）分析管理报文和业务报文的传输过程，掌握数据传输过程中报文头部的变化。
（5）参考实验 1 完成 FIT AP+AC 直连二层组网。
（6）参考实验 2 完成 FIT AP+AC 直连三层组网。
（7）参考实验 3 完成 FIT AP+AC 旁挂二层组网。
（8）参考实验 4 完成 FIT AP+AC 旁挂三层组网。

项目小结

本项目包含两个任务，是全书的学习重点和难点。任务 5.1 首先介绍了 FIT AP+AC 组网模式的特点。与 FAT AP 组网模式中的 AP 独立组网不同，FIT AP+AC 组网模式支持 AC 集中管理 AP。FIT AP 与 AC 建立连接后，自动通过 AC 实现版本升级、业务配置。在 FIT AP+AC 组网模式中，AC 承担着用户接入控制、数据转发和统计、AP 配置监控、漫游管理、安全控制等功能。FIT AP 接受 AC 的管理，只保留基本的物理层功能、报文加解密和空口统计等功能，可基本实现零配置启动。任务 5.1 还介绍了 FIT AP+AC 组网模式的连接方式。根据 FIT AP 与 AC 之间的网络架构或连接方式的不同，FIT AP+AC 组网模式可分为二层组网和三层组网。根据 AC 在网络中位置的不同，FIT

AP+AC 组网模式又可分为直连式组网和旁挂式组网。任务 5.2 重点介绍了 AC 与 FIT AP 之间的通信协议 CAPWAP。CAPWAP 协议规定了 AP 如何发现 AC、AC 与 AC 之间如何建立关联及进行状态维护、AC 如何对 AP 进行管理和业务配置下发，以及数据如何在 CAPWAP 隧道中传输等内容。CAPWAP 隧道用于承载管理报文和业务报文。管理报文必须在 CAPWAP 隧道中传输；业务报文可以在 CAPWAP 隧道中传输，也可以不在 CAPWAP 隧道中传输。前者称为隧道转发，业务报文由 AP 发往 AC，并由 AC 转发；后者称为直接转发，业务报文直接由 AP 发往上行网络。

项目练习题

1. 选择题

（1）关于 FAT AP 和 FIT AP+AC 两种组网模式的比较，下列说法中正确的一项是（   ）。

    A. FAT AP 适用于大规模 WLAN 组网

    B. FIT AP+AC 组网模式中可以应用统一的安全策略，安全性较高

    C. 两种组网模式都存在兼容性的问题

    D. FAT AP 不支持漫游，FIT AP+AC 支持二层漫游和三层漫游

（2）下列不属于 FIT AP+AC 组网模式特点的是（   ）。

    A. 适用于覆盖面积大、用户数多的中大型企业

    B. 引入了 AC 的部署成本

    C. 需要同时对 FIT AP 和 AC 进行配置

    D. AC 和 AP 间的通信遵循私有协议，可能存在厂商兼容性问题

（3）关于 FIT AP+AC 二层组网和三层组网的区别，下列说法中错误的一项是（   ）。

    A. 当 FIT AP 与 AC 直连或者通过二层网络互连时，称为二层组网

    B. 当 FIT AP 与 AC 之间通过三层网络互连时，称为三层组网

    C. 三层组网配置和管理方便，适用于网络规模小、结构简单的小型企业组网场景

    D. 三层组网需要使用路由器或三层交换机才能完成通信

（4）关于 FIT AP+AC 直连式组网，下列说法中错误的一项是（   ）。

    A. 直连式组网对 AC 的吞吐量及数据处理能力要求不高

    B. 在直连式组网拓扑中，AC 与原有的有线网络串联在一起

    C. 在直连式组网拓扑中，AC 同时承担着 AP 管理功能和汇聚交换机数据转发功能

    D. 直连式组网拓扑结构相对简单，实施起来比较方便

（5）关于 FIT AP+AC 旁挂式组网，下列说法中错误的一项是（   ）。

    A. AC 旁挂在 AP 的上行网络，一般是旁挂在上行网络的汇聚层交换机上

    B. 采用旁挂式组网方式可以较少地改动有线网络结构

    C. 可以通过部署直接转发减轻 AC 的转发压力

    D. AC 容易成为整个无线网络的性能瓶颈

（6）下列未在 CAPWAP 工作组制定 CAPWAP 协议时被参考的是（   ）。

    A. LWAPP   B. SLAPP   C. SSH 协议   D. WiCoP

（7）下列不属于 CAPWAP 协议定义内容的是（   ）。

    A. AP 如何发现 AC

    B. AP 与 AC 如何建立关联及 AP 与 AC 间的状态维护

    C. AC 如何对 AP 进行管理、业务配置下发

    D. 如何为 AP 分配 IP 地址

（8）关于控制通道和数据通道，下列说法中错误的一项是（　　　）。

　　A．控制通道和数据通道均采用明文传输数据

　　B．传输管理报文的通道称为控制通道

　　C．传输业务报文的通道称为数据通道

　　D．控制通道和数据通道使用不同的 UDP 端口发送报文

（9）AP 发现 AC 的 IP 地址常用的方法是（　　　）。

　　A．通过 DHCP 服务的 Option 43 选项获取 AC 的 IP 地址

　　B．在 AP 上静态配置 AC 的 IP 地址

　　C．以广播方式发现本地网络中的 AC

　　D．通过 DNS 服务获取 AC 的 IP 地址

（10）关于 CAPWAP 数据转发方式，下列说法中错误的一项是（　　　）。

　　A．管理报文只在 AC 与 AP 之间交换，到达 AC 终止

　　B．业务报文可以经由 AC 转发，也可以在 AP 上直接转发

　　C．业务报文采用直接转发方式时，AP 对数据进行 CAPWAP 封装后直接向上转发

　　D．业务报文采用集中转发方式时，AP 对数据进行 CAPWAP 封装后转发至 AC

2. 填空题

（1）根据 AP 与 AC 连接方式的不同，FIT AP+AC 组网模式可分为_____和_____。

（2）如果 AP 安装在分公司，AC 部署在总公司机房，那么 FIT AP 和 AC 应采用_____。

（3）根据 AC 在网络中位置的不同，FIT AP+AC 组网模式可分为_____和_____。

（4）在直连式组网拓扑中，AC 同时承担_____和_____功能。

（5）在 FIT AP+AC 组网模式中，AC 与 AP 之间的通信协议称为_____。

（6）AP 与 AC 间有两种类型的报文，即_____和_____，相应的传输通道称为_____和_____。

（7）AC 对 AP 进行业务配置和管理、对 CAPWAP 会话进行维护的报文称为_____。

（8）无线用户产生或发送给无线用户的实际数据称为_____。

（9）在_____方式中，业务报文无须经过 AC 集中处理，AC 的数据转发压力较小。

（10）业务报文在 AP 上进行 CAPWAP 封装后转发至 AC，称为_____方式。

3. 简答题

（1）简述 FIT AP+AC 组网模式的主要特点。

（2）简述直连式组网和旁挂式组网的区别。

（3）简述 CAPWAP 协议的主要内容。

（4）简述业务报文的两种数据传输过程。

项目6
组建安全WLAN

06

学习目标

【知识目标】

（1）了解常见的WLAN安全威胁和风险。

（2）熟悉WLAN的安全体系和安全防御机制。

（3）熟悉常用的WLAN认证和加密技术。

【技能目标】

（1）能够说明WLAN的安全威胁和风险。

（2）能够解释WLAN的安全防御机制。

（3）能够列举WLAN链路认证和用户接入认证的几种方式。

（4）能够说明WLAN的相关安全标准和安全体系。

【素养目标】

（1）树立维护国家网络安全的意识。

（2）增强筑牢网络安全防线和坚守网络安全底线的意识。

（3）培养构建健康网络空间的责任感和荣誉感。

引例描述

在过去的一段时间里，小郭把主要精力放在FIT AP+AC组网模式和CAPWAP协议的学习上。他非常享受这个过程，因为这让他有机会把WLAN和以太网的知识结合起来，组建有一定实际意义的无线网络。但在进行设备配置时，有一个知识点他还不理解，即WLAN的安全策略。他很想知道WLAN有哪些安全威胁和安全防御机制，WLAN和以太网的安全管理有哪些不同。带着这些疑惑，小郭又一次联系了张老师。张老师很高兴小郭能主动想到WLAN的安全问题。他向小郭解释说，网络安全是规划、设计和组建网络时必须考虑的重要因素，筑牢网络安全防线是每一个网络管理员义不容辞的责任。具体到WLAN的学习上，张老师建议他先从无线网络安全的基本概念学起，了解WLAN常见的安全威胁和安全防御机制，最后通过实验掌握WLAN的安全策略配置方法。小郭把张老师的告诫记在心里，带着强烈的责任感和使命感，开始了WLAN安全技术的学习。

任务 6.1　了解 WLAN 安全威胁与防御机制

任务陈述

　　WLAN 使用开放的无线信道传输数据，因此与有线网络相比，WLAN 面临更多的安全威胁。WLAN 的安全防御机制主要有认证、加密和安全系统等。在实际应用中，每种机制又有不同的实现方式。本任务主要介绍 WLAN 常见的安全威胁和防御机制。

知识准备

6.1.1　WLAN 安全威胁

　　WLAN 具有安装便捷、使用灵活、成本低和易于扩展等特点。随着无线通信技术的快速发展和无线设备的推陈出新，WLAN 几乎渗透了生活中的方方面面。不管是在办公楼、酒店，还是在火车站或机场，总能看到人们使用手机或 PC 享受无线网络带来的便捷。从 WLAN 诞生到大规模应用的今天，有一个问题始终是从业人员和用户非常关注和绕不开的，那就是如何保证 WLAN 的安全。

V6-1　WLAN
安全概述

　　和以太网使用电缆或光纤等有线传输介质不同，WLAN 使用射频信号在开放的无线信道中传输数据。无线信道的开放性体现在：在无线网络的覆盖范围内，所有人都能够接收射频信号。这种开放性也是无线网络固有的特点，攻击者利用这一特点很容易窃听和篡改无线信道中传输的数据，WLAN 因此面临严重的安全威胁。总体来说，WLAN 的安全威胁主要有以下几个方面。

　　（1）未经授权使用网络服务。

　　这是一种常见的无线网络安全威胁。由于无线网络具有开放性，用户能够在未经授权的情况下非法接入无线网络，与合法用户共享带宽，影响合法用户的使用体验，甚至有可能泄露合法用户的信息。

　　（2）未经授权部署非法 AP。

　　非法 AP 是指未经授权将 AP 接入企业有线网络，影响网络的正常运行。例如，企业员工私自将 AP 接入企业网络，使用非正常手段访问网络；或者有人恶意部署非法 AP，配置与合法 AP 相同的 SSID，在用户接入非法 AP 后捕获用户数据，获取用户的敏感信息。

（3）数据窃听。

借助相应的分析软件，攻击者可以很容易地捕获无线信道中传输的数据。如果没有对数据进行加密，或者加密算法被破解，攻击者就能够轻易地窃取用户信息，造成信息泄露。

（4）无线攻击。

一旦攻击者非法接入无线网络，就能够对网络发起各种攻击。例如，借助常见的拒绝服务攻击，攻击者可以使 AP 停止服务，影响其他用户正常接入无线网络。

针对 WLAN 面临的安全威胁，目前常用的两种安全防御机制是认证和加密。除此之外，大型企业往往使用安全系统防护功能提高无线网络的安全性。下面分别介绍这些安全防御机制。

6.1.2 WLAN 认证技术

V6-2　WLAN
认证技术

认证是指对用户的身份进行验证，要求用户提供能够证明其身份的凭据，如用户名、密码或数字证书。只有通过身份验证的用户才可以接入无线网络并使用网络资源。无线安全认证有链路认证和用户接入认证两种方式，分别发生在无线接入过程的两个不同阶段，如图 6-1 所示。

图 6-1　WLAN 安全认证过程

> **注意** 图 6-1 中的“STA”既可表示无线用户，又可表示无线用户使用的无线终端。为表示方便，后文并不严格区分 STA 与用户。当使用“STA”时，大多表示无线终端，这一点请读者在阅读时稍加留意。

1. 链路认证

AP 对 STA 的身份验证属于链路认证。IEEE 802.11 系列标准要求 STA 准备连接到 WLAN 时必须进行链路认证，只有通过链路认证才能进入后续的关联阶段。链路认证不传递或验证任何加密密钥，也不进行双向认证，所以链路认证被视作 STA 连接到 WLAN 时与 AP 的握手过程的起点。

早期的 IEEE 802.11 系列标准定义了开放系统认证和共享密钥认证两种链路认证方式。在开放系统认证中，STA 把 MAC 地址作为身份标识发送给 AP，AP 允许任何符合 IEEE 802.11 系列标准的 STA 接入 WLAN。因此，开放系统认证更像是对 STA 通信能力的认证，而不是验证其身份。共享密钥认证要求 STA 和 AP 配置相同的共享密钥，双方通过交换几个报文验证 STA 的身份。与开放系统认证相比，共享密钥认证可提供更高的安全检查级别。

2. 用户接入认证

用户接入认证是指对用户的身份进行区分，并根据用户的身份授予用户不同的网络访问权限，授权用户访问不同的网络资源。用户接入认证涉及密钥协商和数据加密，比链路认证的安全性要高。用户接入认证的方式有 MAC 认证、预共享密钥（Pre-Shared Key，PSK）认证、Portal 认证和 802.1X 认证等。

（1）MAC 认证。

MAC 认证是一种基于 MAC 地址控制用户网络访问权限的认证方式。无线设备具有唯一的

MAC 地址，这个地址会封装在报文的数据链路层的头部（帧头）。接入设备在启动 MAC 认证的端口上收到报文后，根据报文的源 MAC 地址对设备进行认证，如图 6-2 所示。使用 MAC 认证需要事先将合法的设备 MAC 地址写入接入设备（AP 或 AC）的 MAC 地址列表，接入设备仅允许列表中的 MAC 地址对应的设备通过。

　　MAC 认证方式比较简单，不需要用户安装任何客户端软件，但 MAC 认证不是一种可靠的无线网络安全解决方案。其原因在于，帧头中的源 MAC 地址可以伪造，因此可以轻易地绕过接入设备的 MAC 地址过滤。另外，当网络中无线设备数量巨大且动态变化时，准确区分和配置合法设备的 MAC 地址将会变得非常复杂和低效，工作量巨大。

图 6-2　MAC 认证

（2）PSK 认证。

　　PSK 认证方式要求在无线客户端（无线用户）和服务端（AP 或 AC）配置相同的预共享密钥，双方通过能否成功解密协商的消息判断本端配置的预共享密钥是否和对端相同，从而完成无线客户端和服务端的相互认证，如图 6-3（a）所示。PSK 认证和前面介绍的共享密钥认证在名称上很相似，但 PSK 认证是一种用户接入认证方式，而共享密钥认证是一种链路认证方式。

　　PSK 认证的部署比较简单，只需在服务端和每个客户端预配置一个预共享密钥。这种认证方式的安全性较差，容易受到暴力字典攻击。另外，所有客户端上配置的预共享密钥都是相同的，如果某个用户泄露了预共享密钥，则很可能导致未授权用户接入无线网络，威胁无线网络的安全。

　　在 PSK 认证的基础上，有些厂商提出了私有 PSK（Private PSK，PPSK）认证方式。使用 PPSK 认证时，连接到同一无线网络的用户拥有不同的密钥，如图 6-3（b）所示。如果一个用户有多个终端设备，则这些终端设备可以使用同一个 PPSK 账号连接到无线网络。这样，当某个用户泄露了自己的密钥后，管理员为这个用户单独配置新的密钥即可，不必重置其他用户和服务端的密钥。

图 6-3　PSK 与 PPSK 认证

（3）Portal 认证。

　　Portal 认证又称为 Web 认证，用户不用安装特殊的客户端软件，在标准的 Web 浏览器中输入账号信息提交认证即可，如图 6-4 所示。在主动 Portal 认证方式下，用户主动访问位于 Portal 服务器上的认证页面并提交账号信息。在被动 Portal 认证方式下，用户访问外网时被强制重定向到 Portal 认证页面。

STA（客户端）　　AP　　AC（接入服务器）　RADIUS服务器
（认证服务器）

图 6-4　Portal 认证

Portal 认证过程涉及 4 个参与者，分别是客户端、接入服务器、Portal 服务器和认证服务器。它们的交互过程主要包括下面几个步骤。

① 用户访问 Portal 服务器上的认证页面，输入并提交账号信息，一般是用户名和密码。

② Portal 服务器通过 Portal 协议将用户信息转交给接入服务器，即图 6-4 中的 AC。

③ 接入服务器联系认证服务器（即图 6-4 中的 RADIUS 服务器）对用户信息进行认证。

④ 认证服务器向接入服务器返回认证结果。

⑤ 接入服务器通知 Portal 服务器认证结果。

⑥ Portal 服务器将认证结果通过 Web 页面返回给用户。

Portal 认证的部署位置比较灵活，可以在网络接入层或关键数据入口做访问控制。Portal 认证在技术上也很成熟，目前广泛应用于电信运营商、酒店、连锁快餐店、学校和企业等组织的网络中。这些组织借助 Portal 认证可方便地开展业务，如企业宣传、广告推送等。

将 MAC 认证和 Portal 认证结合起来就能形成 MAC 优先的 Portal 认证。用户进行 Portal 认证成功后，认证服务器会保存其 MAC 地址。在 MAC 地址有效期内，用户可以直接通过 MAC 认证接入网络，无须再次输入账号信息进行 Portal 认证，这样可以为用户节省重复获取短信验证码或关注公众号等操作的时间。使用 MAC 优先的 Portal 认证需要在认证服务器上配置 MAC 地址的有效时间。超过有效时间之后，MAC 地址失效，用户需要重新通过 Portal 认证完成身份认证。

（4）802.1X 认证。

802.1X 认证是 IEEE 制定的关于用户接入网络的认证标准，主要用于解决网络接入认证和安全方面的问题。802.1X 认证既能用于有线网络，又能用于无线网络。802.1X 认证体系具有典型的客户端/服务器（Client/Server，C/S）架构，由 3 个部分组成，即请求方、认证方和认证服务器，如图 6-5 所示。

请求方即认证客户端，是请求认证以访问网络的终端设备。每个客户端都有唯一的身份凭证，在认证时可交由认证服务器进行验证。认证方是对请求方进行认证以允许或拒绝其报文通过的设备。在 FAT AP 组网模式中，认证方是 FAT AP。在 FIT AP+AC 组网模式中，认证方是 AC。认证服务器对请求方提供的身份凭证进行验证，并将认证结果通知请求方。认证服务器一般维护一个用户数据库，或者使用外部用户数据库对用户信息进行验证。从逻辑上看，认证过程是在请求方和认证服务器之间进行的，认证方只起到中转的作用。在客户端身份认证成功之前，只允许认证报文通过，拒绝其他报文通过。

802.1X 认证提供了一个通用的认证架构，而不是关于认证的具体实现细节。802.1X 认证体系使用可扩展认证协议（Extensible Authentication Protocol，EAP）实现请求方、认证方和认证服务器三者之间的交互。EAP 是一种非常灵活的二层协议，支持多种 EAP 认证类型。设备厂商既可以使用标准的 EAP 类型，又可以开发专用的认证类型。常用的 802.1X 认证协议有防护扩展认证协议（Protected Extensible Authentication Protocol，PEAP）和传输层安全（Transport Layer Security，TLS）协议。EAP-PEAP 使用用户名和密码进行认证，数据传输采用双层加密通道实现，由微软、思科等公司发起。EAP-TLS 基于证书进行双向认证，认证方和认证服务器相互验证对方的证书。

图 6-5　802.1X 认证体系

6.1.3　AAA 与 RADIUS

　　WLAN 通过认证技术验证用户的合法性，保证只有合法用户才能访问网络。一般认为，一个完整的认证体系应该包括请求方、认证方和认证服务器 3 部分，Portal 认证和 802.1X 认证都体现了这一点。其中，认证服务器承担实际的认证工作，即根据用户提交的信息确认其合法性和身份级别，并据此授权用户使用网络服务。在实际应用中，AAA 服务器就是一种被广泛使用的认证服务器。

　　AAA 是 Authentication（认证）、Authorization（授权）和 Accounting（计费）的缩写，提供了认证、授权和计费 3 种功能，是一种非常有效的网络安全管理机制。

　　（1）认证：验证用户身份的合法性，判断用户是否可以获得网络的使用权。

　　（2）授权：根据认证结果对用户身份进行分类，确定用户可以使用哪些网络服务。

　　（3）计费：记录用户使用网络服务过程中的所有操作，包括使用的服务类型、起始时间、数据流量等，用于收集和记录用户对网络资源的使用情况，并实现基于时间、流量的计费需求。

　　AAA 一般采用 C/S 架构，如图 6-6 所示。认证客户端运行于用户的终端设备，而认证服务器用于集中保存用户信息。AAA 支持动态添加新的服务器以升级管理服务，因此它具有良好的扩展性。在实际应用中，AAA 可以通过多种协议实现，常用的是远程认证拨号用户服务（Remote Authentication Dial-In User Service，RADIUS）协议。RADIUS 协议是一种分布式的、基于 C/S 架构的信息交互协议，定义了基于 UDP 的 RADIUS 报文格式及其传输机制。RADIUS 协议规定了 UDP 端口 1812 和 1813 分别作为默认的认证和计费端口。RADIUS 协议能有效保护网络不受未授权访问的干扰，常被应用于既要求高安全性，又允许远程用户访问的各种网络环境中。

图 6-6　AAA 系统架构

6.1.4 WLAN 加密技术

前文已多次提到，无线网络使用开放的信道传输数据，攻击者利用适当的设备即可轻易窃取用户数据。在用户通过认证并被授权访问网络后，应该保护用户数据不被窃取或篡改，这主要通过对用户数据进行加密来完成。数据加密一般要实现以下 3 个目的。

（1）机密性（Confidentiality）。机密性是为了防止数据被未经授权的第三者拦截，在传输数据之前对其进行加密。

（2）完整性（Integrity）。完整性是指接收方接收的数据没有被篡改。

（3）认证（Authentication）。认证是为了确保数据来源的正确性，它是所有安全策略的基础，因为数据的可信度与数据来源的正确性密切相关。

WLAN 可使用多种加密技术，如 WEP、TKIP 和 CCMP 等。任务 6.2 将详细介绍这些加密技术的特点和应用场景，这里不再赘述。

6.1.5 WLAN 安全防护系统

1. WIDS/WIPS

WLAN 容易受到各种威胁的影响，如未经授权的非法 AP、拒绝服务攻击等。在无线网络中部署安全防护系统能够及时发现网络中的非法设备或干扰设备，减轻网络攻击的影响。典型的安全防护系统是无线入侵检测系统（Wireless Intrusion Detection System，WIDS）和无线入侵保护系统（Wireless Intrusion Prevention System，WIPS）。WIDS 通过在无线网络中部署监测 AP，了解无线网络中设备的情况，目的是及早发现非法设备、干扰设备及恶意的攻击行为。WIPS 通过对非法设备或干扰设备采取相应的防范措施，来保护网络不被未授权的用户访问。

V6-3　WLAN 安全
防护系统

WIDS/WIPS 可提供对无线网络安全威胁的检测、识别、防护、反制等功能。在实际应用中，根据网络规模的不同，一般使用不同的 WIDS/WIPS 功能以应对相应的安全威胁。

（1）在家庭网络或小型企业网络中，可以使用基于设备黑白名单的接入方式。一般的做法如下：将 STA 加入黑名单，如果在黑名单中匹配到 STA，则拒绝其关联 AP；如果在白名单中匹配到STA，则允许其关联 AP。

（2）在中小型企业网络中，可以启用 WIDS 的攻击检测功能，对网络中的泛洪攻击、弱向量和欺骗攻击进行检测。

（3）在大中型企业网络中，一般启用 WIDS/WIPS 的检测、识别、防范和反制等功能，最大限度地保护网络的安全运行。

2. 设备检测机制

（1）AP 的工作模式。

① 正常模式，也称为接入模式。如果 AP 射频接口未开启空口扫描相关功能，如 WIDS、频谱分析和终端定位，那么该 AP 仅用于传输正常的业务数据。如果开启了这些功能，则该 AP 除了可以传输业务数据外，还具备监测功能。

② 监测模式。工作于监测模式的 AP 不能传输业务数据，只能监测无线网络中的设备。

③ 混合模式。AP 既可以传输业务数据，又具备监测功能。在扫描周期内可能会使业务时延出现瞬时增加，但是一般不会影响用户正常使用。如果有低时延要求的业务应用，如视频会议等，则建议使用具备监测模式的 AP 进行空口扫描。

（2）设备类型监测。

监测 AP 通过监听周边其他设备发送的 802.11 MAC 帧收集无线设备信息，并根据收集到的帧判断帧类型和设备类型。使用监测 AP 可以识别出的设备类型有 AP、STA、无线网桥和 Ad-hoc 设备等。无线网桥是采用无线传输方式在两个或多个网络之间搭起通信桥梁的设备，Ad-hoc 设备就是构成 Ad-hoc 网络的设备。监测 AP 识别设备类型的方法如下。

① 监测 AP 监听 Probe Request、Association Request 和 Reassociation Request 帧，根据帧主体中的网络类型字段判断设备是 Ad-hoc 设备还是 STA。

② 监测 AP 监听 Beacon、Probe Response、Association Response 和 Reassociation Response 帧，根据帧主体中的网络类型字段判断设备是 Ad-hoc 设备还是 AP。

③ 监测 AP 监听所有业务报文，根据业务帧控制字段中的 To DS 和 From DS 两个子字段判断设备是 Ad-hoc 设备、无线网桥、STA 还是 AP。对于 Ad-hoc 设备，帧控制字段中的 To DS 和 From DS 字段的值均为 0；对于无线网桥，帧控制字段中的 To DS 和 From DS 字段的值均为 1；对于 STA，帧控制字段中的 To DS 和 From DS 字段的值分别为 1 和 0；对于 AP，帧控制字段中的 To DS 和 From DS 字段的值分别为 0 和 1。

（3）设备合法性判断。

监测 AP 将收集到的设备信息定期上报 AC，AC 通过监测结果判断设备的合法性。这里涉及一些常用的术语，简单解释如下。

① 非法 AP：不在 WIDS 白名单中，未经授权提供与本地 SSID 相同或冒充本地 SSID 的 AP。非法 AP 一般未经授权接入无线网络，攻击者常利用非法 AP 收集用户隐私信息。

② 非法网桥：不在 WIDS 白名单中，未经授权或有恶意的网桥，与非法 AP 类似。

③ 非法 STA：没有经过正常过程接入无线网络的客户端设备。

④ 非法 Ad-hoc 设备：在基础设施组网架构中，检测到的 Ad-hoc 设备均认为是非法设备。

以监测非法 AP 为例。监测 AP 收集周边 AP 的信息并上报给 AC，AC 对 AP 的 MAC 地址、SSID、信号强度等信息进行分析，并对照预先配置好的 WIDS 规则判断 AP 是合法 AP、非法 AP 还是干扰 AP。WIDS 规则中包含的基础信息包括静态攻击列表、允许 MAC 地址列表、允许 SSID 列表、允许厂商列表等。非法 AP 检测流程如图 6-7 所示。

图 6-7　非法 AP 检测流程

非法 STA 的检测流程与非法 AP 的检测流程基本相同，不同之处在于，AC 在匹配 SSID 时，使用的是 STA 关联的 AP 的 BSSID。对于无线网桥和 Ad-hoc 设备的检测只涉及静态攻击列表和允许 MAC 地址列表，具体流程这里不再赘述。

3. 设备反制机制

设备反制机制是指对非法设备采取反制措施以阻止其工作，目前支持对 3 种设备进行反制。

（1）非法 AP 或干扰 AP。

AC 确定非法 AP 或干扰 AP 的身份后，将非法 AP 或干扰 AP 告知监测 AP。监测 AP 以非法 AP 或干扰 AP 的身份广播解除认证（Deauthentication）帧。解除认证帧用于中断已经建立的无线链路，AP 和 STA 都可以发送解除认证帧以断开当前链路。接入非法 AP 或干扰 AP 的 STA 收到解除认证帧后，就会断开与非法 AP 或干扰 AP 的连接。这种反制机制可以阻止 STA 与非法 AP 或干扰 AP 的连接。

（2）非法 STA 或干扰 STA。

AC 确定非法 STA 或干扰 STA 的身份后，就将非法 STA 或干扰 STA 告知监测 AP；监测 AP 会以非法 STA 或干扰 STA 的身份发送单播解除认证帧。与非法 STA 或干扰 STA 连接的 AP 收到解除认证帧后，就会断开与非法 STA 或干扰 STA 的连接。通过这种反制机制，可以阻止 AP 与非法 STA 或干扰 STA 的连接。

（3）Ad-hoc 设备。

AC 确定 Ad-hoc 设备的身份后，将 Ad-hoc 设备告知监测 AP，监测 AP 会以 Ad-hoc 设备的身份发送单播解除认证帧。接入 Ad-hoc 网络的 STA 收到解除认证帧后，就会断开与 Ad-hoc 设备的连接。通过这种反制机制，可以阻止 STA 与 Ad-hoc 设备的连接。

4. 非法攻击检测

在中小型企业 WLAN 中，为了及时发现和阻止网络受到攻击，可以启用 WIDS 检测功能，对常见的泛洪攻击、弱向量和欺骗攻击等行为进行检测。可通过将检测到的攻击设备加入动态黑名单，丢弃攻击设备的报文等方法阻止攻击行为，提高网络安全性。

（1）泛洪攻击检测。

泛洪攻击是指 AP 在短时间内收到大量来自相同 MAC 地址的管理报文或空数据帧，导致 AP 的系统资源被攻击报文占用，无法处理合法的 STA 报文。启用泛洪攻击检测后，AP 会持续监测每个 STA 的流量。如果超出预设的流量阈值（如每秒 50 个报文），则可以认为该 STA 在网络中实施了泛洪操作。一种可能的处理方法是，将该 STA 加入动态黑名单。在动态黑名单老化之前，AP 会丢弃该 STA 的所有报文。

（2）弱向量检测。

在 WEP 加密方式中，使用一个 3 字节的初始向量（Initialization Vector，IV）和相同的共享密钥一起加密报文，这样可使相同的共享密钥产生不同的加密效果。STA 将初始向量作为报文头的一部分明文发送，如果使用弱向量（即初始向量的第 1 个字节取值为 3~15，第 2 个字节取值为 255），则攻击者可以很容易地暴力破解出共享密钥进而访问网络。

弱向量检测通过识别 WEP 报文中的初始向量来预防这种攻击。AP 根据相应的安全策略判断 WEP 报文中的初始向量是否为弱向量。当检测到包含弱向量的 WEP 报文时，AP 向 AC 上报相关信息。用户可以启用其他安全策略，避免使用弱向量加密。

（3）欺骗攻击检测。

欺骗攻击也称为中间人攻击，是指攻击者（恶意 AP 或恶意用户）以合法设备的身份发送欺骗攻击报文，导致 STA 不能上线。欺骗攻击报文主要包括解除关联帧和解除认证帧。例如，恶意 AP 或恶意用户发送一个欺骗的解除认证帧，导致合法 STA 下线。AP 收到解除关联帧或解除认证帧后，会检测该帧的源 MAC 地址是否为 AP 自身的 MAC 地址。如果是，则表明网络受到了欺骗攻击（前提是该 AP 没有发送解除关联帧或解除认证帧）。

（4）暴力破解攻击检测。

暴力破解法又称穷举法，是通过逐个推算找出真正密码的破解方法。当 WLAN 采用的安全策略为 WPA/WPA2-PSK、WAPI-PSK 或 WEP-Share-Key 时，攻击者即可利用暴力破解法破解密码。为了提高密码的安全性，可以启用防暴力破解功能。防暴力破解的关键是延长攻击者破解密码的时间，AP 根据在一定时间内失败的密钥协商次数确定是否存在暴力破解攻击。如果失败次数超过预设的阈值，则认为网络受到暴力破解攻击。与处理泛洪攻击相似，AP 可以将该攻击者加入动态黑名单。在动态黑名单老化之前，AP 会丢弃该攻击者的所有报文。

📝 任务实施

实验 1：配置 STA 黑白名单

【实验背景】在 WLAN 环境中应用黑白名单可以对 STA 接入网络进行控制，保证合法 STA 能够正常接入无线网络，同时阻止非法 STA 接入。黑白名单保存的是 STA 的 MAC 地址。启用白名单功能后，只有白名单中的 STA 可以接入无线网络，其他 STA 无法接入。启用黑名单功能后，黑名单中的 STA 无法接入无线网络，其他 STA 可以正常接入。在不同的模板上应用黑白名单时，其生效范围所有不同。基于 AP 系统模板的黑白名单对接入该 AP 的所有 STA 生效，包括该 AP 的所有 VAP。基于 VAP 模板的黑白名单只对接入该 VAP 的 STA 生效。

【实验设备】AP（1 台，华为 AirEngine 5760），AC（1 台，华为 AC6508），Switch（2 台，华为 S5731S-S24P4X），Router（1 台，华为 AR6140-16G4XG），PC（1 台，Windows 10 操作系统）。

【实验拓扑】本实验采用旁挂式二层组网，配置 STA 黑白名单实验拓扑如图 6-8 所示。

图 6-8　配置 STA 黑白名单实验拓扑

【实验要求】本实验涉及的各配置项如表 6-1 所示，设备 IP 地址参数如表 6-2 所示。

表 6-1　本实验涉及的各配置项

配置项	要求
管理 VLAN	VLAN 100
业务 VLAN	VLAN 101
DHCP 服务器	AC 作为 AP 的 DHCP 服务器 SwitchB 作为无线用户的 DHCP 服务器

续表

配置项	要求
AP 地址池	VLAN 100：10.23.100.2/24～10.23.100.254/24
STA 地址池	VLAN 101：10.23.101.3/24～10.23.101.254/24 默认网关：10.23.101.2
AC 源接口 IP 地址	VLANIF 100：10.23.100.1/24
AP 组	名称：group-stalist 引用模板：VAP 模板、域管理模板、AP 系统模板
AP 配置	名称：ap_legal 组名称：group-stalist
域管理模板	名称：default 国家码：CN
SSID 模板	模板名称：wlan-stalist SSID 名称：wlan-stalist
安全模板	模板名称：sec-stalist 安全策略：WPA/WPA2-PSK-AES 密码：huawei123
VAP 模板	模板名称：vap-stalist 转发方式：隧道转发 业务 VLAN：VLAN 101 引用模板：SSID 模板、安全模板、白名单模板
STA 白名单模板	模板名称：sta-whitelist
STA 黑名单模板	模板名称：sta-blacklist
AP 系统模板	模板名称：sys-stalist 引用模板：黑名单模板

表 6-2　设备 IP 地址参数

设备	接口或 VLAN	IP 地址或接口类型	备注
SwitchA	GE0/0/1	Trunk	PVID：100 放行 VLAN：100
	GE0/0/2	Trunk	放行 VLAN：100
SwitchB	GE0/0/1	Trunk	放行 VLAN：100
	GE0/0/2	Trunk	放行 VLAN：100、101
	GE0/0/3	Trunk	放行 VLAN：101
	VLANIF 101	10.23.101.1/24	接口地址池
AC	GE0/0/1	Trunk	放行 VLAN：100、101
	VLANIF 100	10.23.100.1/24	接口地址池
Router	GE0/0/0	Trunk	放行 VLAN：101
	VLANIF 101	10.23.101.2/24	

【实验步骤】下面是本实验具体步骤。

> **注意**　在同一个 AP 或 VAP 上，白名单和黑名单仅有一种生效。在 AP 系统模板或 VAP 模板
> 上分别配置白名单和黑名单后，当 STA 上线时，如果与白名单和黑名单均不匹配，则该
> STA 无法上线。

第 1 步, 配置接入交换机 SwitchA。将接口 GE0/0/1 和 GE0/0/2 加入 VLAN 100, 接口 GE0/0/1 的默认 VLAN 为 VLAN 100, 具体命令如下所示。

```
<HUAWEI> system-view
[HUAWEI] sysname SwitchA
[SwitchA] vlan 100
[SwitchA-vlan100] interface gi0/0/1
[SwitchA-GigabitEthernet0/0/1] port link-type trunk
[SwitchA-GigabitEthernet0/0/1] port trunk pvid vlan 100
[SwitchA-GigabitEthernet0/0/1] port trunk allow-pass vlan 100
[SwitchA-GigabitEthernet0/0/1] port-isolate enable
[SwitchA-GigabitEthernet0/0/1] quit
[SwitchA] interface gi0/0/2
[SwitchA-GigabitEthernet0/0/2] port link-type trunk
[SwitchA-GigabitEthernet0/0/2] port trunk allow-pass vlan 100
[SwitchA-GigabitEthernet0/0/2] quit
```

第 2 步, 配置汇聚交换机 SwitchB。将接口 GE0/0/1 加入 VLAN 100, 将接口 GE0/0/2 加入 VLAN 100 和 VLAN 101, 将接口 GE0/0/3 加入 VLAN 101, 具体命令如下所示。

```
<HUAWEI> system-view
[HUAWEI] sysname SwitchB
[SwitchB] vlan batch 100 101
[SwitchB] interface gi0/0/1
[SwitchB-GigabitEthernet0/0/1] port link-type trunk
[SwitchB-GigabitEthernet0/0/1] port trunk allow-pass vlan 100
[SwitchB-GigabitEthernet0/0/1] quit
[SwitchB] interface gi0/0/2
[SwitchB-GigabitEthernet0/0/2] port link-type trunk
[SwitchB-GigabitEthernet0/0/2] port trunk allow-pass vlan 100 101
[SwitchB-GigabitEthernet0/0/2] quit
[SwitchB] interface gi0/0/3
[SwitchB-GigabitEthernet0/0/3] port link-type trunk
[SwitchB-GigabitEthernet0/0/3] port trunk allow-pass vlan 101
[SwitchB-GigabitEthernet0/0/3] quit
```

第 3 步, 配置 AC。将接口 GE0/0/1 加入 VLAN 100 和 VLAN 101, 具体命令如下所示。

```
<AC6508> system-view
[AC6508] sysname AC
[AC] vlan batch 100 101
[AC] interface gi0/0/1
[AC-GigabitEthernet0/0/1] port link-type trunk
[AC-GigabitEthernet0/0/1] port trunk allow-pass vlan 100 101
[AC-GigabitEthernet0/0/1] quit
```

第 4 步, 配置 Router。将接口 GE0/0/0 加入 VLAN 101, 创建接口 VLANIF 101 并配置 IP 地址为 10.23.101.2/24, 具体命令如下所示。

```
<Huawei> system-view
[Huawei] sysname Router
[Router] vlan 101
[Router-vlan 101] interface gi0/0/0
[Router-GigabitEthernet0/0/0] port link-type trunk
[Router-GigabitEthernet0/0/0] port trunk allow-pass vlan 101
[Router-GigabitEthernet0/0/0] quit
[Router] interface vlanif 101
[Router-Vlanif101] ip address 10.23.101.2 24
```

[Router-Vlanif101] quit

第 5 步，配置 DHCP 服务器。

（1）在 AC 上配置 VLANIF 100 接口为 AP 提供 IP 地址，具体命令如下所示。

```
[AC] dhcp enable
[AC] interface vlanif 100
[AC-Vlanif100] ip address 10.23.100.1 24
[AC-Vlanif100] dhcp select interface
[AC-Vlanif100] quit
```

（2）在 SwitchB 上配置 VLANIF 101 接口为 STA 提供 IP 地址，并指定 10.23.101.2 作为 STA 的默认网关地址，具体命令如下所示。

```
[SwitchB] dhcp enable
[SwitchB] interface vlanif 101
[SwitchB-Vlanif101] ip address 10.23.101.1 24
[SwitchB-Vlanif101] dhcp select interface
[SwitchB-Vlanif101] dhcp server gateway-list 10.23.101.2
[SwitchB-Vlanif101] quit
```

第 6 步，配置 AP 上线。

（1）创建 AP 组，具体命令如下所示。

```
[AC] wlan
[AC-wlan-view] ap-group name group-stalist
[AC-wlan-ap-group-group-stalist] quit
```

（2）创建域管理模板，在域管理模板下配置 AC 的国家码并在 AP 组下引用域管理模板，具体命令如下所示。

```
[AC-wlan-view] regulatory-domain-profile name default
[AC-wlan-regulate-domain-default] country-code cn
[AC-wlan-regulate-domain-default] quit
[AC-wlan-view] ap-group name group-stalist
[AC-wlan-ap-group-group-stalist] regulatory-domain-profile default
[AC-wlan-ap-group-group-stalist] quit
[AC-wlan-view] quit
```

（3）配置 AC 的源接口，具体命令如下所示。

```
[AC] capwap source interface vlanif 100
```

（4）离线导入 AP，配置 AP 组和 AP 名称，具体命令如下所示。

```
[AC] wlan
[AC-wlan-view] ap auth-mode mac-auth
[AC-wlan-view] ap-id 0 ap-mac b008-75cb-49e0
[AC-wlan-ap-0] ap-name ap_legal
[AC-wlan-ap-0] ap-group group-stalist
[AC-wlan-ap-0] quit
```

（5）监控 AP 上线情况，具体命令如下所示。

```
[AC-wlan-view] display ap all
ID  MAC          Name        Group       IP           Type            State STA Uptime ExtraInfo
--------------------------------------------------------------------------------
0   b008-75cb-49e0 ap_legal group-stalist 10.23.100.123 AirEngine5760-10 nor  0  34S    -
```

第 7 步，配置 WLAN 业务参数。

（1）创建安全模板并配置安全策略，具体命令如下所示。

```
[AC-wlan-view] security-profile name sec-stalist
[AC-wlan-sec-prof-sec-stalist] security wpa-wpa2 psk pass-phrase huawei123 aes
[AC-wlan-sec-prof-sec-stalist] quit
```

（2）创建 SSID 模板并配置 SSID 名称，具体命令如下所示。

```
[AC-wlan-view] ssid-profile name wlan-stalist
[AC-wlan-ssid-prof-wlan-stalist] ssid wlan-stalist
[AC-wlan-ssid-prof-wlan-stalist] quit
```

（3）创建 VAP 模板，配置业务数据转发方式、业务 VLAN，并引用安全模板和 SSID 模板，具体命令如下所示。

```
[AC-wlan-view] vap-profile name vap-stalist
[AC-wlan-vap-prof-vap-stalist] forward-mode tunnel
[AC-wlan-vap-prof-vap-stalist] service-vlan vlan-id 101
[AC-wlan-vap-prof-vap-stalist] security-profile sec-stalist
[AC-wlan-vap-prof-vap-stalist] ssid-profile wlan-stalist
[AC-wlan-vap-prof-vap-stalist] quit
```

（4）配置 AP 组引用 VAP 模板，AP 上的射频 0 和射频 1 都使用 VAP 模板 vap-stalist 的配置，具体命令如下所示。

```
[AC-wlan-view] ap-group name group-stalist
[AC-wlan-ap-group-group-stalist] vap-profile vap-stalist wlan 1 radio 0
[AC-wlan-ap-group-group-stalist] vap-profile vap-stalist wlan 1 radio 1
[AC-wlan-ap-group-group-stalist] quit
```

第 8 步，配置 AP 射频的信道和功率。射频的信道和功率自动调优功能默认开启，如果不关闭此功能，则可能会导致手动配置无法生效。

（1）关闭 AP 射频 0 的信道和功率自动调优功能，并配置 AP 射频 0 的信道和功率，具体命令如下所示。

```
[AC-wlan-view] ap-id 0
[AC-wlan-ap-0] radio 0
[AC-wlan-radio-0/0] calibrate auto-channel-select disable
[AC-wlan-radio-0/0] calibrate auto-txpower-select disable
[AC-wlan-radio-0/0] channel 20mhz 6
[AC-wlan-radio-0/0] eirp 127
[AC-wlan-radio-0/0] quit
```

（2）关闭 AP 射频 1 的信道和功率自动调优功能，并配置 AP 射频 1 的信道和功率，具体命令如下所示。

```
[AC-wlan-ap-0] radio 1
[AC-wlan-radio-0/1] calibrate auto-channel-select disable
[AC-wlan-radio-0/1] calibrate auto-txpower-select disable
[AC-wlan-radio-0/1] channel 20mhz 149
[AC-wlan-radio-0/1] eirp 127
[AC-wlan-radio-0/1] quit
[AC-wlan-ap-0] quit
```

第 9 步，配置 VAP 方式的 STA 白名单。

（1）创建名为 sta-whitelist 的 STA 白名单模板，将 STA1 的 MAC 地址加入白名单，具体命令如下所示。

```
[AC-wlan-view] sta-whitelist-profile name sta-whitelist
[AC-wlan-whitelist-prof-sta-whitelist] sta-mac 245b-a714-5cdf
[AC-wlan-whitelist-prof-sta-whitelist] quit
```

（2）在 VAP 模板 vap-stalist 中引用 STA 白名单模板，使白名单在 VAP 范围内有效，具体命令如下所示。

```
[AC-wlan-view] vap-profile name vap-stalist
[AC-wlan-vap-prof-vap-stalist] sta-access-mode whitelist sta-whitelist
[AC-wlan-vap-prof-vap-stalist] quit
```

第10步，配置全局方式的 STA 黑名单。

（1）创建名为 sta-blacklist 的 STA 黑名单模板，将 STA2 的 MAC 地址加入黑名单，具体命令如下所示。

```
[AC-wlan-view] sta-blacklist-profile name sta-blacklist
[AC-wlan-blacklist-prof-sta-blacklist] sta-mac 00e1-8cfd-9d1e
[AC-wlan-blacklist-prof-sta-blacklist] quit
```

（2）创建名为 sys-stalist 的 AP 系统模板，并引用 STA 黑名单模板，使黑名单在 AP 范围内有效，具体命令如下所示。

```
[AC-wlan-view] ap-system-profile name sys-stalist
[AC-wlan-ap-system-prof-sys-stalist] sta-access-mode blacklist sta-blacklist
[AC-wlan-ap-system-prof-sys-stalist] quit
```

（3）在 AP 组 group-stalist 中引用 AP 系统模板 sys-stalist，具体命令如下所示。

```
[AC-wlan-view] ap-group name group-stalist
[AC-wlan-ap-group-group-stalist] ap-system-profile sys-stalist
[AC-wlan-ap-group-group-stalist] quit
```

第11步，验证配置结果。

无线用户可以搜索到 SSID 为 wlan-stalist 的 WLAN。STA1 可以接入 WLAN，STA2 无法接入 WLAN。使用 display station ssid wlan-stalist 命令监控已关联的无线用户。

```
[AC-wlan-view] display station ssid wlan-stalist
STA MAC     AP ID Ap name   Rf/WLAN  Band  Type  Rx/Tx  RSSI  VLAN  IP address
---------------------------------------------------------------------------------
245b-a714-5cdf  0  ap_legal 1/1   5G    –    –/–   –    101  10.23.101.182
```

实验 2：配置 WLAN 设备检测和反制

【实验背景】WLAN 面临的一种常见威胁来自网络中的非法设备，如未经授权的非法 AP 等。对于这种威胁，常用的解决方案是在无线网络中部署安全防护系统，使 AP 能够检测无线设备的信息并上报给 AC，对识别出的非法设备进行反制，以减轻网络攻击的影响。

【实验设备】AP（2 台，华为 AirEngine 5760），AC（1 台，华为 AC6508），Switch（2 台，华为 S5731S-S24P4X），Router（1 台，华为 AR6140-16G4XG），PC（1 台，Windows 10 操作系统）。

【实验拓扑】本实验采用旁挂式二层组网，配置 WLAN 设备检测和反制实验拓扑如图 6-9 所示。

图 6-9　配置 WLAN 设备检测和反制实验拓扑

【实验要求】本实验涉及的各配置项如表 6-3 所示，设备 IP 地址参数如表 6-4 所示。

表 6-3　本实验涉及的各配置项

配置项	要求
管理 VLAN	VLAN 100
业务 VLAN	VLAN 101
DHCP 服务器	AC 作为 AP 的 DHCP 服务器 SwitchB 作为无线用户的 DHCP 服务器
AP 地址池	VLAN 100：10.45.100.2/24 ～ 10.45.100.254/24
STA 地址池	VLAN 101：10.45.101.3/24 ～ 10.45.101.254/24 默认网关：10.45.101.2
AC 源接口 IP 地址	VLANIF 100：10.45.100.1/24
AP 组	名称：group-contain 引用模板：VAP 模板、域管理模板、WIDS 模板 工作方式：normal
AP 配置	名称：ap_legal 组名称：group-contain
域管理模板	名称：default 国家码：CN
SSID 模板	模板名称：wlan-contain SSID 名称：wlan-contain
安全模板	模板名称：sec-contain 安全策略：WPA/WPA2-PSK-AES 密码：huawei123
VAP 模板	模板名称：vap-contain 转发方式：隧道转发 业务 VLAN：VLAN 101 引用模板：SSID 模板、安全模板
WIDS 系统模板	模板名称：wids-default 反制模式：反制仿冒 SSID 的非法 AP

表 6-4　设备 IP 地址参数

设备	接口或 VLAN	IP 地址或接口类型	备注
SwitchA	GE0/0/1	Trunk	PVID：100 放行 VLAN：100
	GE0/0/2	Trunk	放行 VLAN：100
SwitchB	GE0/0/1	Trunk	放行 VLAN：100
	GE0/0/2	Trunk	放行 VLAN：100、101
	GE0/0/3	Trunk	放行 VLAN：101
	VLANIF 101	10.45.101.1/24	接口地址池
AC	GE0/0/1	Trunk	放行 VLAN：100、101
	VLANIF 100	10.45.100.1/24	接口地址池
Router	GE0/0/0	Trunk	放行 VLAN：101
	VLANIF 101	10.45.101.2/24	

【实验步骤】下面是本实验的具体步骤。

第 1 步，配置接入交换机 SwitchA。将接口 GE0/0/1 和 GE0/0/2 加入 VLAN 100，接口 GE0/0/1
的默认 VLAN 为 VLAN 100，具体命令如下所示。

```
<HUAWEI> system-view
[HUAWEI] sysname SwitchA
[SwitchA] vlan 100
[SwitchA-vlan100] interface gi0/0/1
[SwitchA-GigabitEthernet0/0/1] port link-type trunk
[SwitchA-GigabitEthernet0/0/1] port trunk pvid vlan 100
[SwitchA-GigabitEthernet0/0/1] port trunk allow-pass vlan 100
[SwitchA-GigabitEthernet0/0/1] port-isolate enable
[SwitchA-GigabitEthernet0/0/1] quit
[SwitchA] interface gi0/0/2
[SwitchA-GigabitEthernet0/0/2] port link-type trunk
[SwitchA-GigabitEthernet0/0/2] port trunk allow-pass vlan 100
[SwitchA-GigabitEthernet0/0/2] quit
```

第 2 步，配置汇聚交换机 SwitchB。将接口 GE0/0/1 加入 VLAN 100，将接口 GE0/0/2 加入
VLAN 100 和 VLAN 101，将接口 GE0/0/3 加入 VLAN 101，具体命令如下所示。

```
<HUAWEI> system-view
[HUAWEI] sysname SwitchB
[SwitchB] vlan batch 100 101
[SwitchB] interface gi0/0/1
[SwitchB-GigabitEthernet0/0/1] port link-type trunk
[SwitchB-GigabitEthernet0/0/1] port trunk allow-pass vlan 100
[SwitchB-GigabitEthernet0/0/1] quit
[SwitchB] interface gi0/0/2
[SwitchB-GigabitEthernet0/0/2] port link-type trunk
[SwitchB-GigabitEthernet0/0/2] port trunk allow-pass vlan 100 101
[SwitchB-GigabitEthernet0/0/2] quit
[SwitchB] interface gi0/0/3
[SwitchB-GigabitEthernet0/0/3] port link-type trunk
[SwitchB-GigabitEthernet0/0/3] port trunk allow-pass vlan 101
[SwitchB-GigabitEthernet0/0/3] quit
```

第 3 步，配置 AC。将接口 GE0/0/1 加入 VLAN 100 和 VLAN 101，具体命令如下所示。

```
<AC6508> system-view
[AC6508] sysname AC
[AC] vlan batch 100 101
[AC] interface gi0/0/1
[AC-GigabitEthernet0/0/1] port link-type trunk
[AC-GigabitEthernet0/0/1] port trunk allow-pass vlan 100 101
[AC-GigabitEthernet0/0/1] quit
```

第 4 步，配置 Router。将接口 GE0/0/0 加入 VLAN 101，创建接口 VLANIF 101 并配置 IP
地址为 10.45.101.2/24，具体命令如下所示。

```
[Huawei] sysname Router
[Router] vlan 101
[Rouver-vlan 101] interface gi0/0/0
[Router-GigabitEthernet0/0/0] port link-type trunk
[Router-GigabitEthernet0/0/0] port trunk allow-pass vlan 101
[Router-GigabitEthernet0/0/0] quit
[Router] interface vlanif 101
```

```
[Router-Vlanif101] ip address 10.45.101.2 24
[Router-Vlanif101] quit
```

第 5 步，配置 DHCP 服务器。

（1）在 AC 上配置 VLANIF 100 接口为 AP 提供 IP 地址，具体命令如下所示。

```
[AC] dhcp enable
[AC] interface vlanif 100
[AC-Vlanif100] ip address 10.45.100.1 24
[AC-Vlanif100] dhcp select interface
[AC-Vlanif100] quit
```

（2）在 SwitchB 上配置 VLANIF 101 接口为 STA 提供 IP 地址，并指定 10.45.101.2 作为 STA 的默认网关地址，具体命令如下所示。

```
[SwitchB] dhcp enable
[SwitchB] interface vlanif 101
[SwitchB-Vlanif101] ip address 10.45.101.1 24
[SwitchB-Vlanif101] dhcp select interface
[SwitchB-Vlanif101] dhcp server gateway-list 10.45.101.2
[SwitchB-Vlanif101] quit
```

第 6 步，配置 AP 上线。

（1）创建 AP 组，具体命令如下所示。

```
[AC] wlan
[AC-wlan-view] ap-group name group-contain
[AC-wlan-ap-group-group-contain] quit
```

（2）创建域管理模板，在域管理模板下配置 AC 的国家码并在 AP 组下引用域管理模板，具体命令如下所示。

```
[AC-wlan-view] regulatory-domain-profile name default
[AC-wlan-regulate-domain-default] country-code cn
[AC-wlan-regulate-domain-default] quit
[AC-wlan-view] ap-group name group-contain
[AC-wlan-ap-group-group-contain] regulatory-domain-profile default
[AC-wlan-ap-group-group-contain] quit
[AC-wlan-view] quit
```

（3）配置 AC 的源接口，具体命令如下所示。

```
[AC] capwap source interface vlanif 100
```

（4）离线导入 AP，配置 AP 组和 AP 名称，具体命令如下所示。

```
[AC] wlan
[AC-wlan-view] ap auth-mode mac-auth
[AC-wlan-view] ap-id 0 ap-mac b008-75cb-49e0
[AC-wlan-ap-0] ap-name ap_legal
[AC-wlan-ap-0] ap-group group-contain
[AC-wlan-ap-0] quit
```

（5）监控 AP 上线情况，具体命令如下所示。

```
[AC-wlan-view] display ap all
ID  MAC          Name      Group          IP            Type            State  STA  Uptime  ExtraInfo
--------------------------------------------------------------------------------------------
0   b008-75cb-49e0 ap_legal group-contain 10.45.100.94 AirEngine5760-10 nor    0    35S      -
```

第 7 步，配置 WLAN 业务参数。

（1）创建安全模板并配置安全策略，具体命令如下所示。

```
[AC-wlan-view] security-profile name sec-contain
[AC-wlan-sec-prof-sec-contain] security wpa-wpa2 psk pass-phrase huawei123 aes
[AC-wlan-sec-prof-sec-contain] quit
```

（2）创建 SSID 模板并配置 SSID 名称，具体命令如下所示。

```
[AC-wlan-view] ssid-profile name wlan-contain
[AC-wlan-ssid-prof-wlan-contain] ssid wlan-contain
[AC-wlan-ssid-prof-wlan-contain] quit
```

（3）创建 VAP 模板，配置业务数据转发方式、业务 VLAN，并引用安全模板和 SSID 模板，具体命令如下所示。

```
[AC-wlan-view] vap-profile name vap-contain
[AC-wlan-vap-prof-vap-contain] forward-mode tunnel
[AC-wlan-vap-prof-vap-contain] service-vlan vlan-id 101
[AC-wlan-vap-prof-vap-contain] security-profile sec-contain
[AC-wlan-vap-prof-vap-contain] ssid-profile wlan-contain
[AC-wlan-vap-prof-vap-contain] quit
```

（4）配置 AP 组引用 VAP 模板，AP 上的射频 0 和射频 1 都使用 VAP 模板 vap-contain 的配置，具体命令如下所示。

```
[AC-wlan-view] ap-group name group-contain
[AC-wlan-ap-group-group-contain] vap-profile vap-contain wlan 1 radio 0
[AC-wlan-ap-group-group-contain] vap-profile vap-contain wlan 1 radio 1
[AC-wlan-ap-group-group-contain] quit
```

第 8 步，配置 AP 射频的信道和功率。射频的信道和功率自动调优功能默认开启，如果不关闭此功能，则可能会导致手动配置无法生效。

（1）关闭 AP 射频 0 的信道和功率自动调优功能，并配置 AP 射频 0 的信道和功率，具体命令如下所示。

```
[AC-wlan-view] ap-id 0
[AC-wlan-ap-0] radio 0
[AC-wlan-radio-0/0] calibrate auto-channel-select disable
[AC-wlan-radio-0/0] calibrate auto-txpower-select disable
[AC-wlan-radio-0/0] channel 20mhz 6
[AC-wlan-radio-0/0] eirp 127
[AC-wlan-radio-0/0] quit
```

（2）关闭 AP 射频 1 的信道和功率自动调优功能，并配置 AP 射频 1 的信道和功率，具体命令如下所示。

```
[AC-wlan-ap-0] radio 1
[AC-wlan-radio-0/1] calibrate auto-channel-select disable
[AC-wlan-radio-0/1] calibrate auto-txpower-select disable
[AC-wlan-radio-0/1] channel 20mhz 149
[AC-wlan-radio-0/1] eirp 127
[AC-wlan-radio-0/1] quit
[AC-wlan-ap-0] quit
```

第 9 步，配置非法设备检测和反制功能。

（1）配置 AP 组的射频 0 工作在 normal 模式下，并开启非法设备检测功能，具体命令如下所示。

```
[AC-wlan-view] ap-group name group-contain
[AC-wlan-ap-group-group-contain] radio 0
[AC-wlan-group-radio-group-contain/0] work-mode normal
[AC-wlan-group-radio-group-contain/0] wids device detect enable
[AC-wlan-group-radio-group-contain/0] wids contain enable
[AC-wlan-group-radio-group-contain/0] quit
```

（2）配置 AP 组的射频 1 工作在 normal 模式下，并开启非法设备检测功能，具体命令如下所示。

```
[AC-wlan-ap-group-group-contain] radio 1
[AC-wlan-group-radio-group-contain/1] work-mode normal
```

```
[AC-wlan-group-radio-group-contain/1] wids device detect enable
[AC-wlan-group-radio-group-contain/1] wids contain enable
[AC-wlan-group-radio-group-contain/1] quit
```

（3）进入名为 wids-contain 的 WIDS 模板视图，并配置反制模式为反制仿冒 SSID 的非法 AP，具体命令如下所示。

```
[AC-wlan-ap-group-group-contain] wids-profile name wids-contain
[AC-wlan-wids-prof-wids-contain] contain-mode spoof-ssid-ap
[AC-wlan-wids-prof-wids-contain] quit
```

（4）配置 AP 组引用 WIDS 模板，具体命令如下所示。

```
[AC-wlan-view] ap-group name group-contain
[AC-wlan-ap-group-group-contain] wids-profile wids-contain
[AC-wlan-ap-group-group-contain] quit
```

第 10 步，参考任务 4.2 的实验 2，在非法 AP 上部署同名的 SSID，具体过程这里不再演示。

第 11 步，验证配置结果。

通过使用 display wlan ids contain ap 命令可以查看到被反制的 AP2。

```
[AC] display wlan ids contain ap
#Rf: Number of monitor radios that have contained the device
CH: Channel number
Reason: open-encrypt, spoof-ssid-ap, protect-client,
        client, adhoc, manual
StaNum: Number of detected STAs associated with the device
-----------------------------------------------------------------------
-----
MAC address   CH   RSSI(dBm)  StaNum  Authentication  Last detected time  #Rf Reason   SSID
-----------------------------------------------------------------------
-----
60d7-55ec-3621  6 -17    0  wpa-wpa2  2021-11-09/13:45:41  1  spoof-ssid-ap  wlan-contain
60d7-55ec-3631  149 -9   0  wpa-wpa2  2021-11-09/13:44:47  1  spoof-ssid-ap  wlan-contain
```

实验 3：配置 WIDS 攻击检测

【实验背景】为了及时发现和阻止无线网络受到攻击，可以启用 WIDS 的入侵检测功能，对常见的泛洪攻击、弱向量和欺骗攻击等行为进行检测。可通过将检测到的攻击设备加入动态黑名单，丢弃攻击设备的报文，以阻止攻击行为，提高网络安全性。

【实验设备】AP（1 台，华为 AirEngine 5760），AC（1 台，华为 AC6508），Switch（2 台，华为 S5731S-S24P4X），Router（1 台，华为 AR6140-16G4XG），PC（1 台，Windows 10 操作系统）。

【实验拓扑】本实验采用旁挂式二层组网，配置 WIDS 攻击检测实验拓扑如图 6-10 所示。

【实验要求】本实验涉及的各配置项如表 6-5 所示，设备 IP 地址参数如

图 6-10　配置 WIDS 攻击检测实验拓扑

表 6-6 所示。

表 6-5 本实验涉及的各配置项

配置项	要求
管理 VLAN	VLAN 100
业务 VLAN	VLAN 101
DHCP 服务器	AC 作为 AP 的 DHCP 服务器 SwitchB 作为 STA 的 DHCP 服务器
AP 地址池	VLAN 100：10.67.100.2/24 ～ 10.67.100.254/24
STA 地址池	VLAN 101：10.67.101.3/24 ～ 10.67.101.254/24 默认网关：10.67.101.2
AC 源接口 IP 地址	VLANIF 100：10.67.100.1/24
AP 组	名称：group-detect 引用模板：VAP 模板、域管理模板、WIDS 模板、AP 系统模板 工作方式：normal
AP 配置	名称：ap_legal 组名称：group-detect
域管理模板	名称：default 国家码：CN
SSID 模板	模板名称：wlan-detect SSID 名称：wlan-detect
安全模板	模板名称：sec-detect 安全策略：WPA/WPA2-PSK-AES 密码：huawei123
VAP 模板	模板名称：vap-detect 转发方式：隧道转发 业务 VLAN：VLAN 101 引用模板：SSID 模板、安全模板
AP 系统模板	模板名称：sys-detect 动态黑单老化时间：200s
WIDS 模板	名称：wids-detect 暴力破解密钥攻击检测周期：70s 暴力破解密钥攻击检测的静默时间：700s 暴力破解密钥攻击检测周期内允许密钥错误的次数：25 泛洪攻击检测周期：70s 泛洪攻击检测的静默时间：700s 泛洪攻击检测阈值：350 动态黑单功能：开启

表 6-6 设备 IP 地址参数

设备	接口或 VLAN	IP 地址或接口类型	备注
SwitchA	GE0/0/1	Trunk	PVID：100 放行 VLAN：100
	GE0/0/2	Trunk	放行 VLAN：100

续表

设备	接口或 VLAN	IP 地址或接口类型	备注
SwitchB	GE0/0/1	Trunk	放行 VLAN：100
	GE0/0/2	Trunk	放行 VLAN：100、101
	GE0/0/3	Trunk	放行 VLAN：101
	VLANIF 101	10.67.101.1/24	接口地址池
AC	GE0/0/1	Trunk	放行 VLAN：100、101
	VLANIF 100	10.67.100.1/24	接口地址池
Router	GE0/0/0	Trunk	放行 VLAN：101
	VLANIF 101	10.67.101.2/24	

【实验步骤】下面是本实验的具体步骤。

第 1 步，配置接入交换机 SwitchA。将接口 GE0/0/1 和 GE0/0/2 加入 VLAN 100，接口 GE0/0/1 的默认 VLAN 为 VLAN 100，具体命令如下所示。

```
<HUAWEI> system-view
[HUAWEI] sysname SwitchA
[SwitchA] vlan 100
[SwitchA-vlan100] interface gi0/0/1
[SwitchA-GigabitEthernet0/0/1] port link-type trunk
[SwitchA-GigabitEthernet0/0/1] port trunk pvid vlan 100
[SwitchA-GigabitEthernet0/0/1] port trunk allow-pass vlan 100
[SwitchA-GigabitEthernet0/0/1] port-isolate enable
[SwitchA-GigabitEthernet0/0/1] quit
[SwitchA] interface gi0/0/2
[SwitchA-GigabitEthernet0/0/2] port link-type trunk
[SwitchA-GigabitEthernet0/0/2] port trunk allow-pass vlan 100
[SwitchA-GigabitEthernet0/0/2] quit
```

第 2 步，配置汇聚交换机 SwitchB。将接口 GE0/0/1 加入 VLAN 100，将接口 GE0/0/2 加入 VLAN 100 和 VLAN 101，将接口 GE0/0/3 加入 VLAN 101，具体命令如下所示。

```
<HUAWEI> system-view
[HUAWEI] sysname SwitchB
[SwitchB] vlan batch 100 101
[SwitchB] interface gi0/0/1
[SwitchB-GigabitEthernet0/0/1] port link-type trunk
[SwitchB-GigabitEthernet0/0/1] port trunk allow-pass vlan 100
[SwitchB-GigabitEthernet0/0/1] quit
[SwitchB] interface gi0/0/2
[SwitchB-GigabitEthernet0/0/2] port link-type trunk
[SwitchB-GigabitEthernet0/0/2] port trunk allow-pass vlan 100 101
[SwitchB-GigabitEthernet0/0/2] quit
[SwitchB] interface gi0/0/3
[SwitchB-GigabitEthernet0/0/3] port link-type trunk
[SwitchB-GigabitEthernet0/0/3] port trunk allow-pass vlan 101
[SwitchB-GigabitEthernet0/0/3] quit
```

第 3 步，配置 AC。将接口 GE0/0/1 加入 VLAN 100 和 VLAN 101，具体命令如下所示。

```
<AC6508> system-view
[AC6508] sysname AC
[AC] vlan batch 100 101
[AC] interface gi0/0/1
```

```
[AC-GigabitEthernet0/0/1] port link-type trunk
[AC-GigabitEthernet0/0/1] port trunk allow-pass vlan 100 101
[AC-GigabitEthernet0/0/1] quit
```

第 4 步，配置 Router。将接口 GE0/0/0 加入 VLAN 101，创建接口 VLANIF 101 并配置 IP
地址为 10.67.101.2/24，具体命令如下所示。

```
<HUAWEI> system-view
[Huawei] sysname Router
[Router] vlan 101
[Router-vlan 101] interface gi0/0/0
[Router-GigabitEthernet0/0/0] port link-type trunk
[Router-GigabitEthernet0/0/0] port trunk allow-pass vlan 101
[Router-GigabitEthernet0/0/0] quit
[Router] interface vlanif 101
[Router-Vlanif101] ip address 10.67.101.2 24
[Router-Vlanif101] quit
```

第 5 步，配置 DHCP 服务器。

（1）在 AC 上配置 VLANIF100 接口为 AP 提供 IP 地址，具体命令如下所示。

```
[AC] dhcp enable
[AC] interface vlanif 100
[AC-Vlanif100] ip address 10.67.100.1 24
[AC-Vlanif100] dhcp select interface
[AC-Vlanif100] quit
```

（2）在 SwitchB 上配置 VLANIF101 接口为 STA 提供 IP 地址，并指定 10.67.101.2 作为
STA 的默认网关地址，具体命令如下所示。

```
[SwitchB] dhcp enable
[SwitchB] interface vlanif 101
[SwitchB-Vlanif101] ip address 10.67.101.1 24
[SwitchB-Vlanif101] dhcp select interface
[SwitchB-Vlanif101] dhcp server gateway-list 10.67.101.2
[SwitchB-Vlanif101] quit
```

第 6 步，配置 AP 上线。

（1）创建 AP 组，具体命令如下所示。

```
[AC] wlan
[AC-wlan-view] ap-group name group-detect
[AC-wlan-ap-group-group-detect] quit
```

（2）创建域管理模板，在域管理模板下配置 AC 的国家码并在 AP 组下引用域管理模板，具体
命令如下所示。

```
[AC-wlan-view] regulatory-domain-profile name default
[AC-wlan-regulate-domain-default] country-code cn
[AC-wlan-regulate-domain-default] quit
[AC-wlan-view] ap-group name group-detect
[AC-wlan-ap-group-group-detect] regulatory-domain-profile default
[AC-wlan-ap-group-group-detect] quit
[AC-wlan-view] quit
```

（3）配置 AC 的源接口，具体命令如下所示。

```
[AC] capwap source interface vlanif 100
```

（4）离线导入 AP，配置 AP 组和 AP 名称，具体命令如下所示。

```
[AC] wlan
[AC-wlan-view] ap auth-mode mac-auth
[AC-wlan-view] ap-id 0 ap-mac b008-75cb-49e0
```

```
[AC-wlan-ap-0] ap-name ap_legal
[AC-wlan-ap-0] ap-group group-detect
[AC-wlan-ap-0] quit
```

（5）监控 AP 上线情况，具体命令如下所示。

```
[AC-wlan-view] display ap all
ID  MAC         Name      Group     IP          Type           State STA Uptime ExtraInfo
--------------------------------------------------------------------------------------------
0   b008-75cb-49e0 ap_legal group-detect 10.67.100.81 AirEngine5760-10 nor   0 38S      -
```

第 7 步，配置 WLAN 业务参数。

（1）创建安全模板并配置安全策略，具体命令如下所示。

```
[AC-wlan-view] security-profile name sec-detect
[AC-wlan-sec-prof-sec-detect] security wpa-wpa2 psk pass-phrase huawei123 aes
[AC-wlan-sec-prof-sec-detect] quit
```

（2）创建 SSID 模板并配置 SSID 名称，具体命令如下所示。

```
[AC-wlan-view] ssid-profile name wlan-detect
[AC-wlan-ssid-prof-wlan-detect] ssid wlan-detect
[AC-wlan-ssid-prof-wlan-detect] quit
```

（3）创建 VAP 模板，配置业务数据转发方式、业务 VLAN，并引用安全模板和 SSID 模板，具体命令如下所示。

```
[AC-wlan-view] vap-profile name vap-detect
[AC-wlan-vap-prof-vap-detect] forward-mode tunnel
[AC-wlan-vap-prof-vap-detect] service-vlan vlan-id 101
[AC-wlan-vap-prof-vap-detect] security-profile sec-detect
[AC-wlan-vap-prof-vap-detect] ssid-profile wlan-detect
[AC-wlan-vap-prof-vap-detect] quit
```

（4）配置 AP 组引用 VAP 模板，AP 上的射频 0 和射频 1 都使用 VAP 模板 vap-detect 的配置，具体命令如下所示。

```
[AC-wlan-view] ap-group name group-detect
[AC-wlan-ap-group-group-detect] vap-profile vap-detect wlan 1 radio 0
[AC-wlan-ap-group-group-detect] vap-profile vap-detect wlan 1 radio 1
[AC-wlan-ap-group-group-detect] quit
```

第 8 步，配置 AP 射频的信道和功率。射频的信道和功率自动调优功能默认开启，如果不关闭此功能，则可能会导致手动配置无法生效。

（1）关闭 AP 射频 0 的信道和功率自动调优功能，并配置 AP 射频 0 的信道和功率，具体命令如下所示。

```
[AC-wlan-view] ap-id 0
[AC-wlan-ap-0] radio 0
[AC-wlan-radio-0/0] calibrate auto-channel-select disable
[AC-wlan-radio-0/0] calibrate auto-txpower-select disable
[AC-wlan-radio-0/0] channel 20mhz 6
[AC-wlan-radio-0/0] eirp 127
[AC-wlan-radio-0/0] quit
```

（2）关闭 AP 射频 1 的信道和功率自动调优功能，并配置 AP 射频 1 的信道和功率，具体命令如下所示。

```
[AC-wlan-ap-0] radio 1
[AC-wlan-radio-0/1] calibrate auto-channel-select disable
[AC-wlan-radio-0/1] calibrate auto-txpower-select disable
[AC-wlan-radio-0/1] channel 20mhz 149
[AC-wlan-radio-0/1] eirp 127
```

```
[AC-wlan-radio-0/1] quit
[AC-wlan-ap-0] quit
```

第 9 步，配置攻击检测功能。

（1）开启 WPA2-PSK 认证方式的暴力破解密钥攻击检测功能和泛洪攻击检测功能，具体命令如下所示。

```
[AC-wlan-view] ap-group name group-detect
[AC-wlan-ap-group-group-detect] radio 0
[AC-wlan-group-radio-group-detect/0] wids attack detect enable wpa2-psk
[AC-wlan-group-radio-group-detect/0] wids attack detect enable flood
[AC-wlan-group-radio-group-detect/0] quit
[AC-wlan-ap-group-group-detect] radio 1
[AC-wlan-group-radio-group-detect/1] work-mode normal
[AC-wlan-group-radio-group-detect/1] wids attack detect enable wpa2-psk
[AC-wlan-group-radio-group-detect/1] wids attack detect enable flood
[AC-wlan-group-radio-group-detect/1] quit
```

（2）进入名为 wids-detect 的 WIDS 模板视图，配置 WPA2-PSK 认证方式的暴力破解密钥攻击检测的检测周期为 70s，检测周期内允许密钥错误的次数为 25 次，静默时间为 700s，具体命令如下所示。

```
[AC-wlan-view] wids-profile name wids-detect
[AC-wlan-wids-prof-wids-detect] brute-force-detect interval 70
[AC-wlan-wids-prof-wids-detect] brute-force-detect threshold 25
[AC-wlan-wids-prof-wids-detect] brute-force-detect quiet-time 700
```

（3）配置泛洪攻击检测的检测周期为 70s，泛洪攻击检测阈值为 350，静默时间为 700s，具体命令如下所示。

```
[AC-wlan-wids-prof-wids-detect] flood-detect interval 70
[AC-wlan-wids-prof-wids-detect] flood-detect threshold 350
[AC-wlan-wids-prof-wids-detect] flood-detect quiet-time 700
```

第 10 步，配置动态黑名单功能。

（1）启用动态黑名单，具体命令如下所示。

```
[AC-wlan-wids-prof-wids-detect] dynamic-blacklist enable
[AC-wlan-wids-prof-wids-detect] quit
```

（2）创建名为 sys-detect 的 AP 系统模板，配置动态黑名单老化时间为 200s。具体命令如下所示。

```
[AC-wlan-view] ap-system-profile name sys-detect
[AC-wlan-ap-system-prof-sys-detect] dynamic-blacklist aging-time 200
[AC-wlan-ap-system-prof-sys-detect] quit
```

（3）在 AP 组 group-detect 中引用 AP 系统模板，具体命令如下所示。

```
[AC-wlan-view] ap-group name group-detect
[AC-wlan-ap-group-group-detect] ap-system-profile sys-detect
[AC-wlan-ap-group-group-detect] quit
```

（4）配置 AP 组引用 WIDS 模板，具体命令如下所示。

```
[AC-wlan-view] ap-group name group-detect
[AC-wlan-ap-group-group-detect] wids-profile wids-detect
[AC-wlan-ap-group-group-detect] quit
```

第 11 步，验证配置结果。

（1）当有其他设备对 WLAN 进行攻击时，通过使用 display wlan ids attack-detected all 命令可以查看检测到的攻击设备。

```
[AC-wlan-view] display wlan ids attack-detected all
#AP: Number of monitor APs that have detected the device
```

```
AT: Last detected attack type
CH: Channel number
act: Action frame              asr: Association request
aur: Authentication request    daf: Deauthentication frame
dar: Disassociation request    wiv: Weak IV detected
pbr: Probe request             rar: Reassociation request
eaps: EAPOL start frame        eapl: EAPOL logoff frame
saf: Spoofed disassociation frame
sdf: Spoofed deauthentication frame
otsf: Other types of spoofing frames
-----------------------------------------------------------------------------
MAC address        AT      CH     RSSI(dBm)    Last detected time          #AP
-----------------------------------------------------------------------------
22ca-9a1d-821b     wpa2    149    -            2021-11-09/14:49:46         1
```

（2）通过使用 display wlan dynamic-blacklist all 命令可以查看加入动态黑名单的攻击设备。

```
[AC-wlan-view] display wlan dynamic-blacklist all
#AP: Number of monitor APs that have detected the device
LAT: Left aging time(s)
Source: Generated by local device(Local) or remote device(Remote)
act: Action frame              asr: Association request
aur: Authentication request    daf: Deauthentication frame
dar: Disassociation request    eapl: EAPOL logoff frame
pbr: Probe request             rar: Reassociation request
eaps: EAPOL start frame        sti: Static IP
brf: Broadcast flood
-----------------------------------------------------------------------------
MAC address          Last detected time        Reason      #AP       LAT
-----------------------------------------------------------------------------
22ca-9a1d-821b       2021-11-09/14:49:46       wpa2        1         140
```

拓展知识

VIP 用户优先接入功能

在之前讨论的各种接入认证方式中，无线用户拥有平等的身份。也就是说，AC 或 AP 对无线用户进行认证时，仅仅参考事先制定的客观规则，不用考虑无线用户本身的优先级。但是在某些实际的应用场景中，需要保证 VIP 用户能够优先接入无线网络。例如，在用户密集的球场、展馆等场景，单个射频或 VAP 上接入的用户数可能很多。如果对接入用户数不做限制，那么一旦达到最大接入用户数，VIP 用户将无法正常接入，从而降低 VIP 用户的体验。在这些场景中，可以为无线网络配置 VIP 用户优先接入功能，使得 VIP 用户在接入用户数达到上限的情况下，仍能通过"挤掉"普通用户接入无线网络。

启用 VIP 用户优先接入功能后，当接入用户数达到上限时，如果还有新用户接入无线网络，AP 或 AC 会先对用户进行正常认证。认证成功后，在授权阶段检查用户身份。如果是 VIP 用户，则允许该 VIP 用户替换一个普通用户接入无线网络，被替换的普通用户随之被强制下线。如果不是 VIP 用户，则无法接入无线网络。

对于 VIP 用户，其业务流量不会被限速，且会被优先调度。但 VIP 用户优先接入功能在使用上也有一些限制，下面仅列举几条限制。

（1）Portal 认证不支持 VIP 用户优先接入功能。

（2）离线 AP 不支持 VIP 用户优先接入功能。

（3）接入用户数达到 AP 整机容量上限时，VIP 用户优先接入功能无法生效。

（4）VIP 用户业务优先调度仅适用于用户下行流量，且仅 IEEE 802.11ac wave2 协议支持该功能。

拓展实训

网络安全是组建 WLAN 时应重点考虑的因素。认证和加密是提高无线网络安全性的两种主要手段。除此之外，大型企业往往使用安全防护系统提高无线网络的安全性。希望读者通过完成以下的实训内容，可以深化理解相关知识。

【实训目的】

（1）了解常见的 WLAN 安全威胁。

（2）熟悉几种常用的认证方式及其特点。

（3）了解常用的 WLAN 加密技术。

（4）熟悉 WLAN 中非法设备检测和反制的工作原理。

【实训内容】

（1）学习 WLAN 面临的主要威胁。

（2）理解链路认证和用户接入认证的关系。

（3）研究常用的用户接入认证方式及其特点。

（4）学习 WLAN 加密的目的和主要算法。

（5）研究安全防护系统的主要功能和关键技术。

（6）参考实验 1 完成 STA 黑白名单实验。

（7）参考实验 2 完成非法设备检测和反制实验。

（8）参考实验 3 完成 WIDS 攻击检测实验。

任务 6.2   学习 WLAN 安全标准

任务陈述

链路认证和用户接入认证技术能解决无线用户身份的合法性问题，但无法解决数据传输过程中的保密性问题。要解决这个问题，必须对数据进行加密。在 WLAN 的发展过程中，先后出现了多种安全标准，如 WEP、WPA、WPA2、WPA3 和 WAPI 等。这些标准既包括链路认证和用户接入认证技术，又包括数据加密技术。本任务将依次介绍 WLAN 安全标准的主要功能和特点，重点介绍各种标准涉及的数据加密技术。

知识准备

6.2.1 WEP

WEP 是 IEEE 802.11 系列标准定义的链路层加密协议，用来保护 WLAN 中授权用户的数据安全，提供和有线网络相同级别的安全性。WEP 安全标准只涉及链路认证和数据加密，不涉及网络层的接入认证和密钥协商。

WEP 的核心是李斯特加密（Rivest Cipher 4，RC4）算法，通过 RC4

V6-4 WLAN
安全标准

算法实现对称加密。RC4 是一种密钥长度可变的对称流加密算法，密钥长度可以为 64 位、128 位和 152 位，WEP 密钥构成如图 6-11 所示。其中，24 位的初始向量由无线网卡的驱动程序生成，每一帧的初始向量都不相同，以明文形式传输。由于初始向量只有 24 位，因此当帧的数量超过 2^{24} 时，初始向量就会重复。可在 AP 和 STA 上配置 40 位、104 位或 128 位的静态密钥，与初始向量共同构成用于最终加密的密钥。

图 6-11　WEP 密钥构成

WEP 加密采用静态的共享密钥，也就是说，接入同一 SSID 的所有 STA 使用相同的密钥。因此最初的 WEP 标准也被称为静态 WEP 标准。静态 WEP 标准是 WLAN 发展历程中的第 1 个安全标准，但静态 WEP 标准的技术特点决定了它的安全性较低，原因有以下几点。

（1）初始向量和静态密钥长度太短，很容易被破解。攻击者利用 WEP 破解工具可以轻松地破解 WEP 密钥。一旦获得 WEP 密钥，就能解密所有数据帧。

（2）初始向量以明文形式传输，在 5h 内可以重复使用，对加强密钥强度没有实质帮助。

（3）静态 WEP 标准不支持自动更换密钥，必须手动重设。这种密钥管理方式很不方便，也会造成相同密钥的长期重复使用。

（4）静态 WEP 标准采用的对称加密方案被证明存在漏洞。静态 WEP 标准只能实现 AP 对 STA 的单向认证，STA 无法判断网络可能存在的非法 AP。

针对静态 WEP 标准较低的安全性，有些厂商对其进行了增强。结合 802.1X 认证技术，产生了动态 WEP 标准加密。动态 WEP 标准使用的 40 位、104 位或 128 位的密钥由 802.1X 认证中的认证服务器动态生成和下发，可以实现对不同用户采用不同的 WEP 密钥进行加密。

6.2.2　WPA/WPA2

静态 WEP 标准采用基于 RC4 对称流的加密算法，无论是加密机制还是加密算法本身，都很容易受到安全威胁。IEEE 一直致力于 IEEE 802.11i 标准的研发，以替代静态 WEP 标准。但是 IEEE 802.11i 标准的研发过于漫长，迟迟没有最终结果。为了满足市场对于更高安全标准的无线产品和技术的需求，Wi-Fi 联盟在 IEEE 802.11i 标准发布之前推出了改良的 WEP 标准，即 Wi-Fi 保护接入（Wi-Fi Protected Access，WPA）标准。WPA 的核心加密算法还是采用 RC4，但是在 WEP 的基础上提出了临时密钥完整性协议（Temporal Key Integrity Protocol，TKIP）加密算法。在 IEEE 802.11i 标准于 2004 年 6 月正式推出之后，Wi-Fi 联盟对 WPA 进行了修订，以 IEEE 802.11i 标准为基准推出了 WPA2。和 WPA 不同，WPA2 采用安全性更高的计数器模式密码块链信息认证协议（Counter Mode with CBC-MAC Protocol，CCMP）加密算法。下面分别简单介绍 TKIP 和 CCMP 的主要技术要点。

1. TKIP

TKIP 保留了 WEP 的基本架构与操作方式，仍然使用 RC4 的流加密机制，但 TKIP 做了一些针对性的改进以提高安全性。为克服 WEP 容易遭受攻击的缺点，TKIP 将初始向量由 24 位增加到 48 位。不同于 WEP 共用单一共享密钥的做法，TKIP 采用一套动态密钥协商和管理方法，为每个用户动态生成一套独立的密钥。用户密钥是由密钥协商阶段协商出来的成对临时密钥（Pairwise Transient Key，PTK）、发送方的 MAC 地址和报文序列号计算生成的，这个过程称为密钥混合。通过这种密钥混合的方式可以有效地防范针对 WEP 的攻击。

TKIP 采用信息完整性校验（Message Integrity Check，MIC）机制保证报文的完整性与合法性。与 WEP 使用的线性散列算法不同，TKIP 使用的是一种更为可靠的完整性校验散列算法，通过完整性校验保护源地址，能够更容易地探测宣称来自某来源的伪造帧。

TKIP 的另一个改进是为每个帧分配序列号以识别顺序错乱的帧。另外，帧序列号还可以防范重放攻击，即攻击者重复发送一个已被目的主机接收的报文。

2. CCMP

CCMP 是 IEEE 802.11i 标准定义的默认加密方式，使用高级加密标准（Advanced Encryption Standard，AES）作为加密算法。AES 加密算法弥补了 RC4 的缺陷，比 RC4 更难破解，安全性更高。使用 AES 加密算法可以满足部分企业和政府机构对于 WLAN 更高的安全需求。

CCMP 定义了一套使用 AES 的方法，报文加密、密钥管理和消息完整性校验码都使用 AES 加密。CCMP 采用 128 位加密密钥，使用计数器模式（Counter Mode）进行数据加密，信息被加密为 128 位的定长区块。和 TKIP 一样，CCMP 也使用 8 字节的 MIC 保证报文的完整性与合法性。但 CCMP 使用密码块链信息认证码（Cipher-Block Chaining Message Authentication Code，CBC-MAC）计算 MIC 值，安全性远优于 TKIP。需要指出的是，AES 的硬件要求比较高，无法通过直接升级现有设备以支持 CCMP。

为了实现更好的兼容性，在目前的实现中，WPA 和 WPA2 都可以选择使用 802.1X 或 PSK 认证，在加密算法上也都可以选择使用 TKIP 或 CCMP。因此，WPA 和 WPA2 的不同主要表现在协议的报文格式上。在具体的无线安全实施过程中，根据网络用途和安全需求的不同，WPA/WPA2 又分为个人版和企业版两种。

（1）WPA/WPA2 个人版。

WPA/WPA2 个人版让所有的用户使用相同的预共享密钥进行接入认证，即 WPA/WPA2 预共享密钥（WPA/WPA2-PSK）。WPA/WPA2-PSK 不需要专门的认证服务器，仅要求在 AP 和 STA 中预先配置一个预共享密钥。只要密钥吻合，客户就可以获得 WLAN 的访问权。注意，这个密钥仅用于认证过程，而不用于加密过程。这种认证方式成本较低，适用于小型企业或者家庭用户的 WLAN。

（2）WPA/WPA2 企业版。

WPA/WPA2 企业版要求用户提供认证所需的凭证（如用户名和密码），通过特定的用户认证服务器来实现对用户的接入认证。例如，使用 RADIUS 服务器和 EAP 进行认证。这种认证方式称为 WPA/WPA2-802.1X。在大型企业网络中，为了保护重要的商业信息，通常采用 WPA/WPA2 企业版的认证方式。

6.2.3　WPA3

在 WPA2 推出 14 年后，Wi-Fi 联盟于 2018 年 1 月发布了新一代的 WPA3，并正式开启了设备认证工作。作为 WPA2 的继承者，WPA3 在 WPA2 的基础上增加了一些新的功能，目的是实现更可靠的身份验证和提高数据加密强度。WPA3 的改进主要体现在以下几个方面。

（1）即使用户选择的密码不符合典型的复杂性要求，WPA3 仍将为这些用户提供强力保护，以防止攻击者采用暴力破解或字典攻击的方式破解用户密码。

（2）WPA3 旨在简化显示界面较小或无显示界面的设备的配置过程和提高安全性，是传感器网络和物联网设备的理想选择。

（3）WPA3 针对常见的开放 WLAN 进行了特别的改造和设计，通过个性化的数据加密来加强保护开放网络中的用户隐私。

（4）WPA3 使用改进的加密标准来保护数据安全。Wi-Fi 联盟将其描述为"一个 192 位的安全套件，与美国安全系统委员会的商业国家安全算法（Commercial National Security Algorithm，CNSA）保持一致，该套件将进一步保护政府、国防和工业等具有更高安全要求的 WLAN。"

和 WPA/WPA2 一样，WPA3 也根据网络用途和安全需求分为 WPA3 个人版和 WPA3 企业版。WPA3 个人版增强了对密码的安全保护，而 WPA3 企业版支持更高级的安全协议以保护敏感数据。

（1）WPA3 个人版。

在认证方式上，WPA3 个人版使用对等实体同时验证（Simultaneous Authentication of Equals，SAE）协议以提供更可靠的基于密码的身份验证。SAE 取代了 WPA/WPA2 个人版中使用的 PSK 认证方式，可以有效抵御离线字典攻击，增加暴力破解的难度。在数据加密上，SAE 能够提供前向保密，即使攻击者知道了网络中的密码，也不能解密截获的数据，大大提升了 WPA3 个人网络的安全性。WPA3 个人版只支持 AES。

（2）WPA3 企业版。

在一些对安全性要求较高的环境中，如大型企业、政府和金融机构等，可以使用 WPA3 企业版搭建无线网络。WPA3 企业版基于 WPA/WPA2 企业版，但没有从根本上改变或取代 WPA/WAP2 企业版中定义的有关协议。在认证方式上，WPA/WPA2 企业版支持多种 EAP 方式的身份验证，但是 WPA3 企业版仅支持 EAP-TLS。在数据加密上，WPA3 企业版提供了一种可选的 192 位安全模式，该模式规定了每一个加密组件的配置，以使网络的总体安全性保持一致，在数据保护、密钥保护、流量保护和管理帧保护等方面具有明显的优势。

6.2.4 WAPI

无线局域网鉴别与保密基础结构（WLAN Authentication and Privacy Infrastructure，WAPI）是由我国提出的以 IEEE 802.11 系列标准为基础的无线安全标准，是我国首个在计算机宽带无线网络通信领域自主创新并拥有知识产权的安全接入技术标准。WAPI 采用基于公钥密码体制的椭圆曲线密码算法和对称密码体制的分组密码算法，分别用于无线设备的数字证书、证书鉴别、密钥协商和数据的加解密，能够提供比 WEP 和 WPA 更强的安全防护。

WAPI 由以下两部分构成。

① 无线局域网鉴别基础结构（WLAN Authentication Infrastructure，WAI）：用于在 WLAN 中鉴别身份和管理密钥的安全方案。

② 无线局域网保密基础结构（WLAN Privacy Infrastructure，WPI）：用于在 WLAN 中保护数据传输的安全方案，包括数据加密、数据鉴别和重放保护等功能。

WAPI 的一个突出优势是支持客户端和接入网络的双向身份认证。双向身份认证机制既可以防止非法客户端接入 WLAN，又可以杜绝非法接入设备伪装成合法接入设备窃取用户信息。除了支持 WAPI-PSK 的身份认证方式外，WAPI 还提供了基于证书（WAPI-CERT）的认证方式。在这种方式中，WAPI 使用数字证书作为客户端和接入网络的身份凭证，并使用独立的证书服务器管理数字证书。

📝 任务实施

实验 1：配置 WEP 安全策略

【实验背景】WEP 标准是 WLAN 发展历程中的第 1 个安全标准，对 WLAN 早期的数据安全起到了重要的保护作用。WEP 标准只涉及链路认证和数据加密，不涉及网络层的接入认证和密钥协商。WEP 标准的技术特点决定了它的安全性较低。因此，在安全性要求不高的场景中，可以配置 WEP 安全策略，使用共享密钥认证和 WEP。

【实验设备】AP（1 台，华为 AirEngine 5760），AC（1 台，华为 AC6508），PC（1 台，Windows 10 操作系统）。

【实验拓扑】本实验拓扑结构比较简单，将 AP 与 AC 直接相连即可，配置 WEP 安全策略实验拓扑如图 6-12 所示。

图 6-12　配置 WEP 安全策略实验拓扑

【实验要求】本实验涉及的各配置项如表 6-7 所示，设备 IP 地址参数如表 6-8 所示。

表 6-7　本实验涉及的各配置项

配置项	要求
管理 VLAN	VLAN 100
业务 VLAN	VLAN 101
DHCP 服务器	AC 作为 AP 和无线用户的 DHCP 服务器
AP 地址池	VLAN 100：10.23.100.2/24～10.23.100.254/24
STA 地址池	VLAN 101：10.23.101.2/24～10.23.101.254/24 默认网关：10.23.101.1
AC 源接口 IP 地址	VLANIF 100：10.23.100.1/24
AP 组	名称：group-wep 引用模板：VAP 模板、域管理模板
AP 配置	名称：ap101 组名称：group-wep
域管理模板	名称：default 国家码：CN
SSID 模板	模板名称：wlan-wep SSID 名称：wlan-wep
安全模板	模板名称：sec-wep 安全策略：WEP-40 加密 密码：12345
VAP 模板	模板名称：vap-wep 转发方式：隧道转发 业务 VLAN：VLAN 101 引用模板：SSID 模板、安全模板

表 6-8　设备 IP 地址参数

设备	接口或 VLAN	IP 地址或接口类型	备注
AC	GE0/0/1	Trunk	PVID：100 放行 VLAN：100
	GE0/0/2	Trunk	放行 VLAN：101
	VLANIF 100	10.23.100.1/24	接口地址池
	VLANIF 101	10.23.101.1/24	接口地址池

【实验步骤】下面是具体的实验步骤。

第 1 步，配置 AC，使 AP 与 AC 之间能够建立 CAPWAP 隧道，并与上行网络互通。

（1）将接口 GE0/0/1 加入管理 VLAN 100，具体命令如下所示。

```
<AC6508> system-view
[AC6508] sysname AC
[AC] vlan batch 100 101
[AC] interface gi0/0/1
[AC-GigabitEthernet0/0/1] port link-type trunk
[AC-GigabitEthernet0/0/1] port trunk pvid vlan 100
[AC-GigabitEthernet0/0/1] port trunk allow-pass vlan 100
[AC-GigabitEthernet0/0/1] quit
```

（2）将接口 GE0/0/2 加入业务 VLAN 101，具体命令如下所示。

```
[AC] int gi0/0/2
[AC-GigabitEthernet0/0/2] port link-type trunk
[AC-GigabitEthernet0/0/2] port trunk allow-pass vlan 101
[AC-GigabitEthernet0/0/2] quit
```

（3）配置基于接口地址池的 DHCP 服务器。其中，VLANIF 100 接口为 AP 提供 IP 地址，VLANIF 101 接口为 STA 提供 IP 地址，具体命令如下所示。

```
[AC] dhcp enable
[AC] interface vlanif 100
[AC-Vlanif100] ip address 10.23.100.1 24
[AC-Vlanif100] dhcp select interface
[AC-Vlanif100] quit
[AC] interface vlanif 101
[AC-Vlanif101] ip address 10.23.101.1 24
[AC-Vlanif101] dhcp select interface
[AC-Vlanif101] quit
```

第 2 步，配置 AP 上线。

（1）创建 AP 组，具体命令如下所示。

```
[AC] wlan
[AC-wlan-view] ap-group name group-wep
[AC-wlan-ap-group-group-wep] quit
```

（2）创建域管理模板，在域管理模板下配置 AC 的国家码并在 AP 组下引用域管理模板，具体命令如下所示。

```
[AC-wlan-view] regulatory-domain-profile name default
[AC-wlan-regulate-domain-default] country-code cn
[AC-wlan-regulate-domain-default] quit
[AC-wlan-view] ap-group name group-wep
[AC-wlan-ap-group-group-wep] regulatory-domain-profile default
[AC-wlan-ap-group-group-wep] quit
[AC-wlan-view] quit
```

（3）配置 AC 的源接口，具体命令如下所示。

```
[AC] capwap source interface vlanif 100
```

（4）离线导入 AP，配置 AP 组和 AP 名称，具体命令如下所示。

```
[AC] wlan
[AC-wlan-view] ap auth-mode mac-auth
[AC-wlan-view] ap-id 0 ap-mac b008-75cb-49e0
[AC-wlan-ap-0] ap-name ap101
[AC-wlan-ap-0] ap-group group-wep
[AC-wlan-ap-0] quit
```

（5）监控 AP 上线情况，具体命令如下所示。

```
[AC-wlan-view] display ap all
ID   MAC         Name    Group        IP           Type            State  STA  Uptime  ExtraInfo
--------------------------------------------------------------------------------------
0    b008-75cb-49e0  ap101 group-wep 10.23.100.6 AirEngine5760-10 nor    0    19S     -
```

第 3 步，配置 WLAN 业务参数。

（1）创建名为 sec-wep 的安全模板，并配置 WEP 安全策略，具体命令如下所示。

```
[AC-wlan-view] security-profile name sec-wep
[AC-wlan-sec-prof-sec-wep] security wep share-key
[AC-wlan-sec-prof-sec-wep] wep key 0 wep-128 pass-phrase x123456789123456
[AC-wlan-sec-prof-sec-wep] wep default-key 0
[AC-wlan-sec-prof-sec-wep] quit
```

（2）创建名为 wlan-wep 的 SSID 模板，并配置 SSID 名称为 wlan-wep，具体命令如下所示。

```
[AC-wlan-view] ssid-profile name wlan-wep
[AC-wlan-ssid-prof-wlan-wep] ssid wlan-wep
[AC-wlan-ssid-prof-wlan-wep] quit
```

（3）创建名为 vap-wep 的 VAP 模板，配置业务数据转发模式、业务 VLAN，并引用安全模板和 SSID 模板，具体命令如下所示。

```
[AC-wlan-view] vap-profile name vap-wep
[AC-wlan-vap-prof-vap-wep] forward-mode tunnel
[AC-wlan-vap-prof-vap-wep] service-vlan vlan-id 101
[AC-wlan-vap-prof-vap-wep] security-profile sec-wep
[AC-wlan-vap-prof-vap-wep] ssid-profile wlan-wep
[AC-wlan-vap-prof-vap-wep] quit
```

（4）配置 AP 组引用 VAP 模板 vap-wep，AP 上的射频 0 和射频 1 都使用 VAP 模板 vap-wep 的配置，具体命令如下所示。

```
[AC-wlan-view] ap-group name group-wep
[AC-wlan-ap-group-group-wep] vap-profile vap-wep wlan 1 radio 0
[AC-wlan-ap-group-group-wep] vap-profile vap-wep wlan 1 radio 1
[AC-wlan-ap-group-group-wep] quit
```

第 4 步，配置 AP 射频的信道和功率。

（1）配置 AP 射频 0 的信道和功率，具体命令如下所示。

```
[AC-wlan-view] ap-id 0
[AC-wlan-ap-0] radio 0
[AC-wlan-radio-0/0] channel 20mhz 6
[AC-wlan-radio-0/0] eirp 127
[AC-wlan-radio-0/0] quit
```

（2）配置 AP 射频 1 的信道和功率，具体命令如下所示。

```
[AC-wlan-ap-0] radio 1
[AC-wlan-radio-0/1] channel 20mhz 149
[AC-wlan-radio-0/1] eirp 127
[AC-wlan-radio-0/1] quit
[AC-wlan-ap-0] quit
```

第 5 步，验证配置结果。打开 PC，搜索并加入 SSID 为 wlan-wep 的无线网络；使用 display station ssid wlan-wep 命令查看用户上线信息，具体命令如下所示。

```
[AC] display station ssid wlan-wep
STA MAC        AP ID Ap name  Rf/WLAN  Band  Type  Rx/Tx  RSSI  VLAN  IP address
--------------------------------------------------------------------------------------
245b-a714-5cdf 0     ap101    1/1      5G    11a   48/36  -41   101   10.23.101.107
```

实验 2: 配置 WPA/WPA2 混合安全策略

【实验背景】由于无线网络具有开放性的特点,因此若不采取适当的安全策略,业务数据可能存在安全风险。普通用户对 WLAN 的安全性要求不高,一般不需要使用认证服务器。除了早期的 WEP 标准外,目前使用最多的是 WPA/WPA2 的 PSK 认证和 AES 加密,即 WPA/WPA2-PSK-AES 安全策略。如果想进一步提高 WLAN 的安全性,则可以要求不同的 STA 使用不同的密码接入 WLAN,即 WPA/WPA2-PPSK-AES。

【实验设备】AP(2 台,华为 AirEngine 5760),AC(1 台,华为 AC6508),交换机(2 台,华为 S5731S-S24P4X),Router(1 台,华为 AR6140-16G4XG),PC(2 台,Windows 10 操作系统)。

【实验拓扑】本实验采用旁挂式三层组网,配置 WPA/WPA2 混合安全策略实验拓扑如图 6-13 所示。

【实验要求】本实验涉及的各配置项如表 6-9 所示,设备 IP 地址参数如表 6-10 所示。

图 6-13 配置 WPA/WPA2 混合安全策略实验拓扑

表 6-9 本实验涉及的各配置项

配置项	要求
管理 VLAN	VLAN 100、VLAN 200
业务 VLAN	VLAN 101、VLAN 102
DHCP 服务器	Router 作为 AP 和 STA 的 DHCP 服务器
AP 地址池	VLAN 100: 10.45.100.2/24 ~ 10.45.100.254/24
STA 地址池	VLAN 101: 10.45.101.2/24 ~ 10.45.101.254/24 默认网关: 10.45.101.1 VLAN 102: 10.45.102.2/24 ~ 10.45.102.254/24 默认网关: 10.45.102.1
AC 源接口 IP 地址	VLANIF 100: 10.45.200.1/24
AP 组	名称: group-psk 引用模板: VAP 模板、域管理模板 名称: group-ppsk 引用模板: VAP 模板、域管理模板
AP 配置	名称: ap102 组名称: group-psk 名称: ap103 组名称: group-ppsk
域管理模板	名称: default 国家码: CN

续表

配置项	要求
SSID 模板	模板名称：wlan-psk SSID 名称：wlan-psk
	模板名称：wlan-ppsk SSID 名称：wlan-ppsk
安全模板	模板名称：sec-psk 安全策略：WPA/WPA2-PSK-AES 密码：huawei123
	模板名称：sec-ppsk 安全策略：WPA/WPA2-PPSK-AES 用户 1 密码：guest@123 用户 2 密码：guest@456
VAP 模板	模板名称：vap-psk 转发方式：隧道转发 业务 VLAN：VLAN 101 引用模板：SSID 模板、安全模板
	模板名称：vap-ppsk 转发方式：隧道转发 业务 VLAN：VLAN 102 引用模板：SSID 模板、安全模板

表 6-10　设备 IP 地址参数

设备	接口或 VLAN	IP 地址或接口类型	备注
SwitchA	GE0/0/1	Trunk	PVID：100 放行 VLAN：100
	GE0/0/2	Trunk	PVID：100 放行 VLAN：100
	GE0/0/3	Trunk	放行 VLAN：100
SwitchB	GE0/0/1	Trunk	放行 VLAN：100
	GE0/0/2	Trunk	放行 VLAN：101、102、200
	GE0/0/3	Trunk	放行 VLAN：201
	VLANIF 100	10.45.100.1/24	DHCP 中继
	VLANIF 101	10.45.101.1/24	DHCP 中继
	VLANIF 102	10.45.102.1/24	DHCP 中继
	VLANIF 200	10.45.200.2/24	
	VLANIF 201	10.45.201.2/24	
AC	GE0/0/1	Trunk	放行 VLAN：101、102、200
	VLANIF 200	10.45.200.1/24	
Router	GE0/0/0	Trunk	放行 VLAN：201
	VLANIF 201	10.45.201.1/24	全局地址池

【实验步骤】下面是具体的实验步骤。

第 1 步，配置接入交换机 SwitchA。将接口 GE0/0/1 和 GE0/0/2 加入 VLAN 100，且其默认 VLAN 为 VLAN 100；将接口 GE0/0/3 加入 VLAN 100，具体命令如下所示。

```
<HUAWEI> system-view
[HUAWEI] sysname SwitchA
[SwitchA] vlan 100
[SwitchA-vlan100] interface gi0/0/1
[SwitchA-GigabitEthernet0/0/1] port link-type trunk
[SwitchA-GigabitEthernet0/0/1] port trunk pvid vlan 100
[SwitchA-GigabitEthernet0/0/1] port trunk allow-pass vlan 100
[SwitchA-GigabitEthernet0/0/1] port-isolate enable
[SwitchA-GigabitEthernet0/0/1] quit
[SwitchA] interface gi0/0/2
[SwitchA-GigabitEthernet0/0/2] port link-type trunk
[SwitchA-GigabitEthernet0/0/2] port trunk pvid vlan 100
[SwitchA-GigabitEthernet0/0/2] port trunk allow-pass vlan 100
[SwitchA-GigabitEthernet0/0/2] port-isolate enable
[SwitchA-GigabitEthernet0/0/2] quit
[SwitchA] interface gi0/0/3
[SwitchA-GigabitEthernet0/0/3] port link-type trunk
[SwitchA-GigabitEthernet0/0/3] port trunk allow-pass vlan 100
[SwitchA-GigabitEthernet0/0/3] quit
```

第 2 步，配置汇聚交换机 SwitchB。

（1）将接口 GE0/0/1 加入 VLAN 100，将接口 GE0/0/2 加入 VLAN 101、VLAN 102 和 VLAN 200，将接口 GE0/0/3 加入 VLAN 201，具体命令如下所示。

```
<HUAWEI> system-view
[HUAWEI] sysname SwitchB
[SwitchB] vlan batch 100 to 102 200 201
[SwitchB] interface gi0/0/1
[SwitchB-GigabitEthernet0/0/1] port link-type trunk
[SwitchB-GigabitEthernet0/0/1] port trunk allow-pass vlan 100
[SwitchB-GigabitEthernet0/0/1] quit
[SwitchB] interface gi0/0/2
[SwitchB-GigabitEthernet0/0/2] port link-type trunk
[SwitchB-GigabitEthernet0/0/2] port trunk allow-pass vlan 101 102 200
[SwitchB-GigabitEthernet0/0/2] quit
[SwitchB] interface gi0/0/3
[SwitchB-GigabitEthernet0/0/3] port link-type trunk
[SwitchB-GigabitEthernet0/0/3] port trunk allow-pass vlan 201
[SwitchB-GigabitEthernet0/0/3] quit
```

（2）创建接口 VLANIF 100、VLANIF 101、VLANIF 102、VLANIF 200 和 VLANIF 201，并分别配置 IP 地址。其中，VLANIF 100 为 AP 的网关，VLANIF 101 和 VLANIF 102 为无线用户的网关，VLANIF 200 用于 SwitchB 与 AC 通信，VLANIF 201 用于 SwitchB 与 Router 通信。具体命令如下所示。

```
[SwitchB] interface vlanif 100
[SwitchB-Vlanif100] ip address 10.45.100.1 24
[SwitchB-Vlanif100] quit
[SwitchB] interface vlanif 101
[SwitchB-Vlanif101] ip address 10.45.101.1 24
[SwitchB-Vlanif101] quit
[SwitchB] interface vlanif 102
[SwitchB-Vlanif102] ip address 10.45.102.1 24
[SwitchB-Vlanif102] quit
[SwitchB] interface vlanif 200
```

```
[SwitchB-Vlanif200] ip address 10.45.200.2 24
[SwitchB-Vlanif200] quit
[SwitchB] interface vlanif 201
[SwitchB-Vlanif201] ip address 10.45.201.2 24
[SwitchB-Vlanif201] quit
```

第 3 步，配置 AC。将连接汇聚交换机 SwitchB 的接口 GE0/0/1 加入 VLAN 101、VLAN 102
和 VLAN 200；创建 VLANIF 200 接口并配置 IP 地址，具体命令如下所示。

```
<AC6508> system-view
[AC6508] sysname AC
[AC] vlan batch 101 102 200
[AC] interface gi0/0/1
[AC-GigabitEthernet0/0/1] port link-type trunk
[AC-GigabitEthernet0/0/1] port trunk allow-pass vlan 101 102 200
[AC-GigabitEthernet0/0/1] quit
[AC] interface vlanif 200
[AC-Vlanif200] ip address 10.45.200.1 24
[AC-Vlanif200] quit
```

第 4 步，配置 Router。

（1）将接口 GE0/0/0 加入 VLAN 201，创建 VLANIF 201 接口并配置 IP 地址，使 Router
能与 SwitchB 通信，具体命令如下所示。

```
<Huawei> system-view
[Huawei] sysname Router
[Router] vlan 201
[Router-vlan201] interface gi0/0/0
[Router-GigabitEthernet0/0/0] port link-type trunk
[Router-GigabitEthernet0/0/0] port trunk allow-pass vlan 201
[Router-GigabitEthernet0/0/0] quit
[Router] interface vlanif 201
[Router-Vlanif201] ip address 10.45.201.1 24
[Router-Vlanif201] quit
```

（2）配置 Router 到 SwitchB 的路由，具体命令如下所示。

```
[Router] ip route-static 10.45.100.0 24 10.45.201.2
[Router] ip route-static 10.45.101.0 24 10.45.201.2
[Router] ip route-static 10.45.102.0 24 10.45.201.2
```

第 5 步，配置 SwitchB 的默认路由，下一跳为 Router 的 VLANIF 201，具体命令如下所示。

```
[SwitchB] ip route-static 0.0.0.0 0.0.0.0 10.45.201.1
```

第 6 步，配置 AC 到 AP 的路由，下一跳为 SwitchB 的 VLANIF 200，具体命令如下所示。

```
[AC] ip route-static 10.45.100.0 24 10.45.200.2
```

第 7 步，配置 DHCP 服务器。

（1）配置路由器 Router 作为 DHCP 服务器给 AP 和 STA 分配 IP 地址。AP 和 AC 间为三层
组网时需要通过配置 Option 43 向 AP 通告 AC 的 IP 地址。具体命令如下所示。

```
[Router] dhcp enable
[Router] ip pool ap
[Router-ip-pool-ap] network 10.45.100.0 mask 24
[Router-ip-pool-ap] gateway-list 10.45.100.1
[Router-ip-pool-ap] option 43 sub-option 3 ascii 10.45.200.1
[Router-ip-pool-ap] quit
[Router] ip pool pool_vlan 101
[Router-ip-pool-pool_vlan 101] network 10.45.101.0 mask 24
[Router-ip-pool-pool_vlan 101] gateway-list 10.45.101.1
```

```
[Router-ip-pool-pool_vlan 101] quit
[Router] ip pool pool_vlan102
[Router-ip-pool-pool_vlan102] network 10.45.102.0 mask 24
[Router-ip-pool-pool_vlan102] gateway-list 10.45.102.1
[Router-ip-pool-pool_vlan102] quit
[Router] interface vlanif 201
[Router-Vlanif201] dhcp select global
[Router-Vlanif201] quit
```

（2）在 SwitchB 上配置 DHCP 中继，代理 Router 分配 IP 地址，具体命令如下所示。

```
[SwitchB] dhcp enable
[SwitchB] interface vlanif 100
[SwitchB-Vlanif100] dhcp select relay
[SwitchB-Vlanif100] dhcp relay server-ip 10.45.201.1
[SwitchB-Vlanif100] quit
[SwitchB] interface vlanif 101
[SwitchB-Vlanif101] dhcp select relay
[SwitchB-Vlanif101] dhcp relay server-ip 10.45.201.1
[SwitchB-Vlanif101] quit
[SwitchB] interface vlanif 102
[SwitchB-Vlanif102] dhcp select relay
[SwitchB-Vlanif102] dhcp relay server-ip 10.45.201.1
[SwitchB-Vlanif102] quit
```

第8步，配置 AP 上线。

（1）创建 AP 组 group-psk 和 group-ppsk，具体命令如下所示。

```
[AC] wlan
[AC-wlan-view] ap-group name group-psk
[AC-wlan-ap-group-group-psk] quit
[AC-wlan-view] ap-group name group-ppsk
[AC-wlan-ap-group-group-ppsk] quit
```

（2）创建域管理模板，在域管理模板下配置 AC 的国家码并在 AP 组下引用域管理模板，具体命令如下所示。

```
[AC-wlan-view] regulatory-domain-profile name default
[AC-wlan-regulate-domain-default] country-code cn
[AC-wlan-regulate-domain-default] quit
[AC-wlan-view] ap-group name group-psk
[AC-wlan-ap-group-group-psk] regulatory-domain-profile default
[AC-wlan-ap-group-group-psk] quit
[AC-wlan-view] ap-group name group-ppsk
[AC-wlan-ap-group-group-ppsk] regulatory-domain-profile default
[AC-wlan-ap-group-group-ppsk] quit
[AC-wlan-view] quit
```

（3）配置 AC 的源接口，具体命令如下所示。

```
[AC] capwap source interface Vlanif 200
```

（4）离线导入 AP，配置 AP 组和 AP 名称，具体命令如下所示。

```
[AC] wlan
[AC-wlan-view] ap auth-mode mac-auth
[AC-wlan-view] ap-id 0 ap-mac b008-75cb-49e0
[AC-wlan-ap-0] ap-name ap102
[AC-wlan-ap-0] ap-group group-psk
[AC-wlan-ap-0] quit
[AC-wlan-view] ap-id 1 ap-mac 60d7-55ec-3620
```

```
[AC-wlan-ap-1] ap-name ap103
[AC-wlan-ap-1] ap-group group-ppsk
[AC-wlan-ap-1] quit
```

（5）监控 AP 上线情况，具体命令如下所示。

```
[AC-wlan-view] display ap all
ID    MAC            Name   Group       IP           Type            State   STA Uptime ExtraInfo
------------------------------------------------------------------------------
0     b008-75cb-49e0 ap102 group-psk   10.45.100.68  AirEngine5760-10  nor 0   3S   -
1     60d7-55ec-3620 ap103 group-ppsk 10.45.100.20  AirEngine5760-10  nor 0   11S  -
```

第 9 步，配置 WLAN 业务参数。

（1）创建名为 sec-psk 的安全模板，并配置安全策略为 WPA/WPA2-PSK-AES，具体命令如下所示。

```
[AC-wlan-view] security-profile name sec-psk
[AC-wlan-sec-prof-sec-psk] security wpa2 psk pass-phrase huawei123 aes
[AC-wlan-sec-prof-sec-psk] quit
```

（2）创建名为 sec-ppsk 的安全模板，并配置安全策略为 WPA/WPA2-PPSK-AES，具体命令如下所示。

```
[AC-wlan-view] security-profile name sec-ppsk
[AC-wlan-sec-prof-sec-ppsk] security wpa-wpa2 ppsk aes
[AC-wlan-sec-prof-sec-ppsk] quit
```

（3）创建两个 PPSK 用户，接入密码分别为"guest@123"和"guest@456"，具体命令如下所示。

```
[AC-wlan-view] ppsk-user psk pass-phrase guest@123 ssid wlan-ppsk
[AC-wlan-view] ppsk-user psk pass-phrase guest@456 ssid wlan-ppsk
```

（4）创建名为 wlan-psk 和 wlan-ppsk 的 SSID 模板，并分别配置 SSID 名称为 wlan-psk 和 wlan-ppsk，具体命令如下所示。

```
[AC-wlan-view] ssid-profile name wlan-psk
[AC-wlan-ssid-prof-wlan-psk] ssid wlan-psk
[AC-wlan-ssid-prof-wlan-psk] quit
[AC-wlan-view] ssid-profile name wlan-ppsk
[AC-wlan-ssid-prof-wlan-ppsk] ssid wlan-ppsk
[AC-wlan-ssid-prof-wlan-ppsk] quit
```

（5）创建名为 vap-psk 和 vap-ppsk 的 VAP 模板，配置业务数据转发模式、业务 VLAN，并引用安全模板和 SSID 模板，具体命令如下所示。

```
[AC-wlan-view] vap-profile name vap-psk
[AC-wlan-vap-prof-vap-psk] forward-mode tunnel
[AC-wlan-vap-prof-vap-psk] service-vlan vlan-id 101
[AC-wlan-vap-prof-vap-psk] security-profile sec-psk
[AC-wlan-vap-prof-vap-psk] ssid-profile wlan-psk
[AC-wlan-vap-prof-vap-psk] quit
[AC-wlan-view] vap-profile name vap-ppsk
[AC-wlan-vap-prof-vap-ppsk] forward-mode tunnel
[AC-wlan-vap-prof-vap-ppsk] service-vlan vlan-id 102
[AC-wlan-vap-prof-vap-ppsk] security-profile sec-ppsk
[AC-wlan-vap-prof-vap-ppsk] ssid-profile wlan-ppsk
[AC-wlan-vap-prof-vap-ppsk] quit
```

（6）配置 AP 组引用 VAP 模板。AP 组 group-psk 和 group-ppsk 对 AP 上的射频 0 和射频 1 分别使用 vap-psk 和 vap-ppsk 的配置，具体命令如下所示。

```
[AC-wlan-view] ap-group name group-psk
[AC-wlan-ap-group-group-psk] vap-profile vap-psk wlan 1 radio 0
```

```
[AC-wlan-ap-group-group-psk] vap-profile vap-psk wlan 1 radio 1
[AC-wlan-ap-group-group-psk] quit
[AC-wlan-view] ap-group name group-ppsk
[AC-wlan-ap-group-group-ppsk] vap-profile vap-ppsk wlan 1 radio 0
[AC-wlan-ap-group-group-ppsk] vap-profile vap-ppsk wlan 1 radio 1
[AC-wlan-ap-group-group-ppsk] quit
```

第 10 步，配置 AP1 射频的信道和功率。射频的信道和功率自动调优功能默认开启，如果不关闭此功能，则可能会导致手动配置无法生效。

（1）关闭 AP1 射频 0 的信道和功率自动调优功能，并配置 AP1 射频 0 的信道和功率，具体命令如下所示。

```
[AC-wlan-view] ap-id 0
[AC-wlan-ap-0] radio 0
[AC-wlan-radio-0/0] calibrate auto-channel-select disable
[AC-wlan-radio-0/0] calibrate auto-txpower-select disable
[AC-wlan-radio-0/0] channel 20mhz 6
[AC-wlan-radio-0/0] eirp 127
[AC-wlan-radio-0/0] quit
```

（2）关闭 AP1 射频 1 的信道和功率自动调优功能，并配置 AP1 射频 1 的信道和功率，具体命令如下所示。

```
[AC-wlan-ap-0] radio 1
[AC-wlan-radio-0/1] calibrate auto-channel-select disable
[AC-wlan-radio-0/1] calibrate auto-txpower-select disable
[AC-wlan-radio-0/1] channel 20mhz 149
[AC-wlan-radio-0/1] eirp 127
[AC-wlan-radio-0/1] quit
```

第 11 步，配置 AP2 射频的信道和功率。射频的信道和功率自动调优功能默认开启，如果不关闭此功能，则可能会导致手动配置无法生效。

（1）关闭 AP2 射频 0 的信道和功率自动调优功能，并配置 AP2 射频 0 的信道和功率，具体命令如下所示。

```
[AC-wlan-ap-0] ap-id 1
[AC-wlan-ap-1] radio 0
[AC-wlan-radio-1/0] calibrate auto-channel-select disable
[AC-wlan-radio-1/0] calibrate auto-txpower-select disable
[AC-wlan-radio-1/0] channel 20mhz 1
[AC-wlan-radio-1/0] eirp 127
[AC-wlan-radio-1/0] quit
```

（2）关闭 AP2 射频 1 的信道和功率自动调优功能，并配置 AP2 射频 1 的信道和功率，具体命令如下所示。

```
[AC-wlan-ap-1] radio 1
[AC-wlan-radio-1/1] calibrate auto-channel-select disable
[AC-wlan-radio-1/1] calibrate auto-txpower-select disable
[AC-wlan-radio-1/1] channel 20mhz 153
[AC-wlan-radio-1/1] eirp 127
[AC-wlan-radio-1/1] quit
```

第 12 步，验证配置结果。

（1）检查 VAP 是否创建成功，具体命令如下所示。当"Status"字段显示为"ON"时，表示 AP 相应射频上的 VAP 已创建成功。

```
[AC-wlan-ap-1] display vap ssid wlan-psk
AP ID AP name   RfID WID  BSSID          Status  Auth type          STA   SSID
```

```
0      ap102    0    1     B008-75CB-49E0 ON      WPA2-PSK        0     wlan-psk
0      ap102    1    1     B008-75CB-49F0 ON      WPA2-PSK        0     wlan-psk
[AC-wlan-ap-1] display vap ssid wlan-ppsk
AP ID AP name   RfID WID  BSSID      Status    Auth type          STA    SSID
----------------------------------------------------------------------------------
1      ap103    0    1     60D7-55EC-3620 ON     WPA/WPA2-PPSK   0     wlan-ppsk
1      ap103    1    1     60D7-55EC-3630 ON     WPA/WPA2-PPSK   0     wlan-ppsk
```

（2）使用智能手机或 PC 搜索并加入名为 wlan-psk 的无线网络，监控已关联的无线用户，具体命令如下所示。

```
[AC-wlan-view] display station ssid wlan-psk
STA MAC      AP ID Ap name  Rf/WLAN  Band  Type  Rx/Tx   RSSI  VLAN  IP address
----------------------------------------------------------------------------------
d2a8-80ff-12ce  0   ap102    1/1     5G    11ac  156/130  -37   101   10.45.101.245
```

（3）在不同的设备上分别使用密码"guest@123"和"guest@456"加入名为 wlan-ppsk 的无线网络，监控已关联的无线用户，具体命令如下所示。

```
[AC-wlan-view] display station ssid wlan-ppsk
STA MAC      AP ID Ap name  Rf/WLAN  Band  Type  Rx/Tx   RSSI  VLAN  IP address
----------------------------------------------------------------------------------
ee50-dfc7-68eb   1   ap103    0/1     2.4G  11n   117/86   -85   102   10.45.102.35
f460-e270-43bc   1   ap103    1/1     5G    11ac  96/65    -30   102   10.45.102.230
```

 拓展知识

IEEE 802.11i 安全标准

由于 WEP 标准的安全性相对较低，IEEE 一直致力于开发新一代的 IEEE 802.11i 安全标准以增强 WLAN 的认证和数据加密功能。IEEE 802.11i 具有以下几个特点。

① 基于 802.1X 认证方式，提供 STA 和 AP 之间的双向认证机制。

② 使用密钥管理算法和动态会话密钥。

③ 支持加强的 AES 和 TKIP 加密算法，其中基于 AES 的 CCMP 是设备必须实现的。

④ 支持无线设备快速漫游和预认证。

为了满足市场对于提高 WLAN 安全性的迫切需求，IEEE 802.11i 标准提出了两种网络安全构架，即过渡安全网络（Transition Security Network，TSN）和强健安全网络（Robust Security Network，RSN）。

（1）TSN。

IEEE 802.11i 提出的 RSN 要求太高，现有设备无法通过升级实现，IEEE 802.11i 标准的研究进展也无法满足市场的迫切需求。因此，制定一个临时的过渡方案成为比较现实的选择。TSN 就是在这种背景下诞生的。

TSN 后向兼容 WEP 标准，使已有的基于 WEP 标准的 WLAN 可以平稳过渡到 TSN。WPA 是 TSN 的具体实现。Wi-Fi 联盟制定的 WPA 标准使用了 IEEE 802.11i 标准草案中部分已经能够投放市场的成熟技术，但并没有包含草案中尚未完全确定的高强度数据保密技术。WPA 可看作兼顾市场与技术的折中产品。

（2）RSN。

IEEE 802.11i 在 TSN 的基础上提出了 RSN 的概念，以进一步增强认证和数据加密的安全性。RSN 针对 WEP 标准的各种缺陷做了多方面的改进，尤其是使用了 AES 加密算法。正如在介绍

WPA2 时提到的，CCMP 机制基于 AES 加密算法和 CCM 认证方式，使得 WLAN 的安全性大大提高，这也是 RSN 的强制性要求。但 AES 对硬件要求比较高，无法通过升级现有设备实现 CCMP。

拓展实训

在 WLAN 的实际应用中，根据不同的安全需求可以使用多种不同的安全标准，如 WEP、WPA、WPA2、WPA3 和 WAPI 等。这些标准既包括链路认证和用户接入认证技术，又包括数据加密技术。希望读者通过完成以下的实训内容，可以深化理解相关知识。

【实训目的】

（1）了解 WEP 标准和 RC4 加密算法的主要技术特点。

（2）了解 WPA/WPA2 与 TKIP、CCMP 加密算法的主要技术特点。

（3）了解 WPA3 相对于 WPA/WPA2 的主要改进。

（4）了解 WAPI 的组成和优势。

【实训内容】

（1）组建一个 FIT AP+AC WLAN，采用直连二层组网、直接转发方式，应用 WEP 安全策略。

（2）组建一个 FIT AP+AC WLAN，采用旁挂三层组网、隧道转发方式，应用 PSK+AES 安全策略。

（3）组建一个 FIT AP+AC WLAN，采用旁挂三层组网、直接转发方式，应用 PPSK 认证方式。

项目小结

不管是有线网络还是无线网络，安全性都是网络规划、设计和组建时必须着重考虑的因素。由于 WLAN 使用开放的传输信道，因此与有线网络相比，WLAN 面临更多的安全威胁。本项目包含两个任务，重点介绍了 WLAN 的安全防御策略和相关安全标准。任务 6.1 从 WLAN 常见威胁开始，引入两种主要的防御手段，即认证技术和加密技术。认证是指对用户身份合法性的验证，分为链路认证和用户接入认证。在 WLAN 的发展过程中，先后使用了多种认证方式，如开放系统认证和共享密钥认证、MAC 认证、PSK 认证、Portal 认证、802.1X 认证等。安全防护系统对提高 WLAN 的安全性发挥了重要作用。在用户通过认证并被授权访问网络后，一般要通过加密技术保护用户数据不被窃取或篡改。数据加密有 3 个主要目的，即机密性、完整性和认证。任务 6.1 的最后介绍了安全防护系统的设备检测和反制机制，以及非法攻击检测的基本概念。任务 6.2 重点介绍了和 WLAN 相关的多个安全标准。从最初的 WEP 标准，到最新的 WPA3，WLAN 安全标准也随着用户安全需求的变化而不断发展。限于篇幅，任务 6.2 无法详细说明各个标准的具体实现细节，感兴趣的读者可以查找相关资料进一步深入学习。

项目练习题

1. 选择题

（1）下列不属于 WLAN 的主要安全威胁的为（   ）。

    A. 用户能够在未经授权的情况下非法接入无线网络

    B. 将 AP 接入企业网络，使用非正常手段访问网络

    C. 借助相应的分析软件捕获无线信道中传输的数据

    D. 对 WLAN 的组网设备进行物理破坏

（2）在 WLAN 中恶意部署非法 AP，配置与合法 AP 相同的 SSID，这种做法属于（　　　）。

    A. 未经授权使用网络服务　　　　　　　　B. 未经授权部署非法 AP

    C. 数据窃听　　　　　　　　　　　　　　D. 无线攻击

（3）开放系统认证发生在（　　　）阶段。

    A. 用户接入认证　　B. 扫描　　　　　　C. 链路认证　　　　D. 关联

（4）与其他 3 种认证不属于同一类型的是（　　　）。

    A. 开放系统认证　　B. PSK 认证　　　　C. Portal 认证　　D. 802.1X 认证

（5）关于 PSK 认证与 PPSK 认证，下列说法中错误的一项是（　　　）。

    A. PSK 认证要求在无线客户端和服务端配置相同的预共享密钥

    B. PSK 认证属于链路认证

    C. 相比较来说，PSK 认证的安全性较差，容易受到暴力字典攻击

    D. 使用 PPSK 认证时，连接到同一无线网络的用户拥有不同的密钥，安全性较高

（6）目前广泛应用于电信运营商、酒店、连锁快餐店、学校和企业等组织的网络中的认证方式是（　　　）。

    A. Portal 认证　　B. 802.1X 认证　　　C. MAC 认证　　　D. 开放系统认证

（7）下列关于 AAA 与 RADIUS 的说法中错误的一项是（　　　）。

    A. AAA 提供了认证、授权和计费 3 种功能

    B. AAA 一般采用 C/S 架构

    C. AAA 具有良好的扩展性

    D. AAA 只能通过 RADIUS 实现

（8）对用户身份进行分类并确定其可以使用哪些网络服务，这个操作称为（　　　）。

    A. 认证　　　　　　B. 授权　　　　　　C. 计费　　　　　　D. 鉴别

（9）数据加密的目的不包括（　　　）。

    A. 防止数据被未经授权的第三者拦截　　　B. 确定接收的数据没有被篡改

    C. 确定用户可以使用哪些网络服务　　　　D. 确保数据来源的正确性

（10）（　　　）不是 WIDS/WIPS 的功能。

    A. 在家庭网络或小型企业网络中使用基于设备黑白名单的接入方式

    B. 对无线用户的数据进行加密传输，保证数据的机密性和完整性

    C. 在中小型企业网络中启用攻击检测功能

    D. 在大中型企业中启用检测、识别、防范和反制功能

（11）通过逐个推算找出真正密码的破解方法称为（　　　）。

    A. 泛洪攻击　　　　B. 弱向量　　　　　C. 欺骗攻击　　　　D. 暴力破解

（12）WEP 的核心是（　　　）加密算法。

    A. RC4　　　　　　B. CCMP　　　　　　C. AES　　　　　　D. RSA

（13）（　　　）不是 WPA 的特点。

    A. 核心加密算法仍然采用 RC4

    B. 引入 CCMP 加密算法

    C. 将初始向量由 24 位增加到 48 位

    D. 采用动态密钥协商和管理方法，为每个用户动态生成一套独立的密钥

（14）WPA3 的改进中不包括（　　　）。

    A. 简化显示界面较小或无显示界面的设备的配置过程和提高安全性

    B. 针对常见的开放 WLAN 进行特别的改造和设计

    C. 使用改进的加密标准保护数据安全

    D．无法为使用弱密码的用户提供强力保护

2．填空题

（1）捕获无线信道中传输的数据以窃取用户信息，这种行为属于＿＿＿＿＿＿＿＿。

（2）＿＿＿＿＿＿＿＿＿是指未经授权将 AP 接入企业有线网络，影响网络的正常运行。

（3）无线安全认证有＿＿＿＿＿＿＿＿＿和＿＿＿＿＿＿＿＿两种方式，分别发生在无线接入过程的两个不同阶段。

（4）用户接入认证方式有＿＿＿＿、＿＿＿＿、＿＿＿＿和＿＿＿＿等。

（5）PSK 认证方式要求在无线客户端和服务端配置相同的＿＿＿＿＿＿＿＿。

（6）连接到同一无线网络的用户拥有不同的密钥，这种认证方式称为＿＿＿＿＿＿＿＿。

（7）Portal 认证过程涉及 4 个参与者，分别是＿＿＿＿、＿＿＿＿、＿＿＿＿和＿＿＿＿。

（8）802.1X 认证体系具有典型的 C/S 架构，由＿＿＿＿、＿＿＿＿和＿＿＿＿3 部分组成。

（9）AAA 服务器提供了＿＿＿＿＿、＿＿＿＿和＿＿＿＿＿3 种功能。

（10）数据加密一般要实现＿＿＿＿＿、＿＿＿＿＿和＿＿＿＿3 个目的。

（11）监测 AP 能够识别的非法设备包括＿＿＿＿＿、＿＿＿＿、＿＿＿＿和＿＿＿＿。

（12）启用 WIDS 检测功能可对常见的＿＿＿＿、＿＿＿＿和＿＿＿＿进行检测。

（13）根据网络用途和安全需求的不同，WPA/WPA2 分为＿＿＿＿和＿＿＿＿两种安全规范。

（14）WAPI 由＿＿＿＿＿＿＿和＿＿＿＿＿＿＿两部分组成。

3．简答题

（1）简述 WLAN 主要的安全威胁。

（2）简述 WLAN 中常用的用户接入认证方式。

（3）简述 AAA 服务器提供的 3 种功能。

（4）简述数据加密的主要目的。

（5）简述 WIDS/WIPS 的主要用途。

项目7
组建漫游WLAN

07

学习目标

【知识目标】

（1）熟悉无线漫游的基本概念和应用场景。

（2）掌握无线漫游的基本原理和漫游类型。

（3）掌握无线漫游的流量转发模型。

【技能目标】

（1）能够解释无线漫游的基本概念和常用术语。

（2）能够阐明无线漫游的基本原理和类型。

（3）能够说明无线漫游的流量转发模型。

【素养目标】

（1）培养团结互助的合作精神。

（2）提高思辨能力。

（3）形成善于倾听和理解他人想法的习惯。

引例描述

从开始学习无线网络至今，小郭做的实验基本只涉及一个AP。但是在实际应用中，一个AP的覆盖范围有限，在很多场合下需要部署很多AP。想到这一点，小郭脑中突然出现一个疑问：当无线终端从一个AP移动到另一个AP时，无线终端会经历怎样的变化呢？带着这个疑问，他请教了张老师。张老师向小郭解释说，这个问题其实涉及WLAN漫游的概念。当无线终端发生漫游时，作为用户基本上感觉不到什么变化，可是作为网络管理人员，应该深入思考这个问题。漫游技术是当前企业部署WLAN的必备技术，可直接影响用户的体验。在WLAN规划和设计之初，应该将漫游作为重要因素加以考虑，否则很可能满足不了用户移动办公的需求。张老师告诉小郭，掌握漫游技术是无线网络组网配置的基本功，因此要多花些时间学习漫游的理论知识和组网配置。小郭收到张老师的指示后，知道了自己的下一个学习方向。他深吸一口气，准备开始一段新的"征途"……

任务 实施 WLAN 漫游

任务陈述

漫游技术是当前企业部署 WLAN 的必备技术,支持用户在 AP 之间移动时保持上层应用连接不中断,维持业务的连续性。本任务将详细介绍漫游的基本概念和工作原理,重点分析不同漫游场景中业务流量的转发模型。

知识准备

1. 漫游基本概念

灵活性是 WLAN 的主要特点之一。WLAN 使用开放的无线信道传输信息,使用户得以摆脱有线线缆的桎梏,在 AP 的覆盖范围内自由移动。单个 AP 的覆盖范围有限,在用户数较多的大型网络环境中,往往要部署数量众多的 AP 以实现更大范围的网络覆盖。这时就引出了 WLAN 漫游的概念。漫游是指用户从一个 AP 的覆盖范围移动至另一个 AP 的覆盖范围时,保持已有的业务连接不中断。漫游是当前 WLAN 组网的必备技术,通过实施漫游以提高无线用户的体验也成为网络管理员的普遍做法。

V7-1 WLAN
漫游基本概念

以图 7-1 为例,无线漫游的过程可以这样理解。

(1)无线终端 STA 在 AP1 的覆盖范围内,通过扫描、认证和关联 3 个阶段和 AP1 建立连接。

(2)STA 从 AP1 逐渐向 AP2 移动,来自 AP1 的信号强度越来越低。在这个过程中,STA 会在各个信道持续发送探测请求帧以发现其他 AP 并进行认证。STA 可以和多个 AP 进行认证,但只能和一个 AP 关联。

(3)随着 STA 逐渐远离 AP1(假设移动到两个 AP 的信号重叠区域),当 STA 判断 AP1 的信号强度降低到一定程度时,就主动向信号强度更高的 AP2 发送关联请求帧。AP2 回复关联响应帧，从而完成关联过程。

（4）STA 与 AP2 建立关联后，向 AP1 发送解除关联帧，解除与 AP1 之间的关联。

图 7-1　无线漫游

可以看到，在 STA 漫游过程中，两个 AP 必须要有信号重叠区域，否则 STA 无法顺利与信号强度更高的 AP 关联。一般来说，在实际组网时，这个重叠区域至少应保持在总覆盖范围的 15%～25%。除此之外，无线漫游发生的必要备件还包括相同的安全策略和 SSID。也就是说，在实际组网时应该对 AP 配置相同的安全策略和 SSID。举例来说，假如 AP1 和 AP2 的 SSID 分别为 huawei1和 huawei2，即使 STA 顺利关联到 huawei2，这个过程也不能算是漫游。

对用户来说，漫游的典型特征是业务不中断。但实际上，漫游不能保证绝对意义上的"无缝衔接"，只是在 STA 关联其他 AP 时，网络丢包数量很少而用户觉察不到。为了实现漫游时业务不中断，要确保用户的认证和授权信息及 IP 地址不变。用户的认证和授权信息是用户访问无线网络的凭据，如果认证和授权信息发生变化，则意味着用户必须重新进行认证，这样可能获得不同的网络访问权限。IP地址是 TCP/UDP 的基础。如果 IP 地址发生变化，则必须重新建立 TCP 连接或 UDP 会话。

2. 漫游相关术语

在进一步学习漫游类型和漫游流量转发模型之前，需要先了解几个和漫游相关的常用术语。下面以图 7-2 为例，解释这些常用术语的含义。在图 7-2 中，STA 先后与 AP1、AP2 和 AP3 关联。AC1 管理 AP1 和 AP2，AC2 管理 AP3。

图 7-2　漫游相关术语

（1）Home AP。Home AP（HAP）是指 STA 首次关联的 AP，如图 7-2 中的 AP1。

（2）Home AC。Home AC（HAC）是指 STA 首次关联的 AC，如图 7-2 中的 AC1。

（3）Foreign AP。Foreign AP（FAP）是指 STA 漫游后关联的 AP，如在图 7-2 中，STA 从 AP1 漫游至 AP2 时，AP2 即为此次漫游的 FAP，AP3 是 STA 从 AP2 漫游至 AP3 时的 FAP。

（4）Foreign AC。Foreign AC（FAC）是指 STA 漫游后关联的 AC，如在图 7-2 中，AC2 是 STA 从 AP2 漫游至 AP3 时的 FAC。

（5）AC 内漫游。如果漫游过程中关联的是同一个 AC，则为 AC 内漫游，如在图 7-2 中，从 AP1 漫游到 AP2 属于 AC 内漫游。

（6）AC 间漫游。如果漫游过程中关联的是不同的 AC，则为 AC 间漫游，如在图 7-2 中，从 AP2 漫游到 AP3 属于 AC 间漫游。

（7）家乡代理。能够和 STA 漫游前的网络（家乡网络）中的网关二层互通的设备称为家乡代理。为了使 STA 漫游后仍能正常访问家乡网络，需要将 STA 的业务报文通过隧道转发到家乡代理，并由家乡代理继续转发。STA 的家乡代理一般是 HAC 或 HAP，如图 7-2 中的 AC1 或 AP1。

3. 漫游类型

下面介绍两种划分漫游类型的方法。

（1）AC 内漫游与 AC 间漫游。前面小节已经讲过，根据 STA 漫游前后关联的 AC 是否相同，可将漫游分为 AC 内漫游和 AC 间漫游。AC 内漫游可以看作 AC 间漫游的一种特殊情况，即 HAC 和 FAC 重合。在 WLAN 中，可以对不同的 AC 进行分组，STA 在同一个组的 AC 间进行漫游，这个组称为漫游组。在图 7-2 中，AC1 与 AC2 组成了一个漫游组。为了支持 AC 间漫游，漫游组内的所有 AC 需要同步每个 AC 管理的 STA 和 AP 设备的信息，因此需要在 AC 间建立一条隧道作为数据同步和报文转发的通道，这条隧道称为 AC 间隧道。与控制通道及数据通道一样，AC 间隧道也是根据 CAPWAP 协议创建的。

（2）二层漫游与三层漫游。根据 STA 漫游前后是否在同一个子网中，可将漫游分为二层漫游和三层漫游。

二层漫游是指 STA 在漫游前后属于同一个业务 VLAN，即同一个 IP 地址段。在图 7-2 中，AP1 和 AP2 的业务 VLAN 均为 VLAN 100，因此从 AP1 漫游到 AP2 属于二层漫游。STA 在二层漫游时业务 VLAN 及 IP 地址没有任何变化，在漫游过程中没有丢包和断线重连的现象，它是一种平滑过渡的漫游。二层漫游可以在 AC 内漫游实现，也可以在 AC 间漫游实现。

三层漫游是指 STA 在漫游前后属于不同的业务 VLAN，即不同的 IP 地址段。在图 7-2 中，AP2 和 AP3 的业务 VLAN 分别为 VLAN 100 和 VLAN 200，因此从 AP2 漫游到 AP3 属于三层漫游。STA 在三层漫游时进入另一个子网，为了保持 IP 地址不变，需要将业务流量先转发至家乡网络（初始的子网），再由家乡代理进行转发。

严格来说，根据业务 VLAN 的 VLAN ID 是否相同来区分二层漫游和三层漫游并不准确，有可能出现两个 VLAN 的 VLAN ID 相同，但属于不同的子网。考虑到这种情况，需要通过配置漫游域来确定设备是否在同一个子网内。可以把漫游域理解为 VLAN 和 IP 地址或网段的对应关系，只有当 VLAN 相同且漫游域也相同时才认为是二层漫游，否则是三层漫游。

4. 漫游流量转发模型

在不同的漫游类型中，业务流量的转发方式各不相同，需要考虑的因素包括是 AC 内漫游还是 AC 间漫游、是二层漫游还是三层漫游，以及是隧道转发还是直接转发。总体来说，可以根据以下 3 个原则分析漫游流量的转发模型。

V7-2 WLAN 漫游
流量转发模型

（1）二层漫游时，漫游用户仍在原来的子网中，FAP/FAC 把漫游用户当作新上线用户。对于漫游用户的流量转发直接在 FAP/FAC 本地的网络中进行，不需要通过 AC 间隧道转发至家乡代理。

（2）三层漫游隧道转发时，漫游前 HAP 和 HAC 的业务报文通过 CAPWAP 隧道封装，由 HAC 统一转发。因此可以将 HAP 和 HAC 看作在同一个子网内，漫游后的业务报文无须返回 HAP，仍由 HAC 统一转发至目的网络。

（3）三层漫游直接转发时，漫游前的业务报文由 HAP 直接转发，无须经由 HAC 转发。漫游后的业务报文需要先转发至 HAP，再由 HAP 继续转发。

下面根据这 3 个原则分析不同场景中漫游流量如何转发。

（1）AC 内二层漫游。

① 隧道转发。漫游前的流量转发过程如图 7-3（a）所示。

a. STA 向 HAP 发送业务报文（如图中虚线所示）。

b. HAP 对业务报文进行 CAPWAP 封装，通过 CAPWAP 隧道发送至 AC。

c. AC 将业务报文解封装后经由交换机发送至上行网络。

漫游后的流量转发过程如图 7-3（b）所示。

a. STA 向 FAP 发送业务报文。

b. FAP 对业务报文进行 CAPWAP 封装，通过 CAPWAP 隧道发送至 AC。

c. AC 将业务报文解封装后经由交换机发送至上行网络。

图 7-3　AC 内二层漫游隧道转发

② 直接转发。漫游前的流量转发过程如图 7-4（a）所示。

a. STA 向 HAP 发送业务报文。

b. HAP 将业务报文发送至交换机（网关）并经由交换机继续向上行网络转发。

漫游后的流量转发过程如图 7-4（b）所示。

a. STA 向 FAP 发送业务报文。

b. FAP 将业务报文直接发送至交换机（网关）并经由交换机继续向上行网络转发。

图 7-4　AC 内二层漫游直接转发

（2）AC 内三层漫游。

① 隧道转发。

漫游前的流量转发过程如图 7-5（a）所示。

a. STA 向 HAP 发送业务报文。

b. HAP 对业务报文进行 CAPWAP 封装，通过 CAPWAP 隧道发送至 AC。

c. AC 将业务报文解封装后经由交换机发送至上行网络。

漫游后的流量转发过程如图 7-5（b）所示。

a. STA 向 FAP 发送业务报文。

b. FAP 对业务报文进行 CAPWAP 封装，通过 CAPWAP 隧道发送至 AC。

c. AC 将业务报文解封装后经由交换机发送至上行网络。

图 7-5　AC 内三层漫游隧道转发

② 直接转发。漫游前的流量转发过程如图 7-6（a）所示。

a. STA 向 HAP 发送业务报文。

b. HAP 将业务报文发送至交换机（网关）并经由交换机继续向上行网络转发。

家乡代理为 HAP 时，漫游后的流量转发过程如图 7-6（b）所示。

a. STA 向 FAP 发送业务报文。

b. FAP 通过 CAPWAP 隧道将业务报文发送至 AC。

c. AC 通过 CAPWAP 隧道将业务报文发送至 HAP。

d. HAP 将业务报文解封装后直接发送至交换机（网关）并经由交换机继续向上行网络转发。

家乡代理为 HAC 时，漫游后的流量转发过程如图 7-6（c）所示。

a. STA 向 FAP 发送业务报文。

b. FAP 通过 CAPWAP 隧道将业务报文发送至 AC。

c. AC 将业务报文解封装后直接发送至交换机（网关）并经由交换机继续向上行网络转发。

图 7-6　AC 内三层漫游直接转发

（3）AC 间二层漫游。

① 隧道转发。漫游前的流量转发过程如图 7-7（a）所示。

a. STA 向 HAP 发送业务报文。

b. HAP 对业务报文进行 CAPWAP 封装，通过 CAPWAP 隧道发送至 HAC。

c. HAC 将业务报文解封装后经由交换机发送至上行网络。

漫游后的流量转发过程如图 7-7（b）所示。

a. STA 向 FAP 发送业务报文。

b. FAP 对业务报文进行 CAPWAP 封装，通过 CAPWAP 隧道发送至 FAC。

c. FAC 将业务报文解封装后经由交换机发送至上行网络。

② 直接转发。漫游前的流量转发过程如图 7-8（a）所示。

a. STA 向 HAP 发送业务报文。

b. HAP 将业务报文发送至交换机（网关）并经由交换机继续向上行网络转发。

漫游后的流量转发过程如图 7-8（b）所示。

a. STA 向 FAP 发送业务报文。

b. FAP 将业务报文直接发送至交换机（网关）并经由交换机继续向上行网络转发。

图 7-7　AC 间二层漫游隧道转发

图 7-8　AC 间二层漫游直接转发

（4）AC 间三层漫游。

① 隧道转发。漫游前的流量转发过程如图 7-9（a）所示。

a. STA 向 HAP 发送业务报文。

b. HAP 对业务报文进行 CAPWAP 封装，通过 CAPWAP 隧道发送至 HAC。

c. HAC 将业务报文解封装后经由交换机发送至上行网络。

漫游后的流量转发过程如图 7-9（b）所示。

a. STA 向 FAP 发送业务报文。

b. FAP 对业务报文进行 CAPWAP 封装，通过 CAPWAP 隧道发送至 FAC。

c. FAC 通过 AC 间隧道将业务报文转发至 HAC。

d. HAC 将业务报文解封装后经由交换机发送至上行网络。

图 7-9　AC 间三层漫游隧道转发

② 直接转发。

漫游前的流量转发过程如图 7-10（a）所示。

a. STA 向 HAP 发送业务报文。

b. HAP 将业务报文发送至交换机（网关）并经由交换机继续向上行网络转发。

家乡代理为 HAP 时，漫游后的流量转发过程如图 7-10（b）所示。

a. STA 向 FAP 发送业务报文。

b. FAP 通过 CAPWAP 隧道将业务报文发送至 FAC。

c. FAC 通过 AC 间隧道将业务报文发送至 HAC。

d. HAC 通过 CAPWAP 隧道将业务报文发送至 HAP。

e. HAP 将业务报文解封装后直接发送至交换机（网关）并经由交换机继续向上行网络转发。

家乡代理为 HAC 时，漫游后的流量转发过程如图 7-10（c）所示。

图 7-10　AC 间三层漫游直接转发

图 7-10 AC 间三层漫游直接转发（续）

a. STA 向 FAP 发送业务报文。
b. FAP 通过 CAPWAP 隧道将业务报文发送至 FAC。
c. FAC 通过 AC 间隧道将业务报文发送至 HAC。
d. HAC 将业务报文解封装后直接发送至交换机（网关）并经由交换机继续向上行网络转发。

任务实施

实验 1：配置 AC 内二层漫游

【实验背景】相比于有线网络，WLAN 的一个显著优点是无线用户可以在 AP 覆盖范围内灵活移动，使用户得以摆脱有线线缆的束缚。一个 AP 的覆盖范围是有限的。在一个由大量 AP 组成的无线网络环境中，当用户从一个 AP 移动至另一个 AP 时，基本的要求是保持业务的连续性，即让用户在不受明显影响的情况下通过另一个 AP 接入无线网络。在 WLAN 中实施漫游技术可以满足这个要求。最简单的漫游是 AC 内二层漫游，即漫游前后无线用户属于相同的二层网络，且两个 AP 关联到同一个 AC。

【实验设备】AP（2 台，华为 AirEngine 5760），AC（1 台，华为 AC6508），Switch（2 台，华为 S5731S-S24P4X），Router（1 台，华为 AR6140-16G4XG），PC（1 台，Windows 10 操作系统）。

【实验拓扑】本实验采用旁挂式二层组网，配置 AC 内二层漫游实验拓扑如图 7-11 所示。

【实验要求】本实验涉及的各配置项如表 7-1 所示，设备 IP 地址参数如表 7-2 所示。

图 7-11 配置 AC 内二层漫游实验拓扑

表 7-1　本实验涉及的各配置项

配置项	要求
管理 VLAN	VLAN 100
业务 VLAN	VLAN 101
DHCP 服务器	AC 作为 AP 的 DHCP 服务器 SwitchB 作为无线用户的 DHCP 服务器
AP 地址池	VLAN 100：10.23.100.2/24 ～ 10.23.100.254/24
STA 地址池	VLAN 101：10.23.101.3/24 ～ 10.23.101.254/24 默认网关：10.23.101.2
AC 源接口 IP 地址	VLANIF 100：10.23.100.1/24
AP 组	名称：group-roaming 引用模板：VAP 模板、域管理模板、2GHz 射频模板、5GHz 射频模板
AP 配置	名称：ap301 组名称：group-roaming 名称：ap302 组名称：group-roaming
域管理模板	名称：default 国家码：CN 调优信道集合：配置 2.4GHz 和 5GHz 调优带宽和调优信道
SSID 模板	模板名称：wlan-roaming SSID 名称：wlan-roaming
安全模板	模板名称：sec-roaming 安全策略：WPA/WPA2-PSK-AES 密码：huawei123
VAP 模板	模板名称：vap-roaming 转发方式：隧道转发 业务 VLAN：VLAN 101 引用模板：SSID 模板、安全模板
空口扫描模板	模板名称：wlan-airscan 探测信道集合：调优信道 空口扫描间隔时间：60000ms 空口扫描持续时间：60ms
2GHz 射频模板	模板名称：wlan-radio2g 引用模板：空口扫描模板
5GHz 射频模板	模板名称：wlan-radio5g 引用模板：空口扫描模板

表 7-2　设备 IP 地址参数

设备	接口或 VLAN	IP 地址或接口类型	备注
SwitchA	GE0/0/1	Trunk	PVID：100 放行 VLAN：100
	GE0/0/2	Trunk	PVID：100 放行 VLAN：100
	GE0/0/3	Trunk	放行 VLAN：100

续表

设备	接口或 VLAN	IP 地址或接口类型	备注
SwitchB	GE0/0/1	Trunk	放行 VLAN：100
	GE0/0/2	Trunk	放行 VLAN：100、101
	GE0/0/3	Trunk	放行 VLAN：101
	VLANIF 101	10.23.101.1/24	接口地址池
AC	GE0/0/1	Trunk	放行 VLAN：100、101
	VLANIF 100	10.23.100.1/24	接口地址池
Router	GE0/0/0	Trunk	放行 VLAN：101
	VLANIF 101	10.23.101.2/24	

【实验步骤】下面是本实验的具体步骤。

第 1 步，配置接入交换机 SwitchA。将接口 GE0/0/1、GE0/0/2 和 GE0/0/3 加入 VLAN 100，接口 GE0/0/1 和 GE0/0/2 的默认 VLAN 为 VLAN 100，具体命令如下所示。

```
<HUAWEI> system-view
[HUAWEI] sysname SwitchA
[SwitchA] vlan 100
[SwitchA-vlan100] interface gi0/0/1
[SwitchA-GigabitEthernet0/0/1] port link-type trunk
[SwitchA-GigabitEthernet0/0/1] port trunk pvid vlan 100
[SwitchA-GigabitEthernet0/0/1] port trunk allow-pass vlan 100
[SwitchA-GigabitEthernet0/0/1] port-isolate enable
[SwitchA-GigabitEthernet0/0/1] quit
[SwitchA] interface gi0/0/2
[SwitchA-GigabitEthernet0/0/2] port link-type trunk
[SwitchA-GigabitEthernet0/0/2] port trunk pvid vlan 100
[SwitchA-GigabitEthernet0/0/2] port trunk allow-pass vlan 100
[SwitchA-GigabitEthernet0/0/2] port-isolate enable
[SwitchA-GigabitEthernet0/0/2] quit
[SwitchA] interface gi0/0/3
[SwitchA-GigabitEthernet0/0/3] port link-type trunk
[SwitchA-GigabitEthernet0/0/3] port trunk allow-pass vlan 100
[SwitchA-GigabitEthernet0/0/3] quit
```

第 2 步，配置汇聚交换机 SwitchB。将接口 GE0/0/1 和 GE0/0/2 加入 VLAN 100，将接口 GE0/0/2 和 GE0/0/3 加入 VLAN 101，具体命令如下所示。

```
<HUAWEI> system-view
[HUAWEI] sysname SwitchB
[SwitchB] vlan batch 100 101
[SwitchB] interface gi0/0/1
[SwitchB-GigabitEthernet0/0/1] port link-type trunk
[SwitchB-GigabitEthernet0/0/1] port trunk allow-pass vlan 100
[SwitchB-GigabitEthernet0/0/1] quit
[SwitchB] interface gi0/0/2
[SwitchB-GigabitEthernet0/0/2] port link-type trunk
[SwitchB-GigabitEthernet0/0/2] port trunk allow-pass vlan 100 101
[SwitchB-GigabitEthernet0/0/2] quit
[SwitchB] interface gi0/0/3
[SwitchB-GigabitEthernet0/0/3] port link-type trunk
[SwitchB-GigabitEthernet0/0/3] port trunk allow-pass vlan 101
[SwitchB-GigabitEthernet0/0/3] quit
```

第 3 步，配置 AC。将接口 GE0/0/1 加入 VLAN 100 和 VLAN 101，具体命令如下所示。

```
<AC6508> system-view
[AC6508] sysname AC
[AC] vlan batch 100 101
[AC] interface gi0/0/1
[AC-GigabitEthernet0/0/1] port link-type trunk
[AC-GigabitEthernet0/0/1] port trunk allow-pass vlan 100 101
[AC-GigabitEthernet0/0/1] quit
```

第 4 步，配置 Router。将接口 GE0/0/0 加入 VLAN 101，创建接口 VLANIF 101 并配置 IP 地址为 10.23.101.2/24，具体命令如下所示。

```
<Huawei> system-view
[Huawei] sysname Router
[Router] vlan 101
[Router-vlan 101] interface gi0/0/0
[Router-GigabitEthernet0/0/0] port link-type trunk
[Router-GigabitEthernet0/0/0] port trunk allow-pass vlan 101
[Router-GigabitEthernet0/0/0] quit
[Router] interface vlanif 101
[Router-Vlanif101] ip address 10.23.101.2 24
[Router-Vlanif101] quit
```

第 5 步，配置 DHCP 服务器。

（1）在 AC 上配置 VLANIF 100 接口为 AP 提供 IP 地址，具体命令如下所示。

```
[AC] dhcp enable
[AC] interface vlanif 100
[AC-Vlanif100] ip address 10.23.100.1 24
[AC-Vlanif100] dhcp select interface
[AC-Vlanif100] quit
```

（2）在 SwitchB 上配置 VLANIF 101 接口为 STA 提供 IP 地址，并指定 10.23.101.2 作为 STA 的默认网关地址，具体命令如下所示。

```
[SwitchB] dhcp enable
[SwitchB] interface vlanif 101
[SwitchB-Vlanif101] ip address 10.23.101.1 24
[SwitchB-Vlanif101] dhcp select interface
[SwitchB-Vlanif101] dhcp server gateway-list 10.23.101.2
[SwitchB-Vlanif101] quit
```

第 6 步，配置 AP 上线。

（1）创建 AP 组，具体命令如下所示。

```
[AC] wlan
[AC-wlan-view] ap-group name group-roaming
[AC-wlan-ap-group-group-roaming] quit
```

（2）创建域管理模板，在域管理模板下配置 AC 的国家码并在 AP 组下引用域管理模板，具体命令如下所示。

```
[AC-wlan-view] regulatory-domain-profile name default
[AC-wlan-regulate-domain-default] country-code cn
[AC-wlan-regulate-domain-default] quit
[AC-wlan-view] ap-group name group-roaming
[AC-wlan-ap-group-group-roaming] regulatory-domain-profile default
[AC-wlan-ap-group-group-roaming] quit
[AC-wlan-view] quit
```

（3）配置 AC 的源接口，具体命令如下所示。

```
[AC] capwap source interface vlanif 100
```

（4）离线导入 AP，配置 AP 组和 AP 名称，具体命令如下所示。

```
[AC] wlan
[AC-wlan-view] ap auth-mode mac-auth
[AC-wlan-view] ap-id 0 ap-mac b008-75cb-49e0
[AC-wlan-ap-0] ap-name ap301
[AC-wlan-ap-0] ap-group group-roaming
[AC-wlan-ap-0] quit
[AC-wlan-view] ap auth-mode mac-auth
[AC-wlan-view] ap-id 1 ap-mac 60d7-55ec-3620
[AC-wlan-ap-1] ap-name ap302
[AC-wlan-ap-1] ap-group group-roaming
[AC-wlan-ap-1] quit
```

（5）监控 AP 上线情况，具体命令如下所示。

```
[AC-wlan-view] display ap all
ID  MAC            Name  Group        IP        Type    State  STA Uptime ExtraInfo
--------------------------------------------------------------------------------
0   b008-75cb-49e0 ap301 group-roaming 10.23.100.186 AirEngine5760-10  nor  0 1M:18S -
1   60d7-55ec-3620 ap302 group-roaming 10.23.100.164 AirEngine5760-10  nor  0 40S   -
```

第 7 步，配置 WLAN 业务参数。

（1）创建安全模板并配置安全策略，具体命令如下所示。

```
[AC-wlan-view] security-profile name sec-roaming
[AC-wlan-sec-prof-sec-roaming] security wpa-wpa2 psk pass-phrase huawei123 aes
[AC-wlan-sec-prof-sec-roaming] quit
```

（2）创建 SSID 模板并配置 SSID 名称，具体命令如下所示。

```
[AC-wlan-view] ssid-profile name wlan-roaming
[AC-wlan-ssid-prof-wlan-roaming] ssid wlan-roaming
[AC-wlan-ssid-prof-wlan-roaming] quit
```

（3）创建 VAP 模板，配置业务数据转发方式、业务 VLAN，并引用安全模板和 SSID 模板，具体命令如下所示。

```
[AC-wlan-view] vap-profile name vap-roaming
[AC-wlan-vap-prof-vap-roaming] forward-mode tunnel
[AC-wlan-vap-prof-vap-roaming] service-vlan vlan-id 101
[AC-wlan-vap-prof-vap-roaming] security-profile sec-roaming
[AC-wlan-vap-prof-vap-roaming] ssid-profile wlan-roaming
[AC-wlan-vap-prof-vap-roaming] quit
```

（4）配置 AP 组引用 VAP 模板，AP 上的射频 0 和射频 1 都使用 VAP 模板 vap-roaming 的配置，具体命令如下所示。

```
[AC-wlan-view] ap-group name group-roaming
[AC-wlan-ap-group-group-roaming] vap-profile vap-roaming wlan 1 radio 0
[AC-wlan-ap-group-group-roaming] vap-profile vap-roaming wlan 1 radio 1
[AC-wlan-ap-group-group-roaming] quit
```

第 8 步，配置 AP 射频的信道和功率。开启射频的信道和功率自动调优功能以自动选择 AP 最佳信道和功率。

（1）开启射频的信道和功率自动调优功能，具体命令如下所示。

```
[AC-wlan-view] ap-group name group-roaming
[AC-wlan-ap-group-group-roaming] radio 0
[AC-wlan-group-radio-group-roaming/0] calibrate auto-channel-select enable
```

```
[AC-wlan-group-radio-group-roaming/0] calibrate auto-txpower-select enable
[AC-wlan-group-radio-group-roaming/0] quit
[AC-wlan-ap-group-group-roaming] radio 1
[AC-wlan-group-radio-group-roaming/1] calibrate auto-channel-select enable
[AC-wlan-group-radio-group-roaming/1] calibrate auto-txpower-select enable
[AC-wlan-group-radio-group-roaming/1] quit
[AC-wlan-ap-group-group-roaming] quit
```

（2）在域管理模板下配置调优信道集合，具体命令如下所示。

```
[AC-wlan-view] regulatory-domain-profile name default
[AC-wlan-regulate-domain-default] dca-channel 2.4g channel-set 1,6,11
[AC-wlan-regulate-domain-default] dca-channel 5g bandwidth 20mhz
[AC-wlan-regulate-domain-default] dca-channel 5g channel-set 149,153,157,161
[AC-wlan-regulate-domain-default] quit
```

（3）创建空口扫描模板 wlan-airscan，并配置调优信道集合、扫描间隔时间和扫描持续时间，具体命令如下所示。

```
[AC-wlan-view] air-scan-profile name wlan-airscan
[AC-wlan-air-scan-prof-wlan-airscan] scan-channel-set dca-channel
[AC-wlan-air-scan-prof-wlan-airscan] scan-period 60
[AC-wlan-air-scan-prof-wlan-airscan] scan-interval 60000
[AC-wlan-air-scan-prof-wlan-airscan] quit
```

（4）创建 2GHz 射频模板 wlan-radio2g，并在该模板下引用空口扫描模板 wlan-airscan，具体命令如下所示。

```
[AC-wlan-view] radio-2g-profile name wlan-radio2g
[AC-wlan-radio-2g-prof-wlan-radio2g] air-scan-profile wlan-airscan
[AC-wlan-radio-2g-prof-wlan-radio2g] quit
```

（5）创建 5GHz 射频模板 wlan-radio5g，并在该模板下引用空口扫描模板 wlan-airscan，具体命令如下所示。

```
[AC-wlan-view] radio-5g-profile name wlan-radio5g
[AC-wlan-radio-5g-prof-wlan-radio5g] air-scan-profile wlan-airscan
[AC-wlan-radio-5g-prof-wlan-radio5g] quit
```

（6）配置 AP 组引用 5GHz 射频模板 wlan-radio5g 和 2GHz 射频模板 wlan-radio2g，具体命令如下所示。

```
[AC-wlan-view] ap-group name group-roaming
[AC-wlan-ap-group-group-roaming] radio-5g-profile wlan-radio5g radio 1
[AC-wlan-ap-group-group-roaming] radio-2g-profile wlan-radio2g radio 0
[AC-wlan-ap-group-group-roaming] quit
```

第 9 步，验证配置结果。

（1）检查 VAP 是否创建成功。当"Status"字段显示为"ON"时，表示 AP 相应射频上的 VAP 已创建成功，具体命令如下所示。

```
[AC-wlan-view] display vap ssid wlan-roaming
AP ID AP name  RfID WID  BSSID          Status  Auth type       STA   SSID
--------------------------------------------------------------------------
0   ap301   0   1   B008-75CB-49E0  ON   WPA/WPA2-PSK  0   wlan-roaming
0   ap301   1   1   B008-75CB-49F0  ON   WPA/WPA2-PSK  0   wlan-roaming
1   ap302   0   1   60D7-55EC-3620  ON   WPA/WPA2-PSK  0   wlan-roaming
1   ap302   1   1   60D7-55EC-3630  ON   WPA/WPA2-PSK  0   wlan-roaming
```

（2）在 AP1 的覆盖范围内搜索到 SSID 为 wlan-roaming 的无线网络，输入密码并正常关联后，在 AC 上查看 STA 的接入信息；可以看到，此时 STA 成功关联了 AP1，具体命令如下所示。

```
[AC-wlan-view] display station ssid wlan-roaming
```

STA MAC	AP ID	Ap name	Rf/WLAN	Band	Type	Rx/Tx	RSSI	VLAN	IP address
e68b-1ff7-e2e5	0	ap301	1/1	5G	11ac	156/130	-34	101	10.23.101.253

（3）当 STA 从 AP1 的覆盖范围移动到 AP2 的覆盖范围时（可以关闭 AP1 的电源或拔掉网线以模拟漫游），在 AC 上查看 STA 的接入信息；可以看到，此时 STA 成功关联了 AP2，具体命令如下所示。

[AC-wlan-view] display station ssid wlan-roaming

STA MAC	AP ID	Ap name	Rf/WLAN	Band	Type	Rx/Tx	RSSI	VLAN	IP address
e68b-1ff7-e2e5	1	ap302	1/1	5G	11ac	173/130	-33	101	10.23.101.253

（4）在 AC 上查看该 STA 的漫游轨迹，具体命令如下所示。

[AC-wlan-view] display station roam-track sta-mac e68b-1ff7-e2e5

L2/L3	AP-AC IP	AC-AC IP	Ap name	Radio ID
BSSID	TIME	In/Out RSSI	Out Rx/Tx	
--	10.23.100.1	-	ap301	1
b008-75cb-49f0	2021/11/10 14:37:18	-/-	-/-	
L2	10.23.100.1	-	ap302	1
60d7-55ec-3630	2021/11/10 14:38:55	-33/-	-/-	

实验 2：配置 AC 间二层漫游

【实验背景】如果 STA 在漫游前后关联不同的 AC，则称为 AC 间漫游。这些 AC 形成一个漫游组，漫游组内的所有 AC 同步各自管理的 STA 和 AP 信息。AC 之间还会建立一条隧道作为数据同步和报文转发的通道，这条隧道称为 AC 间隧道。AC 间漫游支持二层漫游和三层漫游。对于 AC 间二层漫游，由于漫游前后 STA 属于相同的二层网络，因此业务数据无须发送回家乡网络，可以在新网络中直接转发。

【实验设备】AP（2 台，华为 AirEngine 5760），AC（2 台，华为 AC6508），Switch（2 台，华为 S5731S-S24P4X），PC（1 台，Windows 10 操作系统）。

【实验拓扑】本实验采用直连式二层组网，配置 AC 间二层漫游实验拓扑如图 7-12 所示。

图 7-12　配置 AC 间二层漫游实验拓扑

【实验要求】本实验涉及的各配置项如表 7-3 所示，设备 IP 地址参数如表 7-4 所示。

表 7-3　本实验涉及的各配置项

配置项	要求
管理 VLAN	VLAN 100
业务 VLAN	VLAN 101
DHCP 服务器	AC1 作为 AP 和无线用户的 DHCP 服务器
AP 地址池	VLAN 100：10.67.100.3/24 ～ 10.67.100.254/24
STA 地址池	VLAN 101：10.67.101.3/24 ～ 10.67.101.254/24 默认网关：10.67.101.1
AC 源接口 IP 地址	AC1：VLANIF 100（10.67.100.1/24） AC2：VLANIF 100（10.67.100.2/24）
漫游组	名称：mobility 成员：AC1 和 AC2
AP 组	名称：group-roaming 引用模板：VAP 模板、域管理模板、2GHz 射频模板、5GHz 射频模板
AP 配置	名称：ap306 组名称：group-roaming 名称：ap307 组名称：group-roaming
域管理模板	名称：default 国家码：CN 调优信道集合：配置 2.4GHz 和 5GHz 调优带宽和调优信道
SSID 模板	模板名称：wlan-roaming SSID 名称：wlan-roaming
安全模板	模板名称：sec-roaming 安全策略：WPA/WPA2-PSK-AES 密码：huawei123
VAP 模板	模板名称：vap-roaming 转发方式：隧道转发 业务 VLAN：VLAN 101 引用模板：SSID 模板、安全模板
空口扫描模板	名称：wlan-airscan 探测信道集合：调优信道 空口扫描间隔时间：60000ms 空口扫描持续时间：60ms
2GHz 射频模板	名称：wlan-radio2g 引用模板：空口扫描模板 wlan-airscan
5GHz 射频模板	名称：wlan-radio5g 引用模板：空口扫描模板 wlan-airscan

表 7-4　设备 IP 地址参数

设备	接口或 VLAN	IP 地址或接口类型	备注
Switch1	GE0/0/1	Trunk	PVID：100 放行 VLAN：100
	GE0/0/2	Trunk	放行 VLAN：100

续表

设备	接口或 VLAN	IP 地址或接口类型	备注
Switch2	GE0/0/1	Trunk	PVID：100 放行 VLAN：100
	GE0/0/2	Trunk	放行 VLAN：100
AC1	GE0/0/1	Trunk	放行 VLAN：100
	GE0/0/2	Trunk	放行 VLAN：100、101
	VLANIF 100	10.67.100.1/24	接口地址池
	VLANIF 101	10.67.101.1/24	接口地址池
AC2	GE0/0/1	Trunk	放行 VLAN：100
	GE0/0/2	Trunk	放行 VLAN：100、101
	VLANIF 100	10.67.100.2/24	
	VLANIF 101	10.67.101.2/24	

【实验步骤】下面是本实验的具体步骤。

第 1 步，配置接入交换机 Switch1。将接口 GE0/0/1 和 GE0/0/2 加入 VLAN 100，接口 GE0/0/1 的默认 VLAN 为 VLAN 100，具体命令如下所示。

```
<HUAWEI> system-view
[HUAWEI] sysname Switch1
[Switch1] vlan 100
[Switch1-vlan100] interface gi0/0/1
[Switch1-GigabitEthernet0/0/1] port link-type trunk
[Switch1-GigabitEthernet0/0/1] port trunk pvid vlan 100
[Switch1-GigabitEthernet0/0/1] port trunk allow-pass vlan 100
[Switch1-GigabitEthernet0/0/1] quit
[Switch1] interface gi0/0/2
[Switch1-GigabitEthernet0/0/2] port link-type trunk
[Switch1-GigabitEthernet0/0/2] port trunk allow-pass vlan 100
[Switch1-GigabitEthernet0/0/2] quit
```

第 2 步，配置接入交换机 Switch2。将接口 GE0/0/1 和 GE0/0/2 加入 VLAN 100，接口 GE0/0/1 的默认 VLAN 为 VLAN 100，具体命令如下所示。

```
<HUAWEI> system-view
[HUAWEI] sysname Switch2
[Switch2] vlan 100
[Switch2-vlan100] interface gi0/0/1
[Switch2-GigabitEthernet0/0/1] port link-type trunk
[Switch2-GigabitEthernet0/0/1] port trunk pvid vlan 100
[Switch2-GigabitEthernet0/0/1] port trunk allow-pass vlan 100
[Switch2-GigabitEthernet0/0/1] quit
[Switch2] interface gi0/0/2
[Switch2-GigabitEthernet0/0/2] port link-type trunk
[Switch2-GigabitEthernet0/0/2] port trunk allow-pass vlan 100
[Switch2-GigabitEthernet0/0/2] quit
```

第 3 步，配置 AC1。将接口 GE0/0/1 加入 VLAN 100，将接口 GE0/0/2 加入 VLAN 100 和 VLAN 101；创建接口 VLANIF 100 和 VLANIF 101 并分别配置 IP 地址，具体命令如下所示。

```
<AC6508> system-view
[AC6508] sysname AC1
[AC1] vlan batch 100 101
```

```
[AC1] interface gi0/0/1
[AC1-GigabitEthernet0/0/1] port link-type trunk
[AC1-GigabitEthernet0/0/1] port trunk allow-pass vlan 100
[AC1-GigabitEthernet0/0/1] quit
[AC1] interface gi0/0/2
[AC1-GigabitEthernet0/0/2] port link-type trunk
[AC1-GigabitEthernet0/0/2] port trunk allow-pass vlan 100 101
[AC1-GigabitEthernet0/0/2] quit
[AC1] interface vlanif 100
[AC1-Vlanif100] ip address 10.67.100.1 255.255.255.0
[AC1-Vlanif100] quit
[AC1] interface vlanif 101
[AC1-Vlanif101] ip address 10.67.101.1 255.255.255.0
[AC1-Vlanif101] quit
```

第 4 步，配置 AC2。将接口 GE0/0/1 加入 VLAN 100，将接口 GE0/0/2 加入 VLAN 100 和 VLAN 101；创建接口 VLANIF 100 和 VLANIF 101 并分别配置 IP 地址，具体命令如下所示。

```
<AC6508> system-view
[AC6508] sysname AC2
[AC2] vlan batch 100 101
[AC2] interface gi0/0/1
[AC2-GigabitEthernet0/0/1] port link-type trunk
[AC2-GigabitEthernet0/0/1] port trunk allow-pass vlan 100
[AC2-GigabitEthernet0/0/1] quit
[AC2] interface gi0/0/2
[AC2-GigabitEthernet0/0/2] port link-type trunk
[AC2-GigabitEthernet0/0/2] port trunk allow-pass vlan 100 101
[AC2-GigabitEthernet0/0/2] quit
[AC2] interface vlanif 100
[AC2-Vlanif100] ip address 10.67.100.2 255.255.255.0
[AC2-Vlanif100] quit
[AC2] interface vlanif 101
[AC2-Vlanif101] ip address 10.67.101.2 255.255.255.0
[AC2-Vlanif101] quit
```

第 5 步，在 AC1 上配置 DHCP 服务器为 STA 和 AP 分配 IP 地址。其中，配置 VLANIF 100 接口为 AP 提供 IP 地址，VLANIF 101 接口为 STA 提供 IP 地址。具体命令如下所示。

```
[AC1] dhcp enable
[AC1] interface vlanif 100
[AC1-Vlanif100] dhcp select interface
[AC1-Vlanif100] dhcp server excluded-ip-address 10.67.100.2
[AC1-Vlanif100] quit
[AC1] interface vlanif 101
[AC1-Vlanif101] dhcp select interface
[AC1-Vlanif101] dhcp server excluded-ip-address 10.67.101.2
[AC1-Vlanif101] quit
```

第 6 步，在 AC1 上配置 AP 上线。

（1）创建 AP 组，具体命令如下所示。

```
[AC1] wlan
[AC1-wlan-view] ap-group name group-roaming
[AC1-wlan-ap-group-group-roaming] quit
```

（2）创建域管理模板，在域管理模板下配置 AC 的国家码并在 AP 组下引用域管理模板，具体命令如下所示。

```
[AC1-wlan-view] regulatory-domain-profile name default
[AC1-wlan-regulate-domain-default] country-code cn
[AC1-wlan-regulate-domain-default] quit
[AC1-wlan-view] ap-group name group-roaming
[AC1-wlan-ap-group-group-roaming] regulatory-domain-profile default
[AC1-wlan-ap-group-group-roaming] quit
[AC1-wlan-view] quit
```

（3）配置 AC 的源接口，具体命令如下所示。

```
[AC1] capwap source interface vlanif 100
```

（4）离线导入 AP，配置 AP 组和 AP 名称，具体命令如下所示。

```
[AC1-wlan-view] ap auth-mode mac-auth
[AC1-wlan-view] ap-id 0 ap-mac b008-75cb-49e0
[AC1-wlan-ap-0] ap-name ap306
[AC1-wlan-ap-0] ap-group group-roaming
[AC1-wlan-ap-0] quit
```

（5）监控 AP 上线情况，具体命令如下所示。

```
[AC1-wlan-view] display ap all
ID  MAC        Name   Group      IP   Type     State STA  Uptime   ExtraInfo
--------------------------------------------------------------------------------
0   b008-75cb-49e0 ap306 group-roaming 10.67.100.84 AirEngine5760-10 nor 0   1M:5S   -
```

第 7 步，配置 WLAN 业务参数。

（1）创建名为 sec-roaming 的安全模板，并配置安全策略，具体命令如下所示。

```
[AC1-wlan-view] security-profile name sec-roaming
[AC1-wlan-sec-prof-sec-roaming] security wpa-wpa2 psk pass-phrase huawei123 aes
[AC1-wlan-sec-prof-sec-roaming] quit
```

（2）创建名为 wlan-roaming 的 SSID 模板，并配置 SSID 名称为 wlan-roaming，具体命令
如下所示。

```
[AC1-wlan-view] ssid-profile name wlan-roaming
[AC1-wlan-ssid-prof-wlan-roaming] ssid wlan-roaming
[AC1-wlan-ssid-prof-wlan-roaming] quit
```

（3）创建名为 vap-roaming 的 VAP 模板，配置业务数据转发模式、业务 VLAN，并引用安
全模板和 SSID 模板，具体命令如下所示。

```
[AC1-wlan-view] vap-profile name vap-roaming
[AC1-wlan-vap-prof-vap-roaming] forward-mode tunnel
[AC1-wlan-vap-prof-vap-roaming] service-vlan vlan-id 101
[AC1-wlan-vap-prof-vap-roaming] security-profile sec-roaming
[AC1-wlan-vap-prof-vap-roaming] ssid-profile wlan-roaming
[AC1-wlan-vap-prof-vap-roaming] quit
```

（4）配置 AP 组引用 VAP 模板，AP 上的射频 0 和射频 1 都使用 VAP 模板 vap-roaming 的
配置，具体命令如下所示。

```
[AC1-wlan-view] ap-group name group-roaming
[AC1-wlan-ap-group-group-roaming] vap-profile vap-roaming wlan 1 radio 0
[AC1-wlan-ap-group-group-roaming] vap-profile vap-roaming wlan 1 radio 1
[AC1-wlan-ap-group-group-roaming] quit
```

第 8 步，开启射频的信道和功率自动调优功能以自动选择 AP 最佳信道和功率。

（1）开启射频的信道和功率自动调优功能，具体命令如下所示。

```
[AC1-wlan-view] ap-group name group-roaming
[AC1-wlan-ap-group-group-roaming] radio 0
[AC1-wlan-group-radio-group-roaming/0] calibrate auto-channel-select enable
```

```
[AC1-wlan-group-radio-group-roaming/0] calibrate auto-txpower-select enable
[AC1-wlan-group-radio-group-roaming/0] quit
[AC1-wlan-ap-group-group-roaming] radio 1
[AC1-wlan-group-radio-group-roaming/1] calibrate auto-channel-select enable
[AC1-wlan-group-radio-group-roaming/1] calibrate auto-txpower-select enable
[AC1-wlan-group-radio-group-roaming/1] quit
[AC1-wlan-ap-group-group-roaming] quit
```

（2）在域管理模板下配置调优信道集合，具体命令如下所示。

```
[AC1-wlan-view] regulatory-domain-profile name default
[AC1-wlan-regulate-domain-default] dca-channel 2.4g channel-set 1,6,11
[AC1-wlan-regulate-domain-default] dca-channel 5g bandwidth 20mhz
[AC1-wlan-regulate-domain-default] dca-channel 5g channel-set 149,153,157,161
[AC1-wlan-regulate-domain-default] quit
```

（3）创建空口扫描模板 wlan-airscan，并配置调优信道集合、扫描间隔时间和扫描持续时间，具体命令如下所示。

```
[AC1-wlan-view] air-scan-profile name wlan-airscan
[AC1-wlan-air-scan-prof-wlan-airscan] scan-channel-set dca-channel
[AC1-wlan-air-scan-prof-wlan-airscan] scan-period 60
[AC1-wlan-air-scan-prof-wlan-airscan] scan-interval 60000
[AC1-wlan-air-scan-prof-wlan-airscan] quit
```

（4）创建 2GHz 射频模板 wlan-radio2g，并在该模板下引用空口扫描模板 wlan-airscan，具体命令如下所示。

```
[AC1-wlan-view] radio-2g-profile name wlan-radio2g
[AC1-wlan-radio-2g-prof-wlan-radio2g] air-scan-profile wlan-airscan
[AC1-wlan-radio-2g-prof-wlan-radio2g] quit
```

（5）创建 5GHz 射频模板 wlan-radio5g，并在该模板下引用空口扫描模板 wlan-airscan，具体命令如下所示。

```
[AC1-wlan-view] radio-5g-profile name wlan-radio5g
[AC1-wlan-radio-5g-prof-wlan-radio5g] air-scan-profile wlan-airscan
[AC1-wlan-radio-5g-prof-wlan-radio5g] quit
```

（6）在名为 group-roaming 的 AP 组下引用 5GHz 射频模板 wlan-radio5g 和 2GHz 射频模板 wlan-radio2g，具体命令如下所示。

```
[AC1-wlan-view] ap-group name group-roaming
[AC1-wlan-ap-group-group-roaming] radio-2g-profile wlan-radio2g radio 0
[AC1-wlan-ap-group-group-roaming] radio-5g-profile wlan-radio5g radio 1
[AC1-wlan-ap-group-group-roaming] quit
```

第 9 步，在 AC2 上配置 AP 上线、WLAN 业务参数和射频调优功能，配置命令和 AC1 基本一致。注意：AP2 的名称是 ap307。配置完之后监控 AP 上线情况，具体命令如下所示。

```
[AC2-wlan-view] display ap all
ID   MAC           Name   Group   IP   Type   State STA  Uptime   ExtraInfo
--------------------------------------------------------------------------------
0   60d7-55ec-3620 ap307 group-roaming 10.67.100.172 AirEngine5760-10 nor  0 54S  -
```

第 10 步，配置 AC1 的无线漫游功能。创建漫游组，并配置 AC1 和 AC2 为漫游组成员，具体命令如下所示。

```
[AC1-wlan-view] mobility-group name mobility
[AC1-mc-mg-mobility]member ip-address 10.67.100.1
[AC1-mc-mg-mobility]member ip-address 10.67.100.2
[AC1-mc-mg-mobility]quit
```

第 11 步，配置 AC2 的无线漫游功能。创建漫游组，并配置 AC1 和 AC2 为漫游组成员，具体命令如下所示。

```
[AC2-wlan-view] mobility-group name mobility
[AC2-mc-mg-mobility]member ip-address 10.67.100.1
[AC2-mc-mg-mobility]member ip-address 10.67.100.2
[AC2-mc-mg-mobility]quit
```

第 12 步，验证配置结果。

（1）分别在 AC1 和 AC2 上查看 VAP 信息，当"Status"字段显示为"ON"时，表示 AP 对应射频上的 VAP 已创建成功，具体命令如下所示。

```
[AC1-wlan-view] display vap ssid wlan-roaming
```

AP ID	AP name	RfID	WID	BSSID	Status	Auth type	STA	SSID
0	ap306	0	1	B008-75CB-49E0	ON	WPA/WPA2-PSK	0	wlan-roaming
0	ap306	1	1	B008-75CB-49F0	ON	WPA/WPA2-PSK	1	wlan-roaming

```
[AC2-wlan-view] display vap ssid wlan-roaming
```

AP ID	AP name	RfID	WID	BSSID	Status	Auth type	STA	SSID
0	ap307	0	1	60D7-55EC-3620	ON	WPA/WPA2-PSK	0	wlan-roaming
0	ap307	1	1	60D7-55EC-3630	ON	WPA/WPA2-PSK	0	wlan-roaming

（2）在 AC1 上查看漫游组成员 AC1 和 AC2 的状态，当"State"字段显示为"normal"时，表示 AC1 和 AC2 状态正常，具体命令如下所示。

```
[AC1-wlan-view] display mobility-group name mobility
```

State	IP address	Description
normal	10.67.100.1	-
normal	10.67.100.2	-

（3）在 AP1 的覆盖范围内搜索到 SSID 为 wlan-roaming 的无线网络，输入密码"huawei123"并正常关联后，在 AC 上查看 STA 的接入信息；可以看到，STA 关联到了 AP1，具体命令如下所示。

```
[AC1-wlan-view] display station ssid wlan-roaming
```

STA MAC	AP ID	Ap name	Rf/WLAN	Band	Type	Rx/Tx	RSSI	VLAN	IP address
e68b-1ff7-e2e5	0	ap306	1/1	5G	11ac	156/144	-44	101	10.67.101.168

（4）当 STA 从 AP1 的覆盖范围移动到 AP2 的覆盖范围时（可以关闭 AP1 的电源或拔掉网线模拟漫游），在 AC2 上查看 STA 的接入信息；可以看到，STA 关联到了 AP2，具体命令如下所示。

```
[AC2-wlan-view] display station ssid wlan-roaming
```

STA MAC	AP ID	Ap name	Rf/WLAN	Band	Type	Rx/Tx	RSSI	VLAN	IP address
e68b-1ff7-e2e5	0	ap307	1/1	5G	11ac	173/115	-31	101	10.67.101.168

（5）在 AC2 上查看该 STA 的漫游轨迹，具体命令如下所示。

```
[AC2-wlan-view] display station roam-track sta-mac e68b-1ff7-e2e5
```

L2/L3 BSSID	AP-AC IP TIME	AC-AC IP In/Out RSSI	Ap name Out Rx/Tx	Radio ID
--	10.67.100.1	-	ap306	1
b008-75cb-49f0	2021/11/12 14:36:05	-/-	-/-	
L2	10.67.100.2	10.67.100.2	ap307	1
60d7-55ec-3630	2021/11/12 14:55:09	-27/-	-/-	

拓展知识

非快速漫游与快速漫游

漫游时，STA 通过扫描发现信号质量更好的 FAP，经评估后与 FAP 建立关联，并与 HAP 解除关联。这个过程是在链路认证阶段完成的。上述过程完成后，进入用户认证阶段。如果使用 WPA/WPA2-802.1X 认证方式且 STA 支持快速漫游，则会进入快速漫游过程。

快速漫游是相对之前讲过的非快速漫游（即二层漫游和三层漫游）而言的。非快速漫游过程如图 7-13（a）所示。在图 7-13（a）中，扫描和认证在 AP 上完成。在这之后是关联阶段、802.1X 认证阶段和密钥协商阶段。其中，对漫游时间影响最大的是 802.1X 认证。802.1X 认证一般用时较多，在此期间业务处于中断状态。为了避免每次认证时重复进行冗长的 802.1X 认证，可以采用一种称为随机密钥缓存（Opportunistic Key Caching，OKC）的技术加快认证过程。OKC 的主要原理是在 AC 中保存 STA 之前认证时获得的成对主密钥（Pairwise Master Key，PMK），待 STA 再次认证时，使用 STA 发出的重关联请求帧中携带的 PMK ID 与 AC 中保存的 PMK 进行匹配，如果匹配成功，则直接允许用户上线。

采用上述方式的漫游称为快速漫游，又称为无缝漫游，其过程如图 7-13（b）所示。快速漫游省去了 802.1X 认证阶段，大大减少了漫游过程中的业务中断时间。

图 7-13 非快速漫游与快速漫游过程

拓展实训

组建 WLAN 时，通过实施漫游技术能够使用户在 AP 间移动时保持业务连续性。配置漫游时要考虑网络拓扑结构及 VLAN 划分，针对 AC 内漫游和 AC 间漫游、二层漫游和三层漫游分别实施。希望读者通过完成以下的实训内容，可以深化理解相关知识。

【实训目的】

（1）掌握无线漫游的类型和流量转发模型。

（2）掌握 AC 内二层漫游和三层漫游的配置方法。

（3）掌握 AC 间二层漫游和三层漫游的配置方法。

【实训内容】

（1）参考实验 1 组建一个 FIT AP+AC WLAN，采用旁挂式二层组网，分别完成直接转发方式和隧道转发方式下的 AC 内漫游配置。

（2）参考实验 2 组建一个 FIT AP+AC WLAN，采用旁挂式二层组网，分别完成直接转发方式和隧道转发方式下的 AC 间漫游配置。

项目小结

本项目主要围绕 WLAN 组网时涉及的重要因素——漫游进行讲解。漫游是指在 WLAN 中，当用户从一个 AP 移动到另一个 AP 时，业务连接不中断。在 WLAN 中实施漫游技术是提高用户体验的重要手段。本项目重点介绍了漫游的基本概念、相关术语、漫游类型和漫游流量转发模型。在学习漫游技术时，首先要明确几个常用的漫游术语：HAP、FAP、HAC 和 FAC 等。其次，要能够区分 AC 内漫游和 AC 间漫游、二层漫游和三层漫游的区别。最后，要重点理解不同漫游场景下的业务流量的转发模型，这也是本项目的重点内容。读者在学习时可以结合本项目介绍的漫游原则独立分析漫游流量的转发模型，并通过实验验证分析结果。

项目练习题

1. 选择题

（1）下列关于无线漫游的说法中，错误的一项是（　　）。

　　A. 漫游的典型特征是业务不中断，即用户业务保持绝对的无缝衔接

　　B. 为了实现漫游时业务不中断，要确保用户的认证和授权信息及 IP 地址不变

　　C. 漫游要求两个 AP 必须要有信号重叠区域

　　D. STA 与 FAP 建立关联后，要解除与 HAP 的关联

（2）下列关于漫游术语的描述中，错误的一项的是（　　）。

　　A. Home AP（HAP）是指 STA 首次关联的 AP

　　B. Foreign AP（FAP）是指 STA 漫游后关联的 AP

　　C. Home AC（HAC）是指 STA 首次关联的 AC

　　D. Foreign AC（FAC）是指 STA 漫游后关联的 AC，与 HAC 不能相同

（3）当 STA 漫游前后关联的 AC 相同时，这种漫游称为（　　）。

　　A. AC 间漫游　　　B. AC 内漫游　　　　C. 二层漫游　　　　D. 三层漫游

（4）（　　）不是三层漫游的特点。

　　A. STA 在漫游前后属于不同的业务 VLAN，即不同的 IP 地址段

　　B. 三层漫游需要将业务流量先转发至家乡网络，再由家乡代理进行转发

　　C. STA 在漫游前后拥有不同的 IP 地址

　　D. 家乡代理可以是 HAC，也可以是 HAP

（5）对于 AC 内三层漫游，当采用直接转发方式时，（　　）。

　　A. STA 向 FAP 发送业务报文

　　B. FAP 通过 CAPWAP 隧道将业务报文发送至 AC

　　C. 家乡代理为 HAP 时，AC 通过交换机将业务报文直接发送至 HAP

　　D. 家乡代理为 HAC 时，AC 将业务报文解封装后直接发送至交换机并经由交换机继续向上行网络转发

2. 填空题

（1）STA 首次关联的 AP 称为_____。

（2）STA 首次关联的 AC 称为_____。

（3）STA 漫游后关联的 AP 称为_____。

（4）STA 漫游后关联的 AC 称为_____。

（5）如果漫游过程中关联的是同一个 AC，则这种漫游称为_____。

（6）如果漫游过程中关联的是不同的 AC，则这种漫游称为_____。

（7）和 STA 漫游前的网络（家乡网络）中的网关二层互通的设备称为_____。

（8）根据 STA 漫游前后是否在同一个子网中，可将漫游分为_____和_____。

（9）如果 STA 在漫游前后属于同一个业务 VLAN，则这种漫游称为_____。

（10）如果 STA 在漫游前后属于不同的业务 VLAN，则这种漫游称为_____。

3. 简答题

（1）简述和漫游相关的几个常用术语的含义。

（2）简述漫游的主要过程。

（3）简述不同漫游类型的主要特征。

项目8
组建可靠WLAN

08

学习目标

【知识目标】
（1）熟悉网络可靠性的基本概念。
（2）掌握几种AC备份方式的特点和区别。
（3）掌握CAPWAP断链逃生的基本概念。
（4）了解CAPWAP断链逃生的策略和典型应用。

【技能目标】
（1）能够说明网络可靠性的基本概念、度量指标和可靠性技术。
（2）能够解释几种AC备份方式的特点和区别。
（3）能够完成AC备份的组网配置和验证。
（4）能够完成CAPWAP断链逃生的组网配置和验证。

【素养目标】
（1）树立强烈的质量意识。
（2）培养一丝不苟的工作态度和精益求精的工匠精神。
（3）提高风险意识和控制能力。

引例描述

经过半个多月的学习和实验，小郭已基本掌握了无线漫游的基础知识和简单组网技能。虽然小郭心里很有成就感，可是某次实验中的一个小插曲却引起了他的注意。原来，他在做AC内三层漫游时，不小心碰掉了AC的电源插座，导致AC意外断电，致使AP和STA全部下线。由于没有保存实验配置，他只能从零开始重新进行实验。联想到自己之前听说过有一些知名的大型公司因为服务器故障而导致无法对外提供服务，他觉得有必要与张老师讨论一下这个问题。张老师很高兴小郭能意识到这个问题。他告诉小郭，其实这个问题和安全性一样，对网络同等重要，即网络的可靠性。不管是有线网络还是无线网络，在规划、设计和部署时，都应该努力提高其可靠性，尽可能保障用户能不间断地使用网络服务，或者在网络出现故障时能快速解决问题并恢复正常运行。作为网络从业人员，应该掌握网络可靠性相关技术并能将这些技术应用于网络部署和运维工作中。WLAN有自己独特的可靠性技术，张老师建议小郭接下来开始这方面的学习和实践。小郭听了张老师的建议后，梳理了一下学习思路，又马不停蹄地进入了新的未知领域……

任务 8.1　提高 WLAN 可靠性

任务陈述

对用户来说，可靠的网络意味着网络应能长时间地正常运行，或者能从网络故障中尽快恢复。提高 WLAN 的可靠性旨在延长网络正常运行的时间，在网络出现故障时尽快解决问题并恢复网络正常运行。本任务主要介绍网络可靠性的相关概念，重点关注提高 WLAN 可靠性的 AC 备份机制。

知识准备

8.1.1　网络可靠性概述

随着计算机网络在社会各行各业的普遍应用，网络可靠性日益成为用户关注的焦点。正如自然灾害引发的道路中断会严重影响交通运输一样，在计算机网络中，有各种各样的不确定因素会导致网络出现故障和服务中断。从小的方面说，网络故障会影响普通用户上网浏览新闻等活动，也可能使企业正在进行的视频会议被迫中断；从大的方面说，严重的网络故障可能会使国计民生受到巨大影响，甚至对国家安全产生威胁。因此，如何提高网络的可靠性是组建网络时必须面对和解决的大问题。

V8-1　网络可靠性概述

1. 可靠性度量指标

要解决网络可靠性问题，首先要明确的基本概念是如何评价网络可靠性，即确定网络可靠性的度量指标。最常使用的两个度量指标是平均故障间隔时间（Mean Time Between Failures，MTBF）和平均修复时间（Mean Time To Repair，MTTR）。MTBF 表示系统无故障运行的平均时间，通常以小时为单位。MTBF 越大说明系统可靠性越高。MTTR 是指一个系统从故障发生到恢复正常运行所需的平均时间。MTTR 越小说明系统恢复时间越短，对用户的影响也就越小。需要说明的是，MTBF 和 MTTR 是广泛用于各种系统的可靠性度量指标，而非仅适用于本书所讲的计算机网络系统。

2. 网络可靠性实施路径

确定了 MTBF 和 MTTR 两个度量指标后，就可以考虑从增大 MTBF 或减小 MTTR 这两个角度提高网络的可靠性。在实际组建计算机网络时，可以从以下 3 个层面入手。

（1）在网络设备的设计和生产过程中，提高硬件和软件的质量，减少软硬件故障。例如，对网络软件加强可靠性设计和测试，在网络硬件生产过程中提高生产工艺、进行可靠性验证等。

（2）在设计网络架构时，要考虑网络设备和链路的冗余度、实施网络设备倒换策略，提高系统容错能力，目的是当某个网络设备发生故障时，能够通过其他备用设备正常提供服务，使系统功能不受影响。

（3）在网络部署过程中，根据网络架构和业务特点实施故障检测、诊断、隔离和恢复，提高故障恢复速度，降低故障对业务的影响。

3. 网络可靠性技术分类

不管网络设备和网络架构有多好，在网络实际运行过程中，仍然无法完全避免因各种意外因素造成的网络故障。因此，更现实的选择是减小 MTTR，使网络能从故障中快速恢复，这也是本书重点关注的可靠性技术。减小 MTTR 的技术有多种，根据其解决网络故障的侧重点不同，可分为故障检测技术和保护倒换技术。

（1）故障检测技术侧重于通过技术手段检测和诊断网络中已发生的故障，或者对可能的网络故障采取相应措施加以避免。常用的故障检测技术有双向转发检测（Bidirectional Forwarding Detection，BFD）和第一英里以太网（Ethernet in the First Mile，EFM）技术。BFD 可提供一种通用的标准化方式对任何介质、任何协议层进行实时检测，能够快速检测和监控网络链路故障及路由连通状态。EFM 全称中的"First Mile"是指用户端到电信运营商端设备的一段连接。从使用者的角度看，这段连接是"第一英里"，而从运营者的角度看，这段连接是"最后一英里"，因此 EFM 有时也被称为"最后一英里以太网"。EFM 工作在数据链路层，为两台直连设备提供链路连通性检测、链路故障监控、远端故障通知和远端环回等功能。

（2）与故障检测技术不同，保护倒换技术侧重于使网络从故障中快速恢复，是故障发生后的补救措施。保护倒换技术的核心是通过冗余和备份提高系统的容错能力，即通过对硬件、链路、路由信息和业务信息等进行冗余备份，当故障发生时快速切换到备用设备继续提供服务，从而保证网络业务的连续性。在 WLAN 领域，常用的保护倒换技术是 AC 备份机制，包括虚拟路由器冗余协议（Virtual Router Redundancy Protocol，VRRP）热备份、双链路热备份、双链路冷备份和 N+1 备份。

本书只讨论 WLAN 中常使用的保护倒换技术，即 AC 备份机制。对故障检测技术感兴趣的读者可以查阅相关资料，自行深入学习。

8.1.2 AC 备份基本概念

在 FIT AP+AC 组网模式中，AC 是 WLAN 的核心设备，承担着用户接入控制、数据转发和统计、AP 配置监控、漫游管理、安全控制等功能。一台 AC 可能管理成百上千台 AP。一旦 AC 或 CAPWAP 隧道发生故障，AC 管理的所有 AP 都可能受到影响。例如，已上线的 AP 无法继续通过 CAPWAP 隧道转

V8-2　AC 备份
基本概念

发数据，新的 AP 无法上线。因此，AC 很容易成为单点故障源，AC 的可靠性也直接决定了整个 WLAN 的可靠性。

采用 AC 备份机制能够有效提高 WLAN 的可靠性。AC 备份是指为防止 AC 故障影响 AP 和 STA 业务，在 WLAN 中部署两台或多台 AC。一旦一台 AC 出现故障，其他 AC 就可以代替故障 AC 工作，继续管理和维护 AP 业务，确保用户可以正常使用无线网络，或者尽量减轻 AC 故障对用户的影响，如图 8-1 所示。

图 8-1　AC 备份

在详细介绍具体的 AC 备份机制之前，先来厘清几个和 AC 备份相关的概念。

1. AC 角色

采用 AC 备份机制组建 WLAN 至少需要两台 AC，且 AC 之间有角色之分。AC 的角色分为主和备，即一台是主 AC，另一台是备 AC。主 AC 在网络正常运行时管理和维护 AP。备 AC 是主 AC 的备份，当主 AC 因为网络或设备出现故障时代替主 AC 管理和维护 AP。

AP 在建立 CAPWAP 隧道的 Discovery 阶段确定 AC 的角色，并分别与主 AC 和备 AC 建立主 CAPWAP 隧道和备 CAPWAP 隧道。启用 AC 备份功能后，AC 回复的 Discovery Response 报文携带有双链路特性开关、负载情况及优先级信息。AP 根据 AC 的优先级、负载及 AC 的源 IP 地址按照下面的顺序选择主 AC 和备 AC

（1）AP 先比较 AC 的优先级，优先级较高的 AC 被选为主 AC，另一台 AC 作为备 AC。

（2）如果 AC 的优先级相同，则比较 AC 的负载能力，即管理 AP 和 STA 的数量。负载小的 AC 作为主 AC，负载大的 AC 作为备 AC。

（3）在 AC 的负载能力相同的情况下，比较 AC 的源 IP 地址。源 IP 地址小的 AC 作为主 AC，源 IP 地址大的 AC 作为备 AC。

只有主 AC 下发完业务配置后，AP 才与备 AC 建立 CAPWAP 隧道。这样做是为了避免主 AC 和备 AC 重复下发业务配置。AP 发送给备 AC 的 Join Request 报文携带有一个自定义的消息类型，用于告知备 AC 不要重复下发业务配置。

2. AC 状态

在 AC 备份机制下，AC 的状态分为工作状态和备份状态两种。

工作状态是指 AC 当前正在管理 AP 并为 AP 和 STA 提供服务。在图 8-1 中，出现故障前 AC1 是工作状态，出现故障后 AC2 是工作状态，故障恢复后 AC1 重新变为工作状态。

备份状态是指 AC 当前不负责管理 AP，也不为 AP 和 STA 提供服务。处于备份状态的备 AC 在网络出现故障时进入工作状态。在图 8-1 中，出现故障前 AC2 是备份状态，出现故障后 AC2 转为工作状态，故障恢复后 AC2 重新变为备份状态。

由此可见，AC 的状态会随着网络故障的出现或恢复而发生变化。不管是主 AC 还是备 AC，都可能处于工作状态或备份状态。

3. AC 备份组网方式

如果对所有的 AP 来说，AC1 是主 AC，AC2 是备 AC，则这种组网方式称为主备（Active/Standby，A/S）方式。在主备方式下，所有的 AP 与 AC1 建立主 CAPWAP 隧道，与 AC2 建立备 CAPWAP 隧道。正常状态下，所有的业务由 AC1 处理，AC2 仅作备份使用。当 AC1 发生故障时，AC2 代替 AC1 处理业务。

在主备方式中，主 AC 处理所有业务，数据压力较大。备 AC 处于备份状态，正常情况下比较空闲，设备资源没有得到充分利用。引入负载分担方式可以解决这一问题。在负载分担方式中，两台 AC 均作为一部分 AP 的主 AC，同时作为另外一部分 AP 的备 AC。例如，将 AC1 规划为 AP1 的主 AC 和 AP2 的备 AC，将 AC2 规划为 AP2 的主 AC 和 AP1 的备 AC。网络正常运行时，AC1 和 AC2 分别负责 AP1 和 AP2 的管理及维护工作。对于 AP1 来说，AC1 处于工作状态，AC2 处于备份状态。对于 AP2 来说，AC2 处于工作状态，AC1 处于备份状态。假设 AC1 出现故障，那么 AC2 会取代 AC1，负责 AC1 之前管理和维护的所有 AP。AC2 出现故障时，AC1 也同样如此操作。

4. AC 备份工作流程

不管是主备方式还是负载分担方式，AC 备份的工作流程都包括 4 个阶段，即主备协商、数据备份、主备倒换和主备回切。

（1）主备协商。

主备协商是指两台 AC 基于网络配置确定各自的角色和状态。AP 根据上文所述的选举机制确定 AC 角色。根据主、备 AC 间使用协议的不同，AP 可以同时和主、备 AC 建立 CAPWAP 隧道，也可以只和其中一台 AC 建立 CAPWAP 隧道。如果主、备 AC 均能与 AP 正常互通，则经过协商后主 AC 处于工作状态，备 AC 处于备份状态，AP 在主 AC 中上线并接受其管理。如果在该阶段主 AC 出现故障或无法与 AP 通信，则协商后备 AC 处于工作状态。

（2）数据备份。

在数据备份阶段，处于工作状态的 AC 将网络运行状态相关的信息备份到处于备份状态的 AC，以保证两台 AC 上数据的一致性。AC 间备份的数据包括 AP 信息、STA 信息和 CAPWAP 隧道信息。当前者发生故障时，后者利用备份的数据可以快速进入工作状态继续提供服务，从而减少故障恢复时间，降低故障对业务的影响。

（3）主备倒换。

正常情况下，主 AC 为工作状态，备 AC 为备份状态。AP 与主、备 AC 之间定期交换控制心跳报文以检测隧道状态。当 AP 检测到其与主 AC 之间的隧道发生故障时，AP 通知备 AC 启动主备倒换，备 AC 升级为主 AC，替代主 AC 为 AP 和 STA 提供服务。主备倒换后，备 AC 处于工作状态。

（4）主备回切。

当主 AC 从故障中恢复后，主 AC 取代处于工作状态的备 AC 重新进入工作状态，备 AC 随之进入备份状态。需要说明的是，主 AC 恢复并不意味着主备回切必然发生，这取决于实际的网络配置。为避免网络震荡导致频繁主备倒换，AP 等待 20 个心跳（Echo）周期后再通知 AC 进行主备回切。

在上述 4 个阶段中，主备协商、主备倒换和主备回切均涉及主、备 AC 角色和状态的变化。实际上，AP 并不关心哪个 AC 是主 AC，哪个 AC 是备 AC，对 AP 来说，最重要的是哪个 AC 处于工作状态。

5. HSB

数据备份是通过热备（Hot-Standby Backup，HSB）机制实现的。HSB 的功能主要体现在以下两个方面。

（1）建立主备备份通道。

HSB 通过配置本端和对端的主备服务 IP 地址和端口号，在互为备份的设备之间建立 TCP 报文发送通道。利用这个通道，HSB 可提供业务报文的收发及链路状态变化通知服务。

（2）维护备份通道链路状态。

HSB 通过特定机制检测主备通道的链路状态，如果链路状态异常，则 HSB 负责通知两端设备并尝试重建主备备份通道。

HSB 支持 3 种数据同步方式，即批量备份、实时备份和定时同步。

（1）批量备份。

当有新加入的备份设备时，主 AC 将已有信息一次性地批量同步到备 AC 上，使主、备 AC 保持数据一致。

（2）实时备份。

主 AC 正常工作时，将新产生或发生变化的信息实时同步给备 AC。

（3）定时同步。

备 AC 定时检查自身的信息是否与主 AC 一致。如果不一致，则要求主 AC 将信息同步到备 AC。

8.1.3 几种 AC 备份方式

不同的业务场景对网络可靠性的要求也不相同，可以根据实际需求选择合适的 AC 备份方式。下面重点介绍几种 AC 备份方式的特点和区别，以及每种备份方式的应用场景。

V8-3 4 种 AC 备份方式

1. VRRP 热备份

VRRP 将多台路由器虚拟为一台路由器，对外提供统一的 IP 地址作为主机网关。当实际承担流量转发的路由器出现故障时，VRRP 选举出新的设备承担流量转发功能，从而提高网络可靠性。

VRRP 热备份的实现原理如下：主、备 AC 通过 VRRP 对外虚拟为一台 AC，AP 与这台虚拟 AC 建立 CAPWAP 隧道，如图 8-2 所示。同时，主 AC 利用 HSB 将 AP 信息、STA 信息和 CAPWAP 链路信息同步给备 AC。通过配置 VRRP 抢占时间，当主 AC 发生故障时，VRRP 热备份可以快速地将业务处理功能转移至备 AC，以保障业务连续性。

图 8-2 VRRP 热备份

相比于其他 AC 备份方式，VRRP 热备份的主备倒换速度最快，因而对业务的影响最小。VRRP 热备份也有缺点：一方面，VRRP 热备份不支持 AC 负载分担组网；另一方面，VRRP 热备份不支持主、备 AC 异地跨三层部署，即主、备 AC 必须是二层组网。如果不需要异地部署主、备 AC，且业务环境对网络的可靠性要求较高，那么 VRRP 热备份是最佳选择。但如果希望最大化利用主、备 AC 资源，或者主、备 AC 无法实现二层组网，则可以选择双链路热备份。

2．双链路热备份

在双链路热备份中，AP 与主 AC 建立主 CAPWAP 隧道，与备 AC 建立备 CAPWAP 隧道。主 AC 和备 AC 分别处于工作状态和备份状态。主 AC 通过 HSB 仅将 STA 信息同步给备 AC。当主 AC 发生故障时，备 AC 切换到工作状态，代替主 AC 提供业务服务。图 8-3（a）和图 8-3（b）所示分别为主备方式和负载分担方式的双链路热备份。

图 8-3　主备方式和负载分担方式的双链路热备份

AP 检测到主 CAPWAP 断链后才会引发主、备 AC 倒换。双链路热备份的主备倒换速度相比 VRRP 热备份略慢，但比双链路冷备份和 N+1 备份要快。由于备 AC 拥有主 AC 同步过来的 STA 信息，因此主备倒换后，已上线的 STA 不需要下线重连。

VRRP 热备份和双链路热备份都属于双机热备份，且这两种备份方式都不适用于要求异地容灾的网络环境。

3．双链路冷备份

双链路冷备份与双链路热备份类似，只是主 AC 不向备 AC 同步信息，如图 8-4 所示。因此，当备 AC 切换为工作状态时，已上线的 STA 需要重新上线，这会导致 STA 出现短暂

图 8-4　双链路冷备份

的业务中断。双链路冷备份的主备切换速度较慢，在可靠性要求较低的网络环境中，可以考虑采用双链路冷备份方式。

4. N+1 备份

N+1 备份是指使用一台备 AC 为多台主 AC 提供备份服务，如图 8-5 所示。正常情况下，一台 AP 只和一台主 AC 建立 CAPWAP 隧道。当主 AC 发生故障时，AP 重新与备 AC 建立 CAPWAP 隧道，备 AC 代替主 AC 提供服务。主、备 AC 间不进行信息同步，主备倒换后 AP 与 STA 均需要重新上线。

N+1 备份是这 4 种 AC 备份方式中切换速度最慢的一种，可靠性最低。由于 N+1 备份减少了备 AC 的数量，因此它的网络部署成本是最低的。如果希望控制网络部署成本，网络环境的可靠性要求也不高，那么 N+1 备份方式是一种理想的选择。

图 8-5   N+1 备份

任务实施

实验 1：配置 VRRP 热备份

【实验背景】VRRP 热备份的基本原理是使用 VRRP 将两台 AC 虚拟为一台 AC，AP 与虚拟 AC 建立 CAPWAP 隧道。主 AC 利用 HSB 将 AP 信息、STA 信息和 CAPWAP 隧道信息同步给备 AC。VRRP 热备份的主备倒换速度最快，因而对业务的影响最小。但 VRRP 热备份不支持 AC 负载分担方式组网，也不支持主、备 AC 异地跨三层部署，即主、备 AC 必须是二层组网。

【实验设备】AP（1 台，华为 AirEngine 5760），AC（2 台，华为 AC6508），Switch（2 台，华为 S5731S-S24P4X），Router（1 台，华为 AR6140-16G4XG），PC（1 台，Windows 10 操作系统）。

【实验拓扑】本实验采用旁挂式二层组网，配置 VRRP 热备份实验拓扑如图 8-6 所示。

图 8-6　配置 VRRP 热备份实验拓扑

【实验要求】本实验涉及的各配置项如表 8-1 所示，设备 IP 地址参数如表 8-2 所示。

表 8-1　本实验涉及的各配置项

配置项	要求
管理 VLAN	VLAN 100
业务 VLAN	VLAN 101
AC 备份 VLAN	VLAN 102
DHCP 服务器	AC 作为 AP 的 DHCP 服务器 SwitchB 作为无线用户的 DHCP 服务器
AP 地址池	VLAN 100：10.23.100.4/24 ～ 10.23.100.254/24 默认网关：10.23.100.3
STA 地址池	VLAN 101：10.23.101.3/24 ～ 10.23.101.254/24 默认网关：10.23.101.2
AC1 VRRP 相关配置	接口：VLANIF 100 VRID：1 虚拟地址：10.23.100.3/24 优先级：120 抢占时延：1800s 状态恢复延迟时间：60s
AC1 HSB 主备通道	本地 IP 地址及端口号：10.23.102.1:10241 对端 IP 地址及端口号：10.23.102.2:10241 HSB 主备服务报文重传次数：3 HSB 主备服务报文发送间隔：6ms
AC2 HSB 主备通道	本地 IP 地址及端口号：10.23.102.2:10241 对端 IP 地址及端口号：10.23.102.1:10241 HSB 主备服务报文重传次数：3 HSB 主备服务报文发送间隔：6ms

续表

配置项	要求
AC 源接口 IP 地址	VLANIF 100：10.23.100.3/24
AP 组	名称：group-vrrp 引用模板：VAP 模板、域管理模板
AP 配置	名称：ap401 组名称：group-vrrp
域管理模板	名称：default 国家码：CN
SSID 模板	模板名称：wlan-vrrp SSID 名称：wlan-vrrp
安全模板	模板名称：sec-vrrp 安全策略：WPA/WPA2-PSK-AES 密码：huawei123
VAP 模板	模板名称：vap-vrrp 转发方式：直接转发 业务 VLAN：VLAN 101 引用模板：SSID 模板、安全模板

表 8-2　设备 IP 地址参数

设备	接口或 VLAN	IP 地址或接口类型	备注
SwitchA	GE0/0/1	Trunk	PVID：100 放行 VLAN：100、101
	GE0/0/2	Trunk	放行 VLAN：100、101
SwitchB	GE0/0/1	Trunk	放行 VLAN：100、101
	GE0/0/2	Trunk	放行 VLAN：101
	eth-trunk 10	Trunk	放行 VLAN：100
	GE0/0/3	eth-trunk 10	链路聚合
	GE0/0/4	eth-trunk 10	链路聚合
	VLANIF 101	10.23.101.1/24	接口地址池
AC1	GE0/0/1	Trunk	放行 VLAN：100
	GE0/0/2	Trunk	放行 VLAN：102
	VLANIF 100	10.23.100.1/24	接口地址池
	VLANIF 102	10.23.102.1/24	
AC2	GE0/0/1	Trunk	放行 VLAN：100
	GE0/0/2	Trunk	放行 VLAN：102
	VLANIF 100	10.23.100.2/24	接口地址池
	VLANIF 102	10.23.102.2/24	
Router	GE0/0/0	Trunk	放行 VLAN：101
	VLANIF 101	10.23.101.2/24	无线用户网关

【实验步骤】下面是本实验的具体步骤。

第 1 步，配置接入交换机 SwitchA。将接口 GE0/0/1 和 GE0/0/2 加入 VLAN 100 和 VLAN 101，接口 GE0/0/1 的默认 VLAN 为 VLAN 100，具体命令如下所示。

```
<HUAWEI> system-view
[HUAWEI] sysname SwitchA
[SwitchA] vlan batch 100 101
[SwitchA] interface gi0/0/1
[SwitchA-GigabitEthernet0/0/1] port link-type trunk
[SwitchA-GigabitEthernet0/0/1] port trunk pvid vlan 100
[SwitchA-GigabitEthernet0/0/1] port trunk allow-pass vlan 100 101
[SwitchA-GigabitEthernet0/0/1] port-isolate enable
[SwitchA-GigabitEthernet0/0/1] quit
[SwitchA] interface gi0/0/2
[SwitchA-GigabitEthernet0/0/2] port link-type trunk
[SwitchA-GigabitEthernet0/0/2] port trunk allow-pass vlan 100 101
[SwitchA-GigabitEthernet0/0/2] quit
```

第 2 步，配置汇聚交换机 SwitchB。将接口 GE0/0/1 加入 VLAN 100 和 VLAN 101，将接口 GE0/0/2 加入 VLAN 101，将接口 GE/0/0/3 和 GE/0/0/4 加入 VLAN 100，具体命令如下所示。

```
<HUAWEI> system-view
[HUAWEI] sysname SwitchB
[SwitchB] vlan batch 100 101
[SwitchB] interface gi0/0/1
[SwitchB-GigabitEthernet0/0/1] port link-type trunk
[SwitchB-GigabitEthernet0/0/1] port trunk allow-pass vlan 100 101
[SwitchB-GigabitEthernet0/0/1] quit
[SwitchB] interface gi0/0/2
[SwitchB-GigabitEthernet0/0/2] port link-type trunk
[SwitchB-GigabitEthernet0/0/2] port trunk allow-pass vlan 101
[SwitchB-GigabitEthernet0/0/2] quit
[SwitchB] interface gi0/0/3
[SwitchB-GigabitEthernet0/0/3] port link-type trunk
[SwitchB-GigabitEthernet0/0/3] port trunk allow-pass vlan 100
[SwitchB-GigabitEthernet0/0/3] quit
[SwitchB] interface gi0/0/4
[SwitchB-GigabitEthernet0/0/4] port link-type trunk
[SwitchB-GigabitEthernet0/0/4] port trunk allow-pass vlan 100
[SwitchB-GigabitEthernet0/0/4] quit
```

第 3 步，配置 AC 对外服务接口。

（1）在 AC1 上，将接口 GE0/0/1 加入 VLAN 100，创建接口 VLANIF 100 并配置 IP 地址为 10.23.100.1/24，具体命令如下所示。

```
<AC6508> system-view
[AC6508] sysname AC1
[AC1] vlan batch 100
[AC1] interface gi0/0/1
[AC1-GigabitEthernet0/0/1] port link-type trunk
[AC1-GigabitEthernet0/0/1] port trunk allow-pass vlan 100
[AC1-GigabitEthernet0/0/1] quit
[AC1] interface vlanif 100
[AC1-Vlanif100] ip address 10.23.100.1 24
[AC1-Vlanif100] quit
```

（2）在 AC2 上，将接口 GE0/0/1 加入 VLAN 100，创建接口 VLANIF 100 并配置 IP 地址为 10.23.100.2/24，具体命令如下所示。

```
<AC6508> system-view
[AC6508] sysname AC2
```

```
[AC2] vlan batch 100
[AC2] interface gi0/0/1
[AC2-GigabitEthernet0/0/1] port link-type trunk
[AC2-GigabitEthernet0/0/1] port trunk allow-pass vlan 100
[AC2-GigabitEthernet0/0/1] quit
[AC2] interface vlanif 100
[AC2-Vlanif100] ip address 10.23.100.2 24
[AC2-Vlanif100] quit
```

第 4 步，配置 AC1 与 AC2 互通。

（1）在 AC1 上，将接口 GE0/0/2 加入 VLAN 102，创建接口 VLANIF 102 并配置 IP 地址为 10.23.102.1/24，具体命令如下所示。

```
[AC1] vlan batch 102
[AC1] interface gi0/0/2
[AC1-GigabitEthernet0/0/2] port link-type trunk
[AC1-GigabitEthernet0/0/2] port trunk allow-pass vlan 102
[AC1-GigabitEthernet0/0/2] quit
[AC1] interface vlanif 102
[AC1-Vlanif102] ip address 10.23.102.1 24
[AC1-Vlanif102] quit
```

（2）在 AC2 上，将接口 GE0/0/2 加入 VLAN 102，创建接口 VLANIF 102 并配置 IP 地址为 10.23.102.2/24，具体命令如下所示。

```
[AC2] vlan batch 102
[AC2] interface gi0/0/2
[AC2-GigabitEthernet0/0/2] port link-type trunk
[AC2-GigabitEthernet0/0/2] port trunk allow-pass vlan 102
[AC2-GigabitEthernet0/0/2] quit
[AC2] interface vlanif 102
[AC2-Vlanif102] ip address 10.23.102.2 24
[AC2-Vlanif102] quit
```

第 5 步，配置 Router。将接口 GE0/0/0 加入 VLAN 101，创建接口 VLANIF 101 并配置 IP 地址为 10.23.101.2/24，具体命令如下所示。

```
<Huawei> system-view
[Huawei] sysname Router
[Router] vlan 101
[Router-vlan 101] interface gi0/0/0
[Router-GigabitEthernet0/0/0] port link-type trunk
[Router-GigabitEthernet0/0/0] port trunk allow-pass vlan 101
[Router-GigabitEthernet0/0/0] quit
[Router] interface vlanif 101
[Router-Vlanif101] ip address 10.23.101.2 24
[Router-Vlanif101] quit
```

第 6 步，配置 DHCP 服务器。

（1）在 AC1 上配置 DHCP 服务器为 AP 提供 IP 地址，具体命令如下所示。

 注意 10.23.100.1 和 10.23.100.2 已分配给 AC1 与 AC2，而 10.23.100.3 是 VRRP 管理组的虚拟 IP 地址。AC 通过虚拟 IP 地址创建接口地址池，并从中排除这 3 个地址。

```
[AC1] dhcp enable
[AC1] dhcp server database enable
[AC1] dhcp server database recover
```

```
[AC1] interface vlanif 100
[AC1-Vlanif100] dhcp select interface
[AC1-Vlanif100] dhcp server excluded-ip-address 10.23.100.1 10.23.100.3
[AC1-Vlanif100] quit
```

（2）在 AC2 上配置 DHCP 服务器为 AP 提供 IP 地址，具体配置与 AC1 相同，具体命令如下所示。

```
[AC2] dhcp enable
[AC2] dhcp server database enable
[AC2] dhcp server database recover
[AC2] interface vlanif 100
[AC2-Vlanif100] dhcp select interface
[AC2-Vlanif100] dhcp server excluded-ip-address 10.23.100.1 10.23.100.3
[AC2-Vlanif100] quit
```

（3）在 SwitchB 上配置 VLANIF 101 接口为 STA 提供 IP 地址，并指定 10.23.101.2 作为 STA 的默认网关地址，具体命令如下所示。

```
[SwitchB] dhcp enable
[SwitchB] interface vlanif 101
[SwitchB-Vlanif101] ip address 10.23.101.1 24
[SwitchB-Vlanif101] dhcp select interface
[SwitchB-Vlanif101] dhcp server gateway-list 10.23.101.2
[SwitchB-Vlanif101] quit
```

第 7 步，在 AC1 上配置 VRRP 双机热备份。

（1）配置 VRRP 备份组的状态恢复延迟时间为 60s，具体命令如下所示。

```
[AC1] vrrp recover-delay 60
```

（2）创建管理 VRRP 备份组，配置 AC1 在该备份组中的优先级为 120，并配置抢占时延为 1800s，具体命令如下所示。

```
[AC1] interface vlanif 100
[AC1-Vlanif100] vrrp vrid 1 virtual-ip 10.23.100.3
[AC1-Vlanif100] vrrp vrid 1 priority 120
[AC1-Vlanif100] vrrp vrid 1 preempt-mode timer delay 1800
[AC1-Vlanif100] admin-vrrp vrid 1
[AC1-Vlanif100] quit
```

（3）创建 HSB 主备服务，配置其主备通道的 IP 地址和端口号，并配置 HSB 主备服务报文的重传次数和发送间隔，具体命令如下所示。

```
[AC1] hsb-service 0
[AC1-hsb-service-0] service-ip-port local-ip 10.23.102.1 peer-ip 10.23.102.2 local-data-port 10241 peer-data-port 10241
[AC1-hsb-service-0] service-keep-alive detect retransmit 3 interval 6
[AC1-hsb-service-0] quit
```

（4）创建 HSB 备份组，并将其与 HSB 主备服务和管理 VRRP 备份组绑定，具体命令如下所示。

```
[AC1] hsb-group 0
[AC1-hsb-group-0] bind-service 0
[AC1-hsb-group-0] track vrrp vrid 1 interface vlanif 100
[AC1-hsb-group-0] quit
```

（5）将 NAC 业务、WLAN 业务和 DHCP 业务与 HSB 备份组进行绑定，具体命令如下所示。

```
[AC1] hsb-service-type access-user hsb-group 0
[AC1] hsb-service-type ap hsb-group 0
[AC1] hsb-service-type dhcp hsb-group 0
```

（6）启用双机热备功能，具体命令如下所示。

```
[AC1] hsb-group 0
[AC1-hsb-group-0] hsb enable
[AC1-hsb-group-0] quit
```

第 8 步，在 AC2 上配置 VRRP 双机热备份。

（1）配置 VRRP 备份组的状态恢复延迟时间为 60s，具体命令如下所示。

```
[AC2] vrrp recover-delay 60
```

（2）创建管理 VRRP 备份组，使用默认优先级，具体命令如下所示。

```
[AC2] interface vlanif 100
[AC2-Vlanif100] vrrp vrid 1 virtual-ip 10.23.100.3
[AC2-Vlanif100] admin-vrrp vrid 1
[AC2-Vlanif100] quit
```

（3）创建 HSB 主备服务，配置其主备通道的 IP 地址和端口号，并配置 HSB 主备服务报文的重传次数和发送间隔，具体命令如下所示。

```
[AC2] hsb-service 0
[AC2-hsb-service-0] service-ip-port local-ip 10.23.102.2 peer-ip 10.23.102.1 local-data-port 10241 peer-data-port 10241
[AC2-hsb-service-0] service-keep-alive detect retransmit 3 interval 6
[AC2-hsb-service-0] quit
```

（4）创建 HSB 备份组，并将其与 HSB 主备服务和管理 VRRP 备份组进行绑定，具体命令如下所示。

```
[AC2] hsb-group 0
[AC2-hsb-group-0] bind-service 0
[AC2-hsb-group-0] track vrrp vrid 1 interface vlanif 100
[AC2-hsb-group-0] quit
```

（5）将 NAC 业务、WLAN 业务和 DHCP 业务与 HSB 备份组进行绑定，具体命令如下所示。

```
[AC2] hsb-service-type access-user hsb-group 0
[AC2] hsb-service-type ap hsb-group 0
[AC2] hsb-service-type dhcp hsb-group 0
```

第 9 步，配置 AC1 的 WLAN 业务。

（1）创建 AP 组，具体命令如下所示。

```
[AC1] wlan
[AC1-wlan-view] ap-group name group-vrrp
[AC1-wlan-ap-group-group-vrrp] quit
```

（2）创建域管理模板，在域管理模板下配置 AC 的国家码并在 AP 组下引用域管理模板，具体命令如下所示。

```
[AC1-wlan-view] regulatory-domain-profile name default
[AC1-wlan-regulate-domain-default] country-code cn
[AC1-wlan-regulate-domain-default] quit
[AC1-wlan-view] ap-group name group-vrrp
[AC1-wlan-ap-group-group-vrrp] regulatory-domain-profile default
[AC1-wlan-ap-group-group-vrrp] quit
[AC1-wlan-view] quit
```

（3）配置 AC 的源接口，具体命令如下所示。

```
[AC1] capwap source ip-address 10.23.100.3
```

（4）离线导入 AP，配置 AP 组和 AP 名称，具体命令如下所示。

```
[AC1] wlan
[AC1-wlan-view] ap auth-mode mac-auth
[AC1-wlan-view] ap-id 0 ap-mac b008-75cb-49e0
[AC1-wlan-ap-0] ap-name ap401
```

```
[AC1-wlan-ap-0] ap-group group-vrrp
[AC1-wlan-ap-0] quit
```

（5）创建安全模板并配置安全策略，具体命令如下所示。

```
[AC1-wlan-view] security-profile name sec-vrrp
[AC1-wlan-sec-prof-sec-vrrp] security wpa-wpa2 psk pass-phrase huawei123 aes
[AC1-wlan-sec-prof-sec-vrrp] quit
```

（6）创建 SSID 模板并配置 SSID 名称，具体命令如下所示。

```
[AC1-wlan-view] ssid-profile name wlan-vrrp
[AC1-wlan-ssid-prof-wlan-vrrp] ssid wlan-vrrp
[AC1-wlan-ssid-prof-wlan-vrrp] quit
```

（7）创建 VAP 模板，配置业务数据转发方式、业务 VLAN，并引用安全模板和 SSID 模板，具体命令如下所示。

```
[AC1-wlan-view] vap-profile name vap-vrrp
[AC1-wlan-vap-prof-vap-vrrp] forward-mode direct-forward
[AC1-wlan-vap-prof-vap-vrrp] service-vlan vlan-id 101
[AC1-wlan-vap-prof-vap-vrrp] security-profile sec-vrrp
[AC1-wlan-vap-prof-vap-vrrp] ssid-profile wlan-vrrp
[AC1-wlan-vap-prof-vap-vrrp] quit
```

（8）配置 AP 组引用 VAP 模板，AP 上的射频 0 和射频 1 都使用 VAP 模板 vap-vrrp 的配置，具体命令如下所示。

```
[AC1-wlan-view] ap-group name group-vrrp
[AC1-wlan-ap-group-group-vrrp] vap-profile vap-vrrp wlan 1 radio 0
[AC1-wlan-ap-group-group-vrrp] vap-profile vap-vrrp wlan 1 radio 1
[AC1-wlan-ap-group-group-vrrp] quit
```

第 10 步，配置 AC2 的 WLAN 业务，具体配置与 AC1 相同，这里不再演示。

第 11 步，在 AC2 上开启双机热备功能，具体命令如下所示。

```
[AC2] hsb-group 0
[AC2-hsb-group-0] hsb enable
[AC2-hsb-group-0] quit
```

第 12 步，验证配置结果。

（1）在 AC1 和 AC2 上监控 AP 上线情况，具体命令如下所示。从输出结果中可以看到，AP 在 AC1 上的状态为正常（nor），在 AC2 上的状态则为备份（stdby）。

```
[AC1-wlan-view] display ap all
ID  MAC        Name   Group       IP          Type          State STA  Uptime  ExtraInfo
--------------------------------------------------------------------------------------------
0   b008-75cb-49e0 ap401 group-vrrp 10.23.100.87 AirEngine5760-10 nor   0    39S     --

[AC2-wlan-view] display ap all
ID  MAC        Name   Group       IP          Type          State STA  Uptime  ExtraInfo
--------------------------------------------------------------------------------------------
0   b008-75cb-49e0 ap401 group-vrrp 10.23.100.87 AirEngine5760-10 stdby  1    --      --
```

（2）在 AC1 和 AC2 上分别查看 VRRP 备份组信息，具体命令如下所示。从输出结果中可以看到，AC1 的 "State" 字段显示为 "Master"，AC2 的 "State" 字段显示为 "Backup"。

```
[AC1-wlan-view] display vrrp brief
VRID  State      Interface           Type      Virtual IP
-----------------------------------------------------------------------------
1     Master     Vlanif100           Admin     10.23.100.3

[AC2-wlan-view] display vrrp brief
VRID  State      Interface           Type      Virtual IP
```

```
--------------------------------------------------------------------
1      Backup        Vlanif100                  Admin    10.23.100.3
```

（3）在 AC1 和 AC2 上分别查看主备服务的建立情况，具体命令如下所示。从输出结果中可以看到，"Service State"字段显示为"Connected"，说明主备服务通道已经成功建立。

```
[AC1-wlan-view] display hsb-service 0
Hot Standby Service Information:
--------------------------------------------------------------------
    Local IP Address          : 10.23.102.1
    Peer IP Address           : 10.23.102.2
    Source Port               : 10241
    Destination Port          : 10241
    Keep Alive Times          : 3
    Keep Alive Interval       : 6
    Service State             : Connected

[AC2-wlan-view] display hsb-service 0
Hot Standby Service Information:
--------------------------------------------------------------------
    Local IP Address          : 10.23.102.2
    Peer IP Address           : 10.23.102.1
    Source Port               : 10241
    Destination Port          : 10241
    Keep Alive Times          : 3
    Keep Alive Interval       : 6
    Service State             : Connected
```

（4）在 AC1 和 AC2 上分别查看 HSB 备份组的运行情况，具体命令如下所示。

```
[AC1-wlan-view] display hsb-group 0
Hot Standby Group Information:
--------------------------------------------------------------------
    Vrrp Interface            : Vlanif100
    Group Vrrp Status         : Master
    Group Status              : Active
    Group Backup Modules      : Access-user
                                AP
                                DHCP

[AC2-wlan-view] display hsb-group 0
Hot Standby Group Information:
--------------------------------------------------------------------
    Vrrp Interface            : Vlanif100
    Group Vrrp Status         : Backup
    Group Status              : Inactive
    Group Backup Modules      : Access-user
                                AP
                                DHCP
```

（5）重启 AC1 模拟主 AC 出现故障。在 AC2 上查看 AP 状态，可以看到其状态由备份（stdby）变为正常（nor）。另外，STA 上的业务并未中断，这一点可从 ping 命令的执行结果中看出。具体操作如下所示。

注意　重启 AC1 前要执行 save 命令保存 AC1 的配置文件，以免重启后配置丢失。

```
[AC2-wlan-view] display ap all
ID   MAC          Name  Group    IP            Type             State  STA Uptime    ExtraInfo
---------------------------------------------------------------------------------------------
0    b008-75cb-49e0 ap401 group-vrrp 10.23.100.87 AirEngine5760-10  nor    1   13M:58S    -

[AC2-wlan-view] ping 10.23.101.145
  PING 10.23.101.145: 56   data bytes, press CTRL_C to break
   Reply from 10.23.101.145: bytes=56 Sequence=1 ttl=63 time=28 ms
   Reply from 10.23.101.145: bytes=56 Sequence=2 ttl=63 time=39 ms
   Reply from 10.23.101.145: bytes=56 Sequence=3 ttl=63 time=51 ms
   --- 10.23.101.145 ping statistics ---
   5 packet(s) transmitted
   5 packet(s) received
```

实验 2：配置主备方式的双链路热备份

【实验背景】主备方式的双链路热备份是指 AP 与主 AC 建立主 CAPWAP 隧道，与备 AC 建立备 CAPWAP 隧道。主 AC 和备 AC 分别处于工作状态和备份状态。主 AC 通过 HSB 仅将 STA 信息同步至备 AC。正常状态下，所有的业务由主 AC 处理，备 AC 仅作备份使用。当主 AC 发生故障时，备 AC 代替主 AC 处理业务。

【实验设备】AP（1 台，华为 AirEngine 5760），AC（2 台，华为 AC6508），Switch（2 台，华为 S5731S-S24P4X），Router（1 台，华为 AR6140-16G4XG），PC（1 台，Windows 10 操作系统）。

【实验拓扑】本实验采用旁挂式二层组网，配置主备方式的双链路热备份实验拓扑如图 8-7 所示。

图 8-7　配置主备方式的双链路热备份实验拓扑

【实验要求】本实验涉及的各配置项如表 8-3 所示，设备 IP 地址参数如表 8-4 所示。

表 8-3　本实验涉及的各配置项

配置项	要求
管理 VLAN	VLAN 100
业务 VLAN	VLAN 101
AC 备份 VLAN	VLAN 102
DHCP 服务器	Router 作为 AP 和无线用户的 DHCP 服务器
AP 地址池	VLAN 100：10.45.100.4/24～10.45.100.254/24 默认网关：10.45.100.1
STA 地址池	VLAN 101：10.45.101.2/24～10.45.101.254/24 默认网关：10.45.101.1
AC1 源接口 IP 地址	VLANIF 100：10.45.100.2/24
AC2 源接口 IP 地址	VLANIF 100：10.45.100.3/24
AC1 主备通道	VLAN 102：10.45.102.1:10241
AC2 主备通道	VLAN 102：10.45.102.2:10241
AP 组	名称：group-as 引用模板：VAP 模板、域管理模板、AP 系统模板
AP 配置	名称：ap403 组名称：group-as
域管理模板	名称：default 国家码：CN
SSID 模板	模板名称：wlan-as SSID 名称：wlan-as
安全模板	模板名称：sec-as 安全策略：WPA/WPA2-PSK-AES 密码：huawei123
VAP 模板	模板名称：vap-as 转发方式：直接转发 业务 VLAN：VLAN 101 引用模板：SSID 模板、安全模板
AP 系统模板	模板名称：sys-as 主 AC：10.45.100.2 备 AC：10.45.100.3

表 8-4　设备 IP 地址参数

设备	接口或 VLAN	IP 地址或接口类型	备注
SwitchA	GE0/0/1	Trunk	PVID：100 放行 VLAN：100、101
	GE0/0/2	Trunk	放行 VLAN：100、101
SwitchB	GE0/0/1	Trunk	放行 VLAN：100、101
	GE0/0/2	Trunk	放行 VLAN：100、102
	GE0/0/3	Trunk	放行 VLAN：100、102
	GE0/0/4	Trunk	放行 VLAN：100、101
AC1	GE0/0/1	Trunk	放行 VLAN：100、102
	VLANIF 100	10.45.100.2/24	
	VLANIF 102	10.45.102.1/24	

续表

设备	接口或 VLAN	IP 地址或接口类型	备注
AC2	GE0/0/1	Trunk	放行 VLAN：100、102
	VLANIF 100	10.45.100.3/24	
	VLANIF 102	10.45.102.2/24	
Router	GE0/0/0	Trunk	放行 VLAN：100、101
	VLANIF 100	10.45.100.1/24	全局地址池、无线用户网关
	VLANIF 101	10.45.101.1/24	全局地址池、无线用户网关

【实验步骤】下面是本实验的具体步骤。

第 1 步，配置接入交换机 SwitchA。将接口 GE0/0/1 和 GE0/0/2 加入 VLAN 100 和 VLAN 101，接口 GE0/0/1 的默认 VLAN 为 VLAN 100，具体命令如下所示。

```
<HUAWEI> system-view
[HUAWEI] sysname SwitchA
[SwitchA] vlan batch 100 101
[SwitchA] interface gi0/0/1
[SwitchA-GigabitEthernet0/0/1] port link-type trunk
[SwitchA-GigabitEthernet0/0/1] port trunk allow-pass vlan 100 101
[SwitchA-GigabitEthernet0/0/1] port-isolate enable
[SwitchA-GigabitEthernet0/0/1] quit
[SwitchA] interface gi0/0/2
[SwitchA-GigabitEthernet0/0/2] port link-type trunk
[SwitchA-GigabitEthernet0/0/2] port trunk allow-pass vlan 100 101
[SwitchA-GigabitEthernet0/0/2] quit
```

第 2 步，配置汇聚交换机 SwitchB。将接口 GE0/0/1 和 GE0/0/4 加入 VLAN 100 和 VLAN 101，将接口 GE0/0/2 和 GE0/0/3 加入 VLAN 100 和 VLAN 102，具体命令如下所示。

```
<HUAWEI> system-view
[HUAWEI] sysname SwitchB
[SwitchB] vlan batch 100 101 102
[SwitchB] interface gi0/0/1
[SwitchB-GigabitEthernet0/0/1] port link-type trunk
[SwitchB-GigabitEthernet0/0/1] port trunk allow-pass vlan 100 101
[SwitchB-GigabitEthernet0/0/1] quit
[SwitchB] interface gi0/0/2
[SwitchB-GigabitEthernet0/0/2] port link-type trunk
[SwitchB-GigabitEthernet0/0/2] port trunk allow-pass vlan 100 102
[SwitchB-GigabitEthernet0/0/2] quit
[SwitchB] interface gi0/0/3
[SwitchB-GigabitEthernet0/0/3] port link-type trunk
[SwitchB-GigabitEthernet0/0/3] port trunk allow-pass vlan 100 102
[SwitchB-GigabitEthernet0/0/3] quit
[SwitchB] interface gi0/0/4
[SwitchB-GigabitEthernet0/0/4] port link-type trunk
[SwitchB-GigabitEthernet0/0/4] port trunk allow-pass vlan 100 101
[SwitchB-GigabitEthernet0/0/4] quit
```

第 3 步，配置 AC1。将接口 GE0/0/1 加入 VLAN 100 和 VLAN 102，创建接口 VLANIF 100 并配置 IP 地址为 10.45.100.2/24，创建接口 VLANIF 102 并配置 IP 地址为 10.45.102.1/24，具体命令如下所示。

```
<AC6508> system-view
```

```
[AC6508] sysname AC1
[AC1] vlan batch 100 to 102
[AC1] interface gi0/0/1
[AC1-GigabitEthernet0/0/1] port link-type trunk
[AC1-GigabitEthernet0/0/1] port trunk allow-pass vlan 100 102
[AC1-GigabitEthernet0/0/1] quit
[AC1] interface vlanif 100
[AC1-Vlanif100] ip address 10.45.100.2 24
[AC1-Vlanif100] quit
[AC1] interface vlanif 102
[AC1-Vlanif102] ip address 10.45.102.1 24
[AC1-Vlanif102] quit
```

第 4 步，配置 AC2。将接口 GE0/0/1 加入 VLAN 100 和 VLAN 102，创建接口 VLANIF 100 并配置 IP 地址为 10.45.100.3/24，创建接口 VLANIF 102 并配置 IP 地址为 10.45.102.2/24，具体命令如下所示。

```
<AC6508> system-view
[AC6508] sysname AC2
[AC1] vlan batch 100 to 102
[AC2] interface gi0/0/1
[AC2-GigabitEthernet0/0/1] port link-type trunk
[AC2-GigabitEthernet0/0/1] port trunk allow-pass vlan 100 102
[AC2-GigabitEthernet0/0/1] quit
[AC2] interface vlanif 100
[AC2-Vlanif100] ip address 10.45.100.3 24
[AC2-Vlanif100] quit
[AC2] interface vlanif 102
[AC2-Vlanif102] ip address 10.45.102.2 24
[AC2-Vlanif102] quit
```

第 5 步，配置 Router。

（1）将接口 GE0/0/0 加入 VLAN 100 和 VLAN 101，创建接口 VLANIF 100 并配置 IP 地址为 10.45.100.1/24，创建接口 VLANIF 101 并配置 IP 地址为 10.45.101.1/24，具体命令如下所示。

```
<Huawei> system-view
[Huawei] sysname Router
[Router] vlan batch 100 101
[Router] interface gi0/0/0
[Router-GigabitEthernet0/0/0] port link-type trunk
[Router-GigabitEthernet0/0/0] port trunk allow-pass vlan 100 101
[Router-GigabitEthernet0/0/0] quit
[Router] interface vlanif 100
[Router-Vlanif100] ip address 10.45.100.1 24
[Router-Vlanif100] quit
[Router] interface vlanif 101
[Router-Vlanif101] ip address 10.45.101.1 24
[Router-Vlanif101] quit
```

（2）在接口 VLANIF 100 上配置全局地址池为 AP 提供 IP 地址，具体命令如下所示。

```
[Router] dhcp enable
[Router] ip pool ap-pool
[Router-ip-pool-ap-pool] network 10.45.100.0 mask 24
[Router-ip-pool-ap-pool] excluded-ip-address 10.45.100.2 10.45.100.3
[Router-ip-pool-ap-pool] gateway-list 10.45.100.1
```

```
[Router-ip-pool-ap-pool] quit
[Router] int vlanif 100
[Router-Vlanif100] dhcp select global
[Router-Vlanif100] quit
```

（3）在接口 VLANIF 101 上配置全局地址池为 STA 提供 IP 地址，具体命令如下所示。

```
[Router] ip pool sta-pool
[Router-ip-pool-sta-pool] network 10.45.101.0 mask 24
[Router-ip-pool-sta-pool] gateway-list 10.45.101.1
[Router-ip-pool-sta-pool] quit
[Router] int vlanif 101
[Router-Vlanif101] dhcp select global
[Router-Vlanif101] quit
```

第 6 步，配置 AC1 的 WLAN 业务。

（1）创建 AP 组，具体命令如下所示。

```
[AC1] wlan
[AC1-wlan-view] ap-group name group-as
[AC1-wlan-ap-group-group-as] quit
```

（2）创建域管理模板，在域管理模板下配置 AC 的国家码并在 AP 组下引用域管理模板，具体命令如下所示。

```
[AC1-wlan-view] regulatory-domain-profile name default
[AC1-wlan-regulate-domain-default] country-code cn
[AC1-wlan-regulate-domain-default] quit
[AC1-wlan-view] ap-group name group-as
[AC1-wlan-ap-group-group-as] regulatory-domain-profile default
[AC1-wlan-ap-group-group-as] quit
[AC1-wlan-view] quit
```

（3）配置 AC 的源接口，具体命令如下所示。

```
[AC1] capwap source interface vlanif 100
```

（4）离线导入 AP，配置 AP 组和 AP 名称，具体命令如下所示。

```
[AC1] wlan
[AC1-wlan-view] ap auth-mode mac-auth
[AC1-wlan-view] ap-id 0 ap-mac b008-75cb-49e0
[AC1-wlan-ap-0] ap-name ap403
[AC1-wlan-ap-0] ap-group group-as
[AC1-wlan-ap-0] quit
```

（5）创建安全模板并配置安全策略，具体命令如下所示。

```
[AC1-wlan-view] security-profile name sec-as
[AC1-wlan-sec-prof-sec-as] security wpa-wpa2 psk pass-phrase huawei123 aes
[AC1-wlan-sec-prof-sec-as] quit
```

（6）创建 SSID 模板并配置 SSID 名称，具体命令如下所示。

```
[AC1-wlan-view] ssid-profile name wlan-as
[AC1-wlan-ssid-prof-wlan-as] ssid wlan-as
[AC1-wlan-ssid-prof-wlan-as] quit
```

（7）创建 VAP 模板，配置业务数据转发方式、业务 VLAN，并引用安全模板和 SSID 模板，具体命令如下所示。

```
[AC1-wlan-view] vap-profile name vap-as
[AC1-wlan-vap-prof-vap-as] forward-mode direct-forward
[AC1-wlan-vap-prof-vap-as] service-vlan vlan-id 101
[AC1-wlan-vap-prof-vap-as] security-profile sec-as
```

```
[AC1-wlan-vap-prof-vap-as] ssid-profile wlan-as
[AC1-wlan-vap-prof-vap-as] quit
```

（8）配置 AP 组引用 VAP 模板，AP 上的射频 0 和射频 1 都使用 VAP 模板 vap-as 的配置，具体命令如下所示。

```
[AC1-wlan-view] ap-group name group-as
[AC1-wlan-ap-group-group-as] vap-profile vap-as wlan 1 radio 0
[AC1-wlan-ap-group-group-as] vap-profile vap-as wlan 1 radio 1
[AC1-wlan-ap-group-group-as] quit
```

第 7 步，配置 AC2 的 WLAN 业务，具体配置与 AC1 相同，这里不再演示。

第 8 步，配置 AC1 和 AC2 的双链路备份功能。

（1）在 AC1 上配置主、备 AC 的 IP 地址，具体命令如下所示。

注意 这一步配置在重启 AP 后才会生效。

```
[AC1-wlan-view] ap-system-profile name sys-as
[AC1-wlan-ap-system-prof-sys-as] primary-access ip-address 10.45.100.2
[AC1-wlan-ap-system-prof-sys-as] backup-access ip-address 10.45.100.3
[AC1-wlan-ap-system-prof-sys-as] quit
[AC1-wlan-view] ap-group name group-as
[AC1-wlan-ap-group-group-as] ap-system-profile sys-as
[AC1-wlan-ap-group-group-as] quit
[AC1-wlan-view] ac protect enable
```

（2）在 AC2 上配置主、备 AC 的 IP 地址，具体命令如下所示。

```
[AC2-wlan-view] ap-system-profile name sys-as
[AC2-wlan-ap-system-prof-sys-as] primary-access ip-address 10.45.100.2
[AC2-wlan-ap-system-prof-sys-as] backup-access ip-address 10.45.100.3
[AC2-wlan-ap-system-prof-sys-as] quit
[AC2-wlan-view] ap-group name group-as
[AC2-wlan-ap-group-group-as] ap-system-profile sys-as
[AC2-wlan-ap-group-group-as] quit
[AC2-wlan-view] ac protect enable
```

（3）在 AC1 上重启 AP，下发双链路备份配置信息至 AP，具体命令如下所示。

```
[AC1-wlan-view] ap-reset all
[AC1-wlan-view] quit
```

（4）在 AC2 上重启 AP，下发双链路备份配置信息至 AP，具体命令如下所示。

```
[AC2-wlan-view] ap-reset all
[AC2-wlan-view] quit
```

第 9 步，在 AC1 上配置双机热备功能。创建 HSB 主备服务 0，配置其主备通道的 IP 地址和端口号，并将 NAC 业务和 WLAN 业务与 HSB 备份组 0 进行绑定，具体命令如下所示。

```
[AC1] hsb-service 0
[AC1-hsb-service-0] service-ip-port local-ip 10.45.102.1 peer-ip 10.45.102.2 local-data-port
10241 peer-data-port 10241
[AC1-hsb-service-0] quit
[AC1] hsb-service-type access-user hsb-service 0
[AC1] hsb-service-type ap hsb-service 0
```

第 10 步，在 AC2 上配置双机热备功能。创建 HSB 主备服务 0，配置其主备通道的 IP 地址和端口号，并将 NAC 业务和 WLAN 业务与 HSB 备份组 0 进行绑定，具体命令如下所示。

```
[AC2] hsb-service 0
```

[AC2-hsb-service-0] service-ip-port local-ip 10.45.102.2 peer-ip 10.45.102.1 local-data-port 10241 peer-data-port 10241

[AC2-hsb-service-0] quit

[AC2] hsb-service-type access-user hsb-service 0

[AC2] hsb-service-type ap hsb-service 0

第 11 步，验证配置结果。

（1）在 AC1 和 AC2 上监控 AP 上线情况，具体命令如下所示。

[AC1] display ap all

ID	MAC	Name	Group	IP	Type	State	STA	Uptime	ExtraInfo
0	60d7-55ec-3620	ap403	group-as	10.45.100.135	AirEngine5760-10	nor	0	35S	-

[AC2] display ap all

ID	MAC	Name	Group	IP	Type	State	STA	Uptime	ExtraInfo
0	60d7-55ec-3620	ap403	group-as	10.45.100.135	AirEngine5760-10	stdby	0	-	-

（2）在 AC1 和 AC2 上分别查看双链路备份的配置信息，具体命令如下所示。

[AC1] display ac protect

Protect state   : enable
......

[AC1] display ap-system-profile name sys-as

Primary AC   : 10.45.100.2
Backup AC   : 10.45.100.3
......

[AC2] display ac protect

Protect state   : enable
......

[AC2] display ap-system-profile name sys-as

Primary AC   : 10.45.100.2
Backup AC   : 10.45.100.3
......

（3）在 AC1 和 AC2 上分别查看主备服务的建立情况，具体命令如下所示。从输出结果中可以看到，"Service State" 字段显示为 "Connected"，说明主备服务通道已经成功建立。

[AC1] display hsb-service 0
Hot Standby Service Information:

    Local IP Address   : 10.45.102.1
    Peer IP Address   : 10.45.102.2
    Source Port   : 10241
    Destination Port   : 10241
    Keep Alive Times   : 5
    Keep Alive Interval   : 3
    Service State   : Connected
    Service Batch Modules   : Access-user
                                   AP

[AC2] display hsb-service 0

```
Hot Standby Service Information:
-----------------------------------------------------------------------------
    Local IP Address        : 10.45.102.2
    Peer IP Address         : 10.45.102.1
    Source Port             : 10241
    Destination Port        : 10241
    Keep Alive Times        : 5
    Keep Alive Interval     : 3
    Service State           : Connected
    Service Batch Modules   : Access-user
                              AP
```

（4）连接 SSID 为 wlan-as 的 WLAN，在 AC1 上检查 STA 上线信息，具体命令如下所示。

```
[AC1] display station ssid wlan-as
STA MAC      AP ID Ap name  Rf/WLAN  Band   Type  Rx/Tx     RSSI  VLAN  IP address
-----------------------------------------------------------------------------
5e41-ca8a-d692  0   ap403    1/1      5G    11ac  156/130   -31    101
10.45.101.97
```

（5）重启 AC1（或者拔掉网线）模拟主 AC 出现故障的场景。此时，AC2 切换为主 AC。从 ping 命令的执行结果中可以看出 STA 业务保持稳定。

```
[AC2] display ap all
ID   MAC          Name  Group    IP            Type            State STA Uptime ExtraInfo
-----------------------------------------------------------------------------
0    60d7-55ec-3620 ap403 group-as 10.45.100.135 AirEngine5760-10 nor  1  25S     -

[AC2] ping 10.45.101.97
  PING 10.45.101.97: 56  data bytes, press CTRL_C to break
    Reply from 10.45.101.97: bytes=56 Sequence=1 ttl=63 time=65 ms
    Reply from 10.45.101.97: bytes=56 Sequence=2 ttl=63 time=76 ms
    Reply from 10.45.101.97: bytes=56 Sequence=3 ttl=63 time=87 ms
  --- 10.45.101.97 ping statistics ---
    5 packet(s) transmitted
    5 packet(s) received
```

 拓展知识

AC 备份注意事项

在实际配置 AC 备份时，需要考虑 AC 备份的使用限制。下面列举一些配置 AC 备份时的注意事项。

（1）VRRP 热备份、双链路热备份、双链路冷备份和 N+1 备份在功能上是互斥的，因此两台 AC 间只能配置一种备份方式。

（2）在设备型号和软件版本上，VRRP 热备份和双链路热备份要求主、备 AC 的型号和软件版本完全一致，双链路冷备份和 N+1 备份允许主、备 AC 型号不同，软件版本配套即可。

（3）主、备 AC 上关联的同一 AP 应该保持相同的 WLAN 业务配置，否则，当主备倒换后无法保证业务连续性。这些业务配置包括射频模板、安全模板、安全策略和 SSID 等。

（4）配置 AC 热备份时，建议同时配置同步功能，利用同步功能同步网络公共配置信息，减轻主备倒换对业务的影响。

下列几个注意事项和 VRRP 热备份相关。

（1）配置 VRRP 热备份的推荐顺序是先在备 AC 上完成配置，再在主 AC 上进行配置，或者在主、备 AC 上依次完成配置后再开启 HSB 备份功能。如果主 AC 先于备 AC 完成配置，那么主 AC 可能无法将 VAP 表项信息实时同步至备 AC，因为此时备 AC 尚未创建 VAP。当需要新增业务配置时，也按照备 AC 先于主 AC 的顺序进行配置。

（2）配置 VRRP 热备份时，主、备 AC 的业务配置要保持一致。

（3）如果主、备 AC 关联的 AP 同时配置了 IPv4 和 IPv6 地址，那么需要在主、备 AC 上同时创建 VRRP 和 VRRP6 备份组，且两个备份组的主 AC 和备 AC 应分别相同。

（4）在主、备 AC 上部署 DHCP 服务器时，IP 地址池必须完全一致，否则会导致主、备 AC 备份失败。另外，需要把 VRRP 虚地址从 IP 地址池中排除。

（5）如果 VRRP 抢占延迟时间太短，则很可能发生主备倒换后主 AC 在短时间内恢复并触发主备回切。在这个时间段内，批量备份可能无法完成，导致主、备 AC 上丢失业务数据。

下列几个注意事项和双链路热备份相关。

（1）双链路热备份支持主备备份方式，也支持负载分担方式。

（2）部署双链路热备份时，不能在主、备 AC 上部署 DHCP 服务器，因为双链路热备份不支持备份 DHCP 信息。

（3）双链路热备份不支持备份 Portal 认证信息。因此，采用 Portal 认证的无线用户在主备倒换后需要重新进行 Portal 认证。

（4）双链路热备份不支持 AC 间漫游。

✎ 拓展实训

AC 备份是提高 WLAN 可靠性的主要技术。在不同的网络环境中，通常选择不同的 AC 备份方式以满足差异化的可靠性需求。掌握常用的 AC 备份配置技术有助于组建高可靠的 WLAN。请读者按照要求完成下面的实训内容。

【实训目的】

（1）掌握不同 AC 备份方式的特点、区别和应用场景。

（2）掌握 VRRP 热备份的配置方法。

（3）掌握双链路热备份的配置方法。

【实训内容】

（1）参考实验 1 组建一个 FIT AP+AC WLAN，采用旁挂式二层组网，完成隧道转发方式下的 VRRP 热备份配置。

（2）参考实验 2 组建一个 FIT AP+AC WLAN，采用旁挂式二层组网，完成隧道转发方式下的主备方式双链路热备份配置。

任务8.2 实施 CAPWAP 断链逃生

✎ 任务陈述

在 FIT AP+AC 组网模式中，AC 通过 CAPWAP 隧道管理和维护 AP。如果 CAPWAP 隧道出现故障，则无线业务会受到影响。为了提高无线网络的可靠性，有必要考虑如何在 CAPWAP 隧道发生故障的情况下保持业务连续性，即 CAPWAP 断链逃生。本任务将介绍 CAPWAP 断链逃生的基本概念和主要策略。

🖾 知识准备

8.2.1 CAPWAP 断链逃生概述

在 FIT AP+AC 组网模式中，CAPWAP 隧道是管理报文的传输通道，无线网络正常运行的前提是 CAPWAP 隧道不发生故障。如果 CAPWAP 隧道发生故障，则 AP 无法通过 AC 对 STA 进行认证，新用户无法接入无线网络，原有用户也可能下线。在总部分支的网络结构中，一般在总部网络部署 AC 和认证服务器，分部 AP 通过广域网连接 AC 接受统一管理。相比于局域网，广域网的稳定性要差一些，因此更有可能造成 CAPWAP 隧道发生故障。

V8-4 CAPWAP
断链逃生概述

在无线网络中实施 CAPWAP 隧道逃生方案，可以在一定程度上减轻 CAPWAP 链路出现故障时造成的影响。CAPWAP 断链逃生方案能够保证在 CAPWAP 隧道发生故障后，原有用户继续访问无线网络，新用户也可以接入无线网络，从而大大提高无线网络的可靠性。实施 CAPWAP 断链逃生方案需要考虑两个方面的问题。一方面，在 FIT AP+AC 组网模式中，AC 负责对无线用户进行接入认证，因此在 CAPWAP 隧道出现故障后需要将接入认证功能转移至 AP，或者降低接入认证的要求。另一方面，在 CAPWAP 隧道故障恢复后，AC 需要重新接管网络管理功能。

需要说明的是，CAPWAP 断链逃生方案只适用于直接转发方式。这一点是比较容易理解的。在隧道转发方式中，管理报文和业务报文都经由 CAPWAP 隧道传输至 AC，业务报文由 AC 转发至上行网络。一旦 CAPWAP 隧道发生故障，整个无线网络便无法运行，已上线用户会被迫下线，新用户也无法上线。

8.2.2 CAPWAP 断链逃生策略

CAPWAP 断链逃生有几种不同的策略，每种策略适用的组网方式、工作机制不同，也各有优缺点。下面介绍几种 WLAN 中使用的 CAPWAP 断链逃生策略。

1. CAPWAP 断链业务保持

断链业务保持中的"保持"是对已上线用户而言的。断链业务保持是指在直接转发方式下，当 CAPWAP 隧道发生故障时，AP 仍能为用户提供数据转发服务。在 CAPWAP 隧道发生故障前后，STA 上送的业务报文都是在 AP 上封装并直接转发至上行网络的，不需要经过 AC 转发，如图 8-8 所示。因此，CAPWAP 隧道故障对已上线用户的业务报文没有影响。对于新用户而言，如果配置了允许新用户接入功能，那么 AP 允许新用户在 CAPWAP 隧道发生故障后上线，以继续访问 CAPWAP 断链前的网络资源。

实现新用户上线的关键是调整新用户接入认证方式。CAPWAP 隧道发生故障前，STA 的关联和密钥协商发生在 AC 与 STA 之间。CAPWAP 隧道发生故障后，为支持新用户接入，AP 代替 AC 完成与 STA 的认证、关联及密钥协商等工作。如果原认证方式是开放系统认证、WEP、WPA/WPA2-PSK，那么新用户的认证方式保持不变；如果原认证方式是 MAC 认证、Portal 认证或 MAC 优先的 Portal 认证，那么新用户可以免认证接入。这相当于降低了接入认

图 8-8 CAPWAP 断链业务保持

证标准，可能带来一定的安全风险。对于其他认证方式，新用户无法接入，只能对已上线用户做到业务保持。

CAPWAP 隧道故障恢复后，需要根据认证方式对已上线用户进行不同的处理。如果认证方式不是开放系统认证，那么所有用户会被 AC 强制下线后重新上线。如果认证方式是开放系统认证，则要考虑 CAPWAP 断链期间 AP 是否重启。如果 AP 未重启，则只有 CAPWAP 断链期间新上线的用户会被强制下线；如果 AP 重启，则所有用户都会被强制下线。

2. 广域认证逃生

广域认证逃生通常应用于总部分支网络场景。在这种场景中，总部与分支跨越广域网，AC 部署在总部，分支网络中的 AP 通过广域网与 AC 建立 CAPWAP 隧道。为了保证分支网络的正常运行，需要总部与分支之间的广域网具有高带宽、低时延和高稳定性。一般来说，只有企业专线才能满足这样的要求。为了减轻广域网带来的影响，可以在分支网络中建立 AP 组，将用户接入认证等业务转移至分支 AP 处理，减少分支对总部 AC 的依赖，如图 8-9 所示。当分支与总部网络隧道断开时，分支 AP 使用内置的本地认证方式，在分支网络内部对新上线的用户进行认证，保证网络服务连续性。

CAPWAP 隧道故障恢复后，分支 AP 将本地用户信息同步至总部 AC，由总部 AC 重新进行认证。如果用户重新认证成功，则 AC 会根据认证结果确定用户的网络访问权限；如果重新认证失败，则 AC 会强制用户下线。

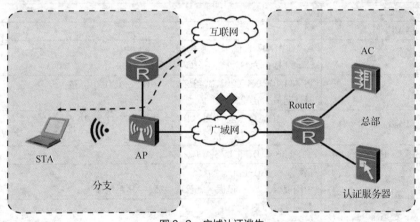

图 8-9　广域认证逃生

3. 备份 VAP

备份 VAP 是指在 CAPWAP 隧道发生故障后，使用备份 VAP 代替原有 VAP。用户从原有 VAP 中下线，并手动关联备份 VAP，通过备份 VAP 生成的备份 SSID 临时接入无线网络。备份 VAP 比 CAPWAP 断链业务保持策略的安全性高，配置也相对较简单，不足之处是它要求老用户全部下线。CAPWAP 隧道故障恢复后，所有用户从备份 VAP 中下线，并在原有 VAP 中重新认证并上线。

🔧 任务实施

实验：配置 CAPWAP 断链业务保持

【实验背景】在 FIT AP+AC 组网模式中，如果 CAPWAP 隧道发生故障，则 AP 无法通过 AC

对 STA 进行认证，新用户无法接入无线网络，原有用户也可能下线。配置 CAPWAP 断链逃生策略，可以在一定程度上减轻 CAPWAP 隧道故障造成的影响。CAPWAP 断链业务保持是一种常用的 CAPWAP 断链逃生策略。在直接转发方式下，当 CAPWAP 隧道发生故障时，AP 仍能为用户提供数据转发服务。

【实验设备】AP（1 台，华为 AirEngine 5760），AC（1 台，华为 AC6508），Switch（2 台，华为 S5731S-S24P4X），Router（1 台，华为 AR6140-16G4XG），PC（1 台，Windows 10 操作系统）。

【实验拓扑】本实验采用旁挂式二层组网，配置 CAPWAP 断链业务保持实验拓扑如图 8-10 所示。

【实验要求】本实验涉及的各配置项如表 8-5 所示，设备 IP 地址参数如表 8-6 所示。

图 8-10　配置 CAPWAP 断链业务保持实验拓扑

表 8-5　本实验涉及的各配置项

配置项	要求
管理 VLAN	VLAN 100
业务 VLAN	VLAN 101
DHCP 服务器	AC 作为 AP 的 DHCP 服务器 SwitchB 作为 STA 的 DHCP 服务器
AP 地址池	VLAN 100：10.23.100.3/24 ～ 10.23.100.254/24 默认网关：10.23.100.1
STA 地址池	VLAN 101：10.23.101.3/24 ～ 10.23.101.254/24 默认网关：10.23.101.2
AC 源接口 IP 地址	VLANIF 100：10.23.100.2/24
AP 组	名称：group-capwap 引用模板：VAP 模板、域管理模板、AP 系统模板
AP 配置	名称：ap408 组名称：group-capwap
AP 系统模板	模板名称：sys-capwap CAPWAP 断链业务保持功能：开启
域管理模板	名称：default 国家码：CN
SSID 模板	模板名称：wlan-capwap SSID 名称：wlan-capwap
安全模板	模板名称：sec-capwap 安全策略：WPA/WPA2-PSK-AES 密码：huawei123
VAP 模板	模板名称：vap-capwap 转发方式：直接转发 业务 VLAN：VLAN 101 引用模板：SSID 模板、安全模板

表 8-6 设备 IP 地址参数

设备	接口或 VLAN	IP 地址或接口类型	备注
SwitchA	GE0/0/1	Trunk	PVID：100 放行 VLAN：100、101
	GE0/0/2	Trunk	放行 VLAN：100、101
SwitchB	GE0/0/1	Trunk	放行 VLAN：100、101
	GE0/0/2	Trunk	放行 VLAN：100
	GE0/0/3	Trunk	放行 VLAN：101
	VLANIF 101	10.23.101.1/24	接口地址池
AC	GE0/0/1	Trunk	放行 VLAN：100
	VLANIF 100	10.23.100.1/24	接口地址池
Router	GE0/0/0	Trunk	放行 VLAN：101
	VLANIF 101	10.23.101.2/24	STA 网关

【实验步骤】下面是本实验的具体步骤。

第 1 步，配置接入交换机 SwitchA。将接口 GE0/0/1 和 GE0/0/2 加入 VLAN 100 和 VLAN 101，接口 GE0/0/1 的默认 VLAN 为 VLAN 100，具体命令如下所示。

```
<HUAWEI> system-view
[HUAWEI] sysname SwitchA
[SwitchA] vlan batch 100 101
[SwitchA] interface gi0/0/1
[SwitchA-GigabitEthernet0/0/1] port link-type trunk
[SwitchA-GigabitEthernet0/0/1] port trunk pvid vlan 100
[SwitchA-GigabitEthernet0/0/1] port trunk allow-pass vlan 100 101
[SwitchA-GigabitEthernet0/0/1] port-isolate enable
[SwitchA-GigabitEthernet0/0/1] quit
[SwitchA] interface gi0/0/2
[SwitchA-GigabitEthernet0/0/2] port link-type trunk
[SwitchA-GigabitEthernet0/0/2] port trunk allow-pass vlan 100 101
[SwitchA-GigabitEthernet0/0/2] quit
```

第 2 步，配置汇聚交换机 SwitchB。将接口 GE0/0/1 加入 VLAN 100 和 VLAN 101，将接口 GE0/0/2 加入 VLAN 100，将接口 GE0/0/3 加入 VLAN 101，具体命令如下所示。

```
<HUAWEI> system-view
[HUAWEI] sysname SwitchB
[SwitchB] vlan batch 100 101
[SwitchB] interface gi0/0/1
[SwitchB-GigabitEthernet0/0/1] port link-type trunk
[SwitchB-GigabitEthernet0/0/1] port trunk allow-pass vlan 100 101
[SwitchB-GigabitEthernet0/0/1] quit
[SwitchB] interface gi0/0/2
[SwitchB-GigabitEthernet0/0/2] port link-type trunk
[SwitchB-GigabitEthernet0/0/2] port trunk allow-pass vlan 100
[SwitchB-GigabitEthernet0/0/2] quit
[SwitchB] interface gi0/0/3
[SwitchB-GigabitEthernet0/0/3] port link-type trunk
[SwitchB-GigabitEthernet0/0/3] port trunk allow-pass vlan 101
[SwitchB-GigabitEthernet0/0/3] quit
```

第 3 步，配置 AC。将接口 GE0/0/1 加入 VLAN 100，具体命令如下所示。

```
<AC6508> system-view
[AC6508] sysname AC
```

```
[AC] vlan batch 100 101
[AC] interface gi0/0/1
[AC-GigabitEthernet0/0/1] port link-type trunk
[AC-GigabitEthernet0/0/1] port trunk allow-pass vlan 100
[AC-GigabitEthernet0/0/1] quit
```

第 4 步，配置 Router。将接口 GE0/0/0 加入 VLAN 101，创建接口 VLANIF 101 并配置 IP 地址为 10.23.101.2/24，具体命令如下所示。

```
<Huawei> system-view
[Huawei] sysname Router
[Router] vlan 101
[Router-vlan 101] interface gi0/0/0
[Router-GigabitEthernet0/0/0] port link-type trunk
[Router-GigabitEthernet0/0/0] port trunk allow-pass vlan 101
[Router-GigabitEthernet0/0/0] quit
[Router] interface vlanif 101
[Router-Vlanif101] ip address 10.23.101.2 24
[Router-Vlanif101] quit
```

第 5 步，配置 DHCP 服务器。

（1）在 AC 上配置 VLANIF 100 接口为 AP 提供 IP 地址，具体命令如下所示。

```
[AC] dhcp enable
[AC] interface vlanif 100
[AC-Vlanif100] ip address 10.23.100.1 24
[AC-Vlanif100] dhcp select interface
[AC-Vlanif100] quit
```

（2）在 SwitchB 上配置 VLANIF 101 接口为 STA 提供 IP 地址，并指定 10.23.101.2 作为 STA 的默认网关地址，具体命令如下所示。

```
[SwitchB] dhcp enable
[SwitchB] interface vlanif 101
[SwitchB-Vlanif101] ip address 10.23.101.1 24
[SwitchB-Vlanif101] dhcp select interface
[SwitchB-Vlanif101] dhcp server gateway-list 10.23.101.2
[SwitchB-Vlanif101] quit
```

第 6 步，配置 AP 上线。

（1）创建 AP 组，具体命令如下所示。

```
[AC] wlan
[AC-wlan-view] ap-group name group-capwap
[AC-wlan-ap-group-group-capwap] quit
```

（2）创建域管理模板，在域管理模板下配置 AC 的国家码并在 AP 组下引用域管理模板，具体命令如下所示。

```
[AC-wlan-view] regulatory-domain-profile name default
[AC-wlan-regulate-domain-default] country-code cn
[AC-wlan-regulate-domain-default] quit
[AC-wlan-view] ap-group name group-capwap
[AC-wlan-ap-group-group-capwap] regulatory-domain-profile default
[AC-wlan-ap-group-group-capwap] quit
[AC-wlan-view] quit
```

（3）配置 AC 的源接口，具体命令如下所示。

```
[AC] capwap source interface vlanif 100
```

（4）离线导入 AP，配置 AP 组和 AP 名称，具体命令如下所示。

```
[AC] wlan
[AC-wlan-view] ap auth-mode mac-auth
[AC-wlan-view] ap-id 0 ap-mac 60d7-55ec-3620
[AC-wlan-ap-0] ap-name ap408
[AC-wlan-ap-0] ap-group group-capwap
[AC-wlan-ap-0] quit
```

（5）监控 AP 上线情况，具体命令如下所示。

```
[AC-wlan-view] display ap all
ID   MAC           Name  Group      IP          Type           State STA Uptime ExtraInfo
--------------------------------------------------------------------------------
0   60d7-55ec-3620 ap408 group-capwap 10.23.100.82 AirEngine5760-10 nor  0   3S      -
```

第 7 步，配置 WLAN 业务参数。

（1）创建安全模板并配置安全策略，具体命令如下所示。

```
[AC-wlan-view] security-profile name sec-capwap
[AC-wlan-sec-prof-sec-capwap] security wpa-wpa2 psk pass-phrase huawei123 aes
[AC-wlan-sec-prof-sec-capwap] quit
```

（2）创建 SSID 模板并配置 SSID 名称，具体命令如下所示。

```
[AC-wlan-view] ssid-profile name wlan-capwap
[AC-wlan-ssid-prof-wlan-capwap] ssid wlan-capwap
[AC-wlan-ssid-prof-wlan-capwap] quit
```

（3）创建 AP 系统模板，并配置离线 AP 允许新用户上线功能，具体命令如下所示。

```
[AC-wlan-view] ap-system-profile name sys-capwap
[AC-wlan-ap-system-prof-sys-capwap] keep-service enable allow new-access
[AC-wlan-ap-system-prof-sys-capwap] quit
```

（4）创建 VAP 模板，配置业务数据转发方式、业务 VLAN，并引用安全模板和 SSID 模板，具体命令如下所示。

```
[AC-wlan-view] vap-profile name vap-capwap
[AC-wlan-vap-prof-vap-capwap] forward-mode direct-forward
[AC-wlan-vap-prof-vap-capwap] service-vlan vlan-id 101
[AC-wlan-vap-prof-vap-capwap] security-profile sec-capwap
[AC-wlan-vap-prof-vap-capwap] ssid-profile wlan-capwap
[AC-wlan-vap-prof-vap-capwap] quit
```

（5）配置 AP 组引用 AP 系统模板和 VAP 模板，AP 上的射频 0 和射频 1 都使用 VAP 模板 vap-capwap 的配置，具体命令如下所示。

```
[AC-wlan-view] ap-group name group-capwap
[AC-wlan-ap-group-group-capwap] ap-system-profile sys-capwap
[AC-wlan-ap-group-group-capwap] vap-profile vap-capwap wlan 1 radio 0
[AC-wlan-ap-group-group-capwap] vap-profile vap-capwap wlan 1 radio 1
[AC-wlan-ap-group-group-capwap] quit
```

第 8 步，配置 AP 射频的信道和功率。射频的信道和功率自动调优功能默认开启，如果不关闭此功能，则可能会导致手动配置无法生效。

（1）关闭 AP 射频 0 的信道和功率自动调优功能，并配置 AP 射频 0 的信道和功率，具体命令如下所示。

```
[AC-wlan-view] ap-id 0
[AC-wlan-ap-0] radio 0
[AC-wlan-radio-0/0] calibrate auto-channel-select disable
[AC-wlan-radio-0/0] calibrate auto-txpower-select disable
[AC-wlan-radio-0/0] channel 20mhz 6
```

```
[AC-wlan-radio-0/0] eirp 127
[AC-wlan-radio-0/0] quit
```

（2）关闭 AP 射频 1 的信道和功率自动调优功能，并配置 AP 射频 1 的信道和功率，具体命令如下所示。

```
[AC-wlan-ap-0] radio 1
[AC-wlan-radio-0/1] calibrate auto-channel-select disable
[AC-wlan-radio-0/1] calibrate auto-txpower-select disable
[AC-wlan-radio-0/1] channel 20mhz 149
[AC-wlan-radio-0/1] eirp 127
[AC-wlan-radio-0/1] quit
[AC-wlan-ap-0] quit
```

第 9 步，验证配置结果。

（1）检查 VAP 是否创建成功，具体命令如下所示。当"Status"字段显示为"ON"时，表示 AP 相应射频上的 VAP 已创建成功。

```
[AC-wlan-view] display vap ssid wlan-capwap
AP ID AP name  RfID WID  BSSID          Status  Auth type         STA  SSID
--------------------------------------------------------------------------------
0     ap408    0    1    60D7-55EC-3620 ON      WPA/WPA2-PSK      0    wlan-capwap
0     ap408    1    1    60D7-55EC-3630 ON      WPA/WPA2-PSK      0    wlan-capwap
```

（2）使用智能手机或 PC 搜索并加入名为 wlan-capwap 的无线网络，并监控已关联的无线用户，具体命令如下所示。

```
[AC-wlan-view] display station ssid wlan-capwap
STA MAC       AP ID Ap name  Rf/WLAN  Band  Type  Rx/Tx   RSSI  VLAN  IP address
--------------------------------------------------------------------------------
fe0b-00a7-104c 0    ap408    1/1      5G    11ac  117/86  -29   101   10.23.101.208
```

（3）将 AC 断电或直接拔掉 AC 的网线以模拟 AC 故障，并从 Router 上 ping 已上线的终端用户，结果如下所示。从 ping 命令的执行结果中可以看出，AC 出现故障后，无线用户的业务数据可以正常转发。

```
[Router] ping 10.23.101.208
  PING 10.23.101.208: 56   data bytes, press CTRL_C to break
  Reply from 10.23.101.208: bytes=56 Sequence=1 ttl=64 time=22 ms
  Reply from 10.23.101.208: bytes=56 Sequence=2 ttl=64 time=33 ms
  Reply from 10.23.101.208: bytes=56 Sequence=3 ttl=64 time=45 ms
--- 10.23.101.208 ping statistics ---
  5 packet(s) transmitted
  5 packet(s) received
```

拓展知识

CAPWAP 断链时的用户接入认证

在 FIT AP+AC 组网模式中，用户接入认证正常情况下在 AC 上进行，所以不需要在 AP 上部署认证相关配置。当广域网出现故障导致 CAPWAP 隧道中断时，AC 无法进行用户认证，只能通过分支 AP 的本地认证功能代替 AC 完成认证工作。为实现这个功能，AC 需要将接入认证相关配置下发到分支 AP。AC 下发的配置包括 VAP 模板绑定的认证模板，以及认证模板绑定的 802.1X 接入模板和 MAC 接入模板。

如果采用 802.1X 认证方式，则需要配置 AP 的内置 RADIUS 服务器用于处理 EAP 认证报文。其原因是手机等无线终端设备不支持 EAP。802.1X 认证方式将 EAP 认证报文交给 AP 内置的 RADIUS 服务器进行处理，这样做的好处是不用在 AP 之外部署认证服务器也能完成无线终端的

802.1X 认证。

📝 拓展实训

在 FIT AP+AC 组网模式中，CAPWAP 隧道承载着管理报文和业务报文。通过配置 CAPWAP 断链逃生策略，在 CAPWAP 隧道出现故障时能够保持业务连续性，提高无线网络可靠性。请读者按照要求完成下面的实训内容。

【实训目的】

（1）掌握 CAPWAP 断链逃生的基本概念和逃生策略。

（2）掌握配置 CAPWAP 断链逃生策略的方法和步骤。

【实训内容】

（1）参考本任务的实验组建一个 FIT AP+AC WLAN，采用旁挂式二层组网，完成隧道转发方式下的 CAPWAP 断链业务保持配置。

（2）参考本任务的实验组建一个 FIT AP+AC WLAN，采用旁挂式三层组网，完成直接转发方式下的 CAPWAP 断链业务保持配置。

项目小结

随着 WLAN 在生活和社会生产领域日益广泛的应用，网络故障影响的范围和程度也随之增加，人们越来越重视 WLAN 的可靠性问题。本项目重点讨论了如何组建可靠的 WLAN。任务 8.1 从网络可靠性的基本概念讲起，介绍了网络可靠性的度量指标和实施路径。网络可靠性技术有故障检测和保护倒换两类。其中，AC 备份是典型的保护倒换技术。任务 8.1 还介绍了 WLAN 中 4 种常见的 AC 备份方式，包括 VRRP 热备份、双链路热备份、双链路冷备份和 N+1 备份。任务 8.2 重点关注了 FIT AP+AC 组网模式中 CAPWAP 隧道的可靠性问题。在直接转发方式中部署 CAPWAP 断链逃生策略，能够保证 CAPWAP 隧道出现故障后无线网络仍可继续提供服务。为了实现这个目标，CAPWAP 断链逃生策略需要解决 CAPWAP 隧道出现故障后如何进行用户接入认证的问题。任务 8.2 介绍了 3 种断链逃生策略，即 CAPWAP 断链业务保持、广域认证逃生和备份 VAP。本项目介绍的可靠性技术有助于组建稳定可靠的 WLAN，降低网络故障的影响，提高用户上网体验。

项目练习题

1．选择题

（1）下列关于网络可靠性的说法中，不正确的一项是（　　　）。

　　A．网络可靠性是组建网络时应该重点考虑的因素之一

　　B．网络可靠性着重考虑用户的信息不被窃取

　　C．网络故障可能会对居民日常生活甚至国计民生产生严重影响

　　D．没有一个网络是绝对可靠的

（2）下列对网络 MTBF 的理解中正确的一项是（　　　）。

　　A．MTBF 表示从故障发生到恢复正常运行所需的平均时间

　　B．MTBF 越大说明系统可靠性越低

　　C．可以通过减小 MTBF 来提高网络可靠性

　　D．提高网络硬件和软件的质量可以增大 MTBF

（3）下列不能提高网络可靠性的是（　　）。

  A. 在网络设备的设计和生产过程中，提高网络硬件和软件的质量

  B. 在设计网络架构时考虑网络设备和链路的冗余度、实施网络设备倒换策略

  C. 在使用网络过程中，尽量不要执行复杂的操作

  D. 在网络部署过程中，根据网络架构和业务特点实施故障检测、诊断、隔离

（4）下列关于网络可靠性技术的描述中，不正确的一项是（　　）。

  A. 根据其解决网络故障的侧重点不同，可分为故障检测技术和保护倒换技术

  B. 故障检测技术侧重于通过技术手段检测和诊断网络中已发生的故障

  C. 保护倒换技术侧重于使网络从故障中快速恢复，是故障发生后的补救措施

  D. AC 备份机制是一种典型的故障检测技术

（5）网络可靠性技术（　　）与其他 3 种不属于同一类。

  A. VRRP 热备份   B. 链路连通性检测

  C. 链路故障监控   D. 远端故障通知

（6）下列关于 AC 备份的描述中，不正确的一项是（　　）。

  A. AC 很容易成为单点故障源，因此要对其进行备份

  B. AC 备份的基本原理是当主 AC 出现故障时，备 AC 可以代替其继续提供服务

  C. AC 备份机制中的两台 AC 不能同时处于工作状态

  D. AC 备份无法彻底解决网络的可靠性问题

（7）下列关于 CAPWAP 断链逃生策略的描述中，正确的一项是（　　）。

  A. 如果 CAPWAP 隧道发生故障，则可能对已上线用户产生严重影响

  B. CAPWAP 断链逃生策略允许原有用户继续使用网络服务，但新用户无法接入无线网络

  C. 在总部分支的网络结构中，更有可能造成 CAPWAP 隧道中断

  D. 配置 CAPWAP 断链逃生策略可以在一定程度上减轻 CAPWAP 隧道故障造成的影响

2. 填空题

（1）度量网络可靠性通常使用的两个指标是＿＿＿＿＿＿＿＿＿＿和＿＿＿＿＿＿＿＿＿＿。

（2）＿＿＿＿＿＿＿＿＿＿表示系统无故障运行的平均时间，通常以小时为单位。

（3）＿＿＿＿＿＿＿＿＿＿指一个系统从故障发生到恢复正常运行所需的平均时间。

（4）可以从＿＿＿＿＿或＿＿＿＿＿两个角度提高网络的可靠性。

（5）降低 MTTR 的技术分为＿＿＿＿＿＿＿＿＿＿和＿＿＿＿＿＿＿＿＿＿。

（6）采用 AC 备份机制组建 WLAN 时，AC 有角色之分，分别是＿＿＿＿＿和＿＿＿＿＿。

（7）在 AC 备份机制下，AC 的状态分为＿＿＿＿＿＿＿＿＿＿和＿＿＿＿＿＿＿＿＿＿。

（8）如果对所有 AP 来说，一台 AC 是主 AC，另一台是备 AC，则这种组网方式称为＿＿＿＿＿。

（9）如果两台 AC 均作为一部分 AP 的主 AC，同时作为另外一部分 AP 的备 AC，则这种组网方式称为＿＿＿＿＿。

（10）AC 备份的工作流程包括 4 个阶段，即＿＿＿＿＿、＿＿＿＿＿、＿＿＿＿＿和＿＿＿＿＿。

（11）HSB 支持 3 种数据同步方式，即＿＿＿＿＿、＿＿＿＿＿和＿＿＿＿＿。

（12）实施 AC 备份时有 4 种常用的方式，即＿＿＿＿＿、＿＿＿＿＿、＿＿＿＿＿和＿＿＿＿＿。

（13）WLAN 中使用的 CAPWAP 断链逃生策略有＿＿＿＿＿、＿＿＿＿＿和＿＿＿＿＿。

3. 简答题

（1）简述网络可靠性的度量指标。

（2）简述网络可靠性的实施路径。

（3）简述 AC 备份的工作流程。

（4）简述几种 CAPWAP 断链逃生策略的特点。

项目9
实施WLAN规划

09

学习目标

【知识目标】

（1）了解WLAN规划的重要性和意义。

（2）熟悉WLAN规划的流程。

（3）了解无线地勘的主要内容。

（4）熟悉WLAN Planner的功能和特点。

【技能目标】

（1）能够说明WLAN规划的作用。

（2）能够解释WLAN规划的主要流程。

（3）能够阐述无线地勘的主要内容。

（4）能够使用WLAN Planner进行网络规划。

【素养目标】

（1）树立知行合一、理实结合的观念。

（2）增强大局观和整体意识。

（3）培养热爱劳动、热爱生活的品质。

引例描述

随着学习的深入，小郭愈发感受到WLAN的吸引力。他不时流露出毕业后带领团队组建WLAN的想法。张老师看出了小郭的心思，觉得有必要让他理清学习思路。张老师说，之前的学习主要集中在网络设备配置方面。虽然小郭在这方面取得了很大进步，但他没有意识到这只是组建无线网络过程中的一小部分。如果只关注其中某一方面，不能从整体上把握网络建设的整个过程，就犯了"盲人摸象"的错误，很难让用户享受到满意的网络服务。张老师告诫小郭，组建无线网络要做到计划先行，用计划指导行动。这就是"凡事预则立，不预则废"的道理。他建议小郭暂时不要继续学习WLAN设备配置的相关知识，先花一点儿时间学习WLAN规划，这将对他从事相关工作具有非常大的帮助。对于小郭来说，张老师的话无疑是一盆"冷水"，让他变得清醒和理智，也让他意识到自己离带队组建无线网络还有很长的路要走。带着沉重的心情和必胜的信念，小郭又开始了新的"征程"……

任务 9.1　了解 WLAN 规划

任务陈述

完整的无线网络建设过程包括需求收集、无线地勘、网络规划、安装施工和验收测试等阶段，网络规划是其中关键的一个环节。网络规划要解决包括网络覆盖范围、网络容量、网络服务质量等在内的用户关心的问题。合理的网络规划可以节省网络投资成本和运营成本，网络规划也在很大程度上决定了网络的服务质量和用户满意度。本任务将详细介绍 WLAN 规划的基本概念和流程。

知识准备

9.1.1　WLAN 规划基本概念

1. WLAN 规划的意义

通过前面的学习，相信读者已经认识到 WLAN 和以太网的不同。从传输介质上来说，WLAN 通过在空气中传播的无线信号传输数据。随着传输距离的增加，无线信号的强度会越来越弱，无线信号之间还存在相互重叠、干扰的问题。这些都会降低无线网络服务质量，严重时甚至可能导致无线网络无法使用。为提高无线网络服务质量，满足客户建网要求，在组建 WLAN 时需要进行网络规划。网络规划是整个无线网络建设过程的关键阶段，决定了网络系统的投资规模、基本架构和服务质量。合理的网络规划可以节省网络投资成本和网络建成后的运营成本，提高网络的服务质量和用户满意度。

2. WLAN 规划的主要内容

对于用户而言，其最关心的问题是 WLAN 所能提供的网络服务质量。影响网络服务质量的因素包括网络覆盖范围、网络容量、网络可靠性和扩展性等。合理的网络规划能够解决用户关心的问题，使 WLAN 在覆盖范围、容量、质量和成本等方面达到平衡。WLAN 规划一般关注下面几个方面的内容。

（1）AP 选型及部署。

AP 是 WLAN 的核心组网设备，关系到无线网络的覆盖范围、上网速度和用户体验。在进行

WLAN 规划时要确定 AP 的类型和数量、安装点位和方式、线缆部署方式等内容。如果在网络组建早期不进行网络规划，而是安装完 AP 后再进行网络优化整改，那么很可能需要重新安装 AP、布放线缆。这些返工操作既会增加网络投资和运营成本，又会影响用户体验。

（2）无线信号强度和覆盖范围。

WLAN 信号盲区处信号强度弱或没有信号，用户上网速度很慢甚至无法接入，这会极大影响用户业务的连续性和用户体验。如果在设计无线网络覆盖范围时没有考虑 AP 的实际发射功率，网络覆盖就很容易出现信号盲区。合理的 WLAN 规划应充分考虑每个 AP 的覆盖范围，最大程度地保障每个区域能够有足够强度的无线信号覆盖。另外，有些 WLAN 存在 VIP 区域，这是规划时应该重点关注的覆盖区域，要保证其上网体验明显优于其他普通区域。

（3）无线信号干扰。

相比于以太网，WLAN 面临的一个重要挑战是无线信号容易受到各种形式的干扰，如同频干扰、邻频干扰等。但是 WLAN 漫游技术要求相邻的 AP 之间有重叠覆盖区域，因此，在进行 WLAN 规划时要为相邻 AP 分配不同的信道，或者制定相应的干扰规避措施以避免干扰或降低干扰的影响。

（4）无线上网速度。

WLAN 采用 CSMA/CA 机制为无线用户分配信道资源。随着无线用户并发数量的增多，无线报文相互冲突的概率迅速增大，导致上网速度急速下降。在某些 WLAN 场景中，如体育馆或会展中心，无线用户密度大，每个 AP 射频下接入的用户数较多，报文冲突概率大。合理的 WLAN 规划应制定相应的应对措施，如部署三射频 AP 和高密小角度定向天线，以控制每个射频下接入的用户数，减小报文冲突的概率。

9.1.2 无线网络建设流程

完整的无线网络建设流程如图 9-1 所示。WLAN 规划是无线网络建设的关键阶段，对应图 9-1 中的方案设计。

V9-1　无线网络
建设流程

图 9-1　完整的无线网络建设流程

1. 需求收集

需求收集是无线网络建设的第一步，也是后续所有工作的前提。需求收集的目的是获取全面、完整的客户需求，明确无线网络建设的背景、目标、规格和要求，分析目标用户群的规模和行为习惯，掌握用户数量、业务特征等情况。如果在这一阶段无法收集到全面、完整的客户需求，则很可能导致后续的方案设计和安装施工无法顺利进行，可能需要重新设计或返工。

根据网络实施人员的个人经验或组织的相关标准，在需求收集时最好提前制定详细的需求收集清单，明确要收集哪些信息及其详细程度。表 9-1 所示为常见的需求收集清单。

表 9-1　常见的需求收集清单

需求项	说明
法律法规限制	确认国家码、网络所在地具体法律法规限制
建筑平面图	可以从客户处获取含比例尺信息的图纸并确认图纸的完整性，或者到现场实际测量后重新绘制带比例尺信息的图纸
无线网络覆盖区域	确认客户要求的 VIP 区域、普通覆盖区域、简单覆盖区域，对难以覆盖的特殊区域需要采取特殊策略
接入用户数	估计当前无线用户数及未来增长趋势
用户密度	明确无线覆盖区域内的用户密度
接入终端类型	确定无线用户常用的无线终端类型，如智能手机、笔记本电脑、扫码枪等
带宽要求	确认无线网络承载的业务类型和带宽要求，评估用户无线上网所需的平均带宽
覆盖方式	确认客户是否明确要求使用室内放装、室内分布系统或室外覆盖
组网方式	根据当前网络情况决定采用 AC 直连组网方式还是旁挂组网方式
配电方式	确认现场有哪些可以使用的供电区域和设施
交换机位置	确认 WLAN 上行有线网络交换机的位置

2. 无线地勘

无线网络与有线网络的部署有着明显的区别。有线网络的组网设备是相对固定的，部署时主要关注网络的拓扑结构，根据拓扑结构连接和测试网络设备。无线网络的组网设备具有很强的移动性，可以安装在不同的位置。虽然无线网络具有组网灵活、成本低、扩展性强等特点，但也容易受到环境因素的影响。因此，在部署无线网络之前，需要对无线网络的现场环境进行勘察和评价，这个操作称为无线地勘，也称为现场工勘或现场勘察。9.1.3 小节将详细介绍无线地勘的基本概念、方法和流程。

3. 网络规划

网络规划在需求收集和无线地勘后进行。根据收集到的客户需求和无线地勘的结果，一般从网络覆盖范围、网络容量和 AP 布放等几个方面进行设计。无线网络规划包括 WLAN 组网结构、拓扑设计、IP 地址规划及信道规划与设计等内容。9.1.4 小节将详细介绍无线网络规划的具体过程。

4. 安装施工

安装施工是指根据无线网络的具体设计方案，在规划好的位置安装、配置和调试网络设备。在 WLAN 组网过程中，安装 AP 是这一阶段的主要工作。限于篇幅，本书不再展开讨论安装施工的具体规范，感兴趣的读者可以参考相应的工程标准深入学习。

5. 验收测试

安装施工完成后即可进行无线网络的验收测试。这一阶段主要验证施工方交付的无线网络是否满足客户的组网需求。验收测试时往往需要借助专业的测试工具，如华为公司的 CloudCampus。这是一款手机端应用软件，用于无线网络部署后的实际测试验收，集成了场强检测、干扰测试、一键 Wi-Fi 体检、多点验收、漫游测试等功能。限于篇幅，这里不再深入介绍无线网络验收测试的具体方法及相关软件的使用，感兴趣的读者可以查阅相关资料进行深入学习。

9.1.3　无线地勘

无线地勘的主要目的是通过各种手段和方法获取无线网络的实际环境信息，如建筑结构、楼层高度、干扰源、障碍物衰减等，然后配合建筑图纸确定 AP 选型、安装位置和方式、配电走线等详细设计。有时也不严格地将图 9-1 中的需求收集作为无线地勘的内容，这一点请读者注意。

V9-2　无线地勘
工作内容

1. 无线地勘准备工作

（1）无线地勘计划。

勘察人员应提前与勘察站点的业主取得联系，得到业主的勘察许可。在进行无线地勘前，勘察人员需要根据选址原则和设计规范的相关要求制定勘察站点列表和勘察计划。勘察计划应包括实施周期、人员安排、任务安排、保障条件等内容。勘察人员可以从业主处获取勘察站点的建筑设计图，也可以现场测量后手动绘制。若勘察站点设有移动室内分布系统覆盖，还应提前准备现有室内分布系统施工图纸，以便无线地勘时作为馈入方案的参考。

（2）硬件设备。

在进行无线地勘前，勘察人员应准备好勘察所需硬件设备，包括但不限于下列设备。

① 智能移动终端：主要包括便携性较高的智能手机或笔记本电脑等。

② 照相机：为便于了解建筑物结构，勘察时往往需要拍摄现场环境情况。注意：要确认照相机有充足的电量及存储空间，某些情况下还要事先向业主取得拍摄许可。

③ 卷尺或测距仪：主要用于室内场景障碍物及走线距离的测量，或在室外场景测量室外点位挂高，或障碍物之间的距离、场馆长宽等。

④ FAT AP：在室内环境中配合其他工具进行障碍物衰减测试。

⑤ 其他可能需要准备的设备还包括卫星定位仪、增益天线、照明设施及备用电源等。

（3）软件。

无线地勘时经常使用专业的测试软件配合完成现场环境测试。借助这些软件不仅可以测试信号强度及信道使用情况、无线网络稳定程度、模拟多 AP 覆盖效果，还可以记录测试点位置及相关测试数据等。下面列举一些常用的软件测试工具。

① 流量带宽测试软件，如 NetIQ Chariot 等。

② 无线信号扫描软件，如 WirelessMon、NetStumbler 等。

③ 无线测量和分析软件，如 AirMagnet 等。

④ 无线网络抓包软件，如 WildPackets AiroPeek 等。

2. 实施无线地勘

在具体的无线地勘实施过程中，勘察人员一般要完成以下工作。

（1）如果没有现成的建筑平面图，则勘察人员需要根据现场测量结果绘制覆盖区域平面图。

（2）对照建筑平面图标明楼宇的内部结构、材质等信息。

（3）依据建筑平面图与客户确认无线网络覆盖区域，将需要覆盖的区域用不同的颜色标记出来，并将该区域的特殊要求标记在图纸的相应位置。覆盖区域的长度及宽度信息应该在图纸中明确显示。

（4）使用不同颜色标识不同类型的障碍物，着重显示重点障碍物。

（5）确定覆盖区域存在的干扰源。

（6）根据现场情况确定 AP 的可用安装位置，并在图纸中加以标记。

（7）根据现场情况确定天线类型、增益、安装位置、安装方式及天线覆盖方向。选择天线安装位置时应充分考虑覆盖目标区域、减少信号传播阻挡、避开干扰源。应特别注意天线安装所要求的位置与高度是否有安装条件。采用合路馈入现有移动分布系统时，应现场核实现有分布系统的天线是否能够满足 WLAN 覆盖要求。如果不能满足，则需要拟定天线迁移方案并确定新增天线的安装位置和数量。

（8）确定连接 AP 的线缆类型和走线方向。

（9）根据 AP 的安装位置和数量初步确定交换机的安装位置和数量。勘查人员应现场确定连接 AP 和交换机的线缆布放路径。

（10）现场确认其他配套设施信息，如电源系统、防雷、防水、防尘设备等。

为避免勘察人员遗漏信息，在无线地勘前最好制定一张信息采集表供勘察人员参考。以企业办公场景为例，表 9-2 所示为室内场景的常用无线地勘信息采集项。

表 9-2   室内场景的常用无线地勘信息采集项

信息采集项	说明
楼层高度	如存在镂空区域、大厅或者报告厅，则需要使用测距仪测量层高信息并记录
建筑材质及衰减	获取现场建筑材质的厚度及衰减值，如有条件可现场测试衰减
干扰源	检测现场是否有干扰，包括手机热点、非 Wi-Fi 干扰（如蓝牙设备、微波炉等）
新增障碍物	确认现场的结构是否与建筑图纸完全一致，对于不一致的区域要重点标注，并拍摄照片记录
现场照片	全面拍摄现场照片，用于记录勘测信息
AP 选型	根据场景选用室内装 AP 或室内分布式 AP
AP 安装方式和位置	确定是否能吸顶安装。无法吸顶安装时，考虑挂墙安装或面板安装
弱电井位置	在图纸上标注弱电井位置，用于放置交换机
供电走线	在图纸上标注供电走线
特殊要求	记录客户的特殊要求
其他	如有其他信息一并收集并记录

3. 无线地勘结果整理

下面是勘察人员整理勘察结果时的部分注意事项。

（1）对于纸质的勘察结果应尽快电子化，以方便保存、传输和交流。电子文件的命名最好能体现勘察时间、地点和人员。

（2）在现场拍摄的照片应及时导入电脑，并按照统一的规则为照片命名。

（3）使用专门的文件夹保管勘察记录表、勘察照片和建筑图纸。文件夹的命名最好包含勘察时间和地点。

（4）定期汇总整理各个阶段的勘察成果。

9.1.4   网络规划设计

根据收集到的客户需求和无线地勘结果，一般可从网络覆盖、网络容量和 AP 布放等几个方面进行网络规划设计。下面分别介绍每个方面涉及的设计要点。

V9-3   WLAN 网络规划设计

1. 网络覆盖设计

网络覆盖设计是指针对无线网络覆盖的普通区域、简单区域或 VIP 区域进行设计，以保证每个覆盖区域内的信号强度满足特定的用户要求，并解决相邻 AP 间的同频干扰问题。

（1）路径损耗。

网络覆盖设计涉及规划网络覆盖范围和信号强度。AP 通过天线发射无线信号，在天线周围产生无线网络覆盖，信号传输距离越远，信号强度就越弱。通常把天线周边信号强度大于特定阈值的范围称为无线网络覆盖范围。单个 AP 无线信号覆盖范围有限，往往需要部署多个 AP 才能实现完整的网络覆盖。每个 AP 的覆盖范围可以通过数学计算和工具仿真的方式得出合适的结果。在不考虑干扰、线路损耗等因素时，接收信号强度可按照下面的公式计算得出。

接收信号强度=射频发射功率+发射端天线增益-路径损耗-障碍物衰减+接收端天线增益

表 9-3 所示为两种场景下路径损耗（单位为 dB）与信号传输距离（单位为 m）的关系。

表 9-3　两种场景下路径损耗与信号传输距离的关系

室内半开放场景			室外覆盖场景		
传输距离	2.4GHz 路径损耗	5GHz 路径损耗	传输距离	2.4GHz 路径损耗	5GHz 路径损耗
1	50	57	50	76.4	84
2	57.5	66	100	84.2	91.9
5	67.5	78	200	92	99.7
10	75	87	300	96.6	104.2
15	79.4	92.3	500	102.4	110
20	82.5	96	800	107.7	115.4
40	90.1	105.1	1000	110.2	117.9

（2）覆盖设计。

从接收信号强度的计算公式可以看出，提高射频发射功率、发射端天线增益，减少障碍物衰减均能有效增强接收信号强度。但是射频发射功率、发射端天线增益受限于硬件设备和国家法律法规要求，不能无限提升，其取值只能在特定硬件设备和国家法律法规允许的范围内变化。因此，更加切实可行的措施是布放 AP 时尽量避免或减少障碍物的遮挡，以减少障碍物引起的信号衰减。路径损耗则会直接影响 AP 的覆盖范围。

推荐使用华为公司的 WLAN 规划工具 WLAN Planner 进行网络覆盖设计。WLAN Planner能够根据设定的覆盖区域、网络终端容量等信息设计网络规划方案、模拟覆盖区域内的信号强度、输出信号仿真示意图。有关 WLAN Planner 的具体使用方法将在任务 9.2 中详细介绍。

（3）信道规划。

一个 AP 的覆盖范围有限，往往需要部署多个 AP 实现完整的网络覆盖。为避免无线网络出现覆盖盲区，保证用户漫游体验，相邻 AP 间一般需要保留总覆盖范围的 15%～25% 的重叠覆盖区域。为减少重叠区域内的同频干扰，需要为 AP 规划互不干扰的信道或频段。下面从室外和室内两个角度讨论 AP 信道规划的方法。

室外环境一般采用移动蜂窝网络的组网思路规划 AP 信道。蜂窝网络把覆盖区域划分为若干小区域，在每个区域中安装一台 AP，形成形状类似"蜂窝"的结构。蜂窝组网结构不仅可以扩大网络的覆盖范围，还可以提高频谱利用率。使用 2.4GHz 频段时，只要两个信道的编号间隔大于等于5，即可保证彼此之间没有频谱交叠。通常使用 2.4GHz 频段的 1、6、11 信道，如图 9-2（a）所示。5GHz 频段提供了 13 个互不交叠的信道供用户选择，如图 9-2（b）所示。

需要说明的是，图 9-2（b）中并未显示全部的 5GHz 频段信道，其他几个信道仅用于室内环境。

（a）

（b）

图 9-2　室外组网信道规划

室内环境的信道规划要同时考虑水平方向（同楼层）和垂直方向（上下楼层）的相邻 AP 信道冲突。规划信道时应充分利用楼层建筑结构和自然隔断提高空间损耗、降低干扰。采用 2.4GHz 频段和 5GHz 频段的室内组网信道规划分别如图 9-3（a）和图 9-3（b）所示。

楼层	规划信道		
三楼	1	6	11
二楼	11	1	6
一楼	6	11	1

（a）

楼层	规划信道		
三楼	149	153	165
二楼	165	161	157
一楼	153	149	153

（b）

图 9-3　室内组网信道规划

2. 网络容量设计

网络覆盖设计主要关注信号强度和同频干扰的问题，而网络容量设计关注的则是用户体验问题。网络容量设计是指根据不同应用的带宽要求、终端数目、并发率、AP 带点数等数据来设计部署网络所需的 AP 数量，确保无线网络性能可以满足所有终端的上网业务需求。

不同的应用对带宽的要求不一样，如高清视频的带宽要求大于网页浏览。网络容量设计需要根据终端的业务类型合理规划出足够使用的带宽，以免出现带宽不够用或者浪费的情况。必须通过实际调查了解用户常见的应用带宽要求，同时应确认特殊应用和未知应用的带宽要求。表 9-4 所示为典型应用的带宽需求。

表 9-4　典型应用的带宽要求

应用类型	带宽要求
网页浏览	400kbit/s
网页游戏	100kbit/s
在线音乐	400kbit/s
P2P 相关应用（下载）	500kbit/s
P2P 流媒体	200kbit/s
视频服务（标清）	1Mbit/s
视频服务（高清）	2Mbit/s

终端数量是无线网络计划容纳的终端总数，需要用户根据其网络规划提供相对准确的数目。在估算终端数量时，一般以满载人数的 60%～70%进行估算。估算终端数量时还要考虑终端的并发使用情况，即并发率。通常使用终端数量和并发率一起计算同一时间使用网络的平均终端数。针对不同的应用场景，可以使用一些简单的经验方法进行估算。例如，对于教室、图书馆、礼堂等场景，可以基于座位数进行估算，座位数即满载人数；对于学生宿舍等场景，可以按照一个床位 2 台终端（手机+笔记本电脑）进行估算，满载数量即床位数的 2 倍。

3. AP 布放设计

确定网络覆盖和网络容量后，就可以初步确定 AP 的数目和布放位置了，但是还要根据实际情况对 AP 的实际布放位置、布放方式和供电走线进行调整及确认。总体来说，WLAN 可以分为室内覆盖场景和室外覆盖场景。室内覆盖场景布放 AP 有室内放装和室内分布系统两种方式。室外覆盖场景一般只有室外放装方式。

室内分布系统主要采用 2.4GHz 室内合路型大功率 AP，通过合路器将 WLAN 信号馈入现有移动通信室内分布系统的支路末端，各系统信号共用天馈系统（天线向周围空间辐射电磁波的系统）进行覆盖。这种建设方式可使移动通信和 WLAN 共用分布系统基础设施，综合建设投资较小，建设周期短，适用于室内覆盖面积较大，已有或未来需要建设分布系统的场景，如宿舍楼、教学楼、写字楼等。

室外放装的 AP 覆盖方式主要采用 2.4GHz 的室外型大功率 AP，将 AP 或定向天线安装在目标覆盖区域附近的较高位置，如灯杆、建筑物顶端等，向下覆盖目标区域或室内。该方式的特点是部署简单、成本较低，缺点是系统容量较小，一般以信号覆盖为主。室外放装适用于用户较为分散、环境简单的区域，如广场、公园等。安装时应该选择视野开阔的区域，还要做好室外设施的防护措施，包括防水、防雷、防尘等。如果通过室外放装 AP 覆盖室内环境，则一般考虑只穿透一堵墙体为宜。

各场景下 AP 布放原则基本一致，都需要考虑以下几点。

（1）减少无线信号穿越的障碍物数目。如果不能避免穿越，则应尽量垂直穿越墙壁、天花板等障碍物，尤其要注意避免金属障碍物遮挡。

（2）AP 远离干扰源，正面面对网络覆盖区域。

（3）安装美观。对美观性要求较高的区域，可以增加美化罩或安装在非金属天花板内部。

室内放装是指在目标覆盖区域或其附近直接部署 AP，通过 AP 自带天线实现 WLAN 覆盖。室内放装的特点是 AP 部署位置比较灵活、网络容量较高，缺点是工程量较大，后期维护相对复杂。室内放装适用于覆盖区域面积不大，单个 AP 或少量几个 AP 即可覆盖整个区域的场景，如办公室、会议室、咖啡馆等。

任务实施

实验：WLAN 场景化设计——教室

【实验背景】教育行业是信息技术应用的重点领域。教育场景是指学校中学生密集的场所，如教室、报告厅、图书馆、实验室等。该类场景的特点是用户密度大、并发用户数高、突发流量大，用户对网络服务质量比较敏感。本实验以教育场景中最常见的教室为例，简单介绍如何为普通教室和阶梯教室部署 WLAN。

【业务需求】收集到的普通教室和阶梯教室的环境及业务需求如下。

（1）从学校基建办公室获得一张学校建筑平面图。普通教室面积为 40m²，高为 3m。阶梯教室面积为 350m²，高为 4m。

（2）要求实现教室内无线信号全覆盖，无信号死角，满足教师和学生的网络需求。

（3）对覆盖区域内的信号场强要求如下：普通教室-65～-40dBm，阶梯教室大于-75dBm。

（4）普通教室按座位估算满载人数为 50，阶梯教室满载人数为 150。

（5）普通教室和阶梯教室的墙体均为钢筋混凝土材质，厚度为 240mm，内部无隔断。普通教室无吊顶，阶梯教室有吊顶。

（6）普通教室和阶梯教室内部无干扰源。

（7）网络应用以网页浏览、高清视频、电子白板、即时通信为主。普通教室和阶梯教室的单用户带宽需求分别为 2Mbit/s 和 1Mbit/s。

【网络规划】经过无线地勘并结合前期收集到的客户需求，确定该场景对信号覆盖要求高，用户容量大。考虑到安装美观性、隐蔽性及施工便捷性，建议采用室内放装型 AP。该 AP 需支持 2.4GHz 和 5GHz 双频段。其中，5GHz 频段主要用于分摊流量，增加系统总带宽。下面是具体的设计方案。

（1）普通教室。

① 按照每台 AP 覆盖 80 人计算，选择一台挂壁式 AP，安装在教室前侧墙壁上侧。

② 规划使用 2.4GHz 频段的 1、6、11 信道，5GHz 频段使用 149、153、157、161 和 165

等信道，规划方式如图 9-3（a）所示。

③ AP 点位示意如图 9-4（a）所示。

（2）阶梯教室。

① 按照每台 AP 覆盖 80 人计算，选择 2 台吸顶式 AP，安装在天花板下方，间距为 15m。

② 规划使用 2.4GHz 频段的 1、6、11 信道，5GHz 频段使用 149、153、157、161 和 165 等信道，规划方式如图 9-3（b）所示。

③ AP 点位示意如图 9-4（b）所示。

（a）　　　　　　　　　　　　　　　　　（b）

图 9-4　AP 点位示意

 拓展知识

常见障碍物信号衰减值

无线网络环境中的障碍物会导致无线信号强度减弱，影响无线网络的覆盖范围。在进行无线网络规划时应考虑障碍物的影响。表 9-5 所示为不同障碍物衰减值的经验数据，准确的衰减值建议以无线地勘的测试结果为准。

表 9-5　不同障碍物衰减值的经验数据

障碍物类型	厚度/mm	2.4GHz 信号衰减/dB	5GHz 信号衰减/dB
普通砖墙	120	10	20
加厚砖墙	240	15	25
混凝土	240	25	30
石棉	8	3	4
泡沫板	8	3	4
空心木门	20	2	3
普通木门	40	3	4
实木门	40	10	15
普通玻璃	8	4	7
加厚玻璃	12	8	10
防弹玻璃	30	25	35
承重柱	500	25	30
卷帘门	10	15	20
钢板	80	30	35
电梯	80	30	35
绝缘边界	1000	100	100

🗂 拓展实训

WLAN 规划是指根据用户需求和无线地勘结果制定网络设计方案，包括网络覆盖设计、网络容量设计和 AP 布放设计等内容。WLAN 规划是 WLAN 建设过程的关键阶段。请读者按照要求完成下面的实训内容。

【实训目的】

（1）了解 WLAN 建设流程。

（2）熟悉 WLAN 规划的主要内容。

（3）熟悉无线地勘的主要内容和流程。

（4）熟悉 WLAN 规划的基本原则和方法。

【实训内容】

（1）通过查阅资料了解教育场景 WLAN 的常见业务类型及挑战。

（2）收集教育场景中图书馆的无线网络业务需求。

（3）通过无线地勘确定图书馆某一楼层的具体环境。

（4）确定某图书馆的网络覆盖区域、容量和信号强度要求。

（5）根据客户需求和无线地勘结果确定 AP 选型、数量和覆盖方式。

（6）确定 AP 点位、走线和供电方式等信息。

任务 9.2 学习 WLAN 规划工具

🗂 任务陈述

为了解决 WLAN 建设过程中覆盖设备数量计算困难、效率低下、准确性差、前期投入及后期维护成本高等问题，华为公司推出了一款网页版 WLAN 规划工具——WLAN Planner。借助 WLAN Planner 提供的现场环境规划、AP 布放、网络信号仿真和报告管理等功能，网络工程人员能够提高 WLAN 规划的准确性，提高工作效率。本任务重点介绍 WLAN Planner 的主要功能和使用方法。

🗂 知识准备

9.2.1 WLAN Planner 简介

随着 WLAN 技术的日益普及，政府、企业、金融、教育等行业不断加大对 WLAN 建设的投入，以满足用户随时随地的高质量移动上网需求。虽然 WLAN 相对于有线网络具有移动性好、覆盖范围广和扩展性强等特点，但 WLAN 的建设环境更加复杂，建设难度更大。这给 WLAN 建设者提出了一定的挑战。

V9-4 WLAN Planner 简介

"工欲善其事，必先利其器"。为了提高 WLAN 规划的准确性，提高网络工程人员的工作效率，华为公司推出了一款网页版 WLAN 规划工具——WLAN Planner。WLAN Planner 具有以下几个特点。

① 免安装、免升级。WLAN Planner 承载于华为 ServiceTurbo Cloud 企业服务工具云平台，用户在浏览器中登录特定网页即可使用该工具，可节省下载、安装及升级软件的时间。

② 免许可。WLAN Planner 是一款免费的在线网络规划工具，无须向华为公司支付任何许可

费用，注册一个华为 Uniportal 账号即可登录使用。

③ 全场景。WLAN Planner 支持全场景的 WLAN 规划，包括室内、室外及其他各种高密度 WLAN 环境。

④ 高质量。WLAN Planner 依托 ServiceTurbo Cloud 平台的强大能力，可支持上万个 WLAN 规划项目，具有极高的交付成功率。

⑤ 高效率。WLAN Planner 相比于传统单机版网络规划工具，WLAN Planner 在仿真效率上提升了约一倍，制图效率提升了约 3 倍。

WLAN Planner 能够有力支撑 WLAN 规划任务。下面先简单介绍 WLAN Planner 的主要功能，具体使用方法在本任务的"任务实施"部分将会详细演示。

① 网络环境绘制。网络工程人员可以在 WLAN Planner 中绘制建筑物平面图及各种障碍物，包括墙体和门窗等，还可以指定信号覆盖区域和盲区。

② AP 布放。根据建筑平面图和信号覆盖要求，WLAN Planner 能够自动计算 AP 的数量和点位，也可以根据需要手动选择 AP 点位以调整信号覆盖范围。

③ 无线信号仿真。WLAN Planner 能够根据 AP 点位进行无线信号仿真，方便网络工程人员了解不同区域的信号强度。

④ 报告管理。WLAN Planner 能够检查网络规划结果，警示低级的网络规划问题，导出各种网络规划报告。

9.2.2 WLAN Planner 使用流程

首次使用 WLAN Planner 时需要在 ServiceTurbo Cloud 平台注册一个华为 Uniportal 账号。如果已有华为 Uniportal 账号，则输入账号和密码即可进入 ServiceTurbo Cloud 平台，登录 ServiceTurbo Cloud 平台如图 9-5 所示。

图 9-5　登录 ServiceTurbo Cloud 平台

登录成功后，在工具应用市场中搜索 WLAN Planner，如图 9-6（a）所示。图 9-6（b）所示为其搜索结果。

（a）

（b）

图 9-6　搜索 WLAN Planner

单击工具链接进入 WLAN Planner 入口页面，如图 9-7 所示。单击"运行"按钮，在进入的信息提示页面中选择同意"客户网络数据安全管理规范"，即可进入 WLAN Planner 工作环境，如图 9-8 所示。

图 9-7　WLAN Planner 入口页面

图 9-8　WLAN Planner 工作环境

使用 WLAN Planner 规划无线网络时必须以项目或工程的形式进行。在图 9-8 所示的页面中输入必要的项目信息，包括项目名称、项目经理和国家/地区等，单击"确认"按钮后开始进行 WLAN 规划，WLAN Planner 工作页面如图 9-9 所示。在 WLAN Planner 中进行网络规划时基本按照环境设置、区域设置、设备布放、信号仿真和导出报告的顺序进行。在本任务的"任务实施"部分将通过一个实际案例演示 WLAN Planner 的使用方法。

图 9-9　WLAN Planner 工作页面

任务实施

实验：使用 WLAN Planner 网络规划工具

【实验背景】某企业为了改善员工的办公环境，准备对办公区进行无线网络覆盖。对于部分已安装有线信息点的办公室利旧在原有线网络基础上部署无线网络，要求在使用有线网络的同时能使用无线网络。该企业要求实现除洗手间外的办公区域无线网络全覆盖。

【业务需求】

（1）建筑平面图。

该企业楼层的建筑平面图如图 9-10 所示。

（2）建筑现场情况。

① 该楼层的楼宇无吊顶，原有室内外强电布线均采 PVC 线槽敷设。

② 内墙净高为 300cm，梁高为 50cm。

③ 门宽为 90cm，高度为 200cm。

④ 窗户宽度为 90cm，高度为 150cm。

（3）办公室情况。

部分办公室之前已部署有线网络，有线网络全部采用暗埋施工，网络信息点位置如图 9-10 所示。企业允许本次项目实施利用有线信息点部署无线网络。如果要新安装线槽或线管，则要求工程施工不能破坏原有室内装饰。

（4）建筑物弱电间情况。

该楼层目前没有独立的弱电间，从管理处得知，弱电间的安装位置位于 107 房间外侧处（走廊），安装方式为壁挂式。

图 9-10　该企业楼层的建筑平面图

【实验要求】根据提供的建筑平面图和业务需求进行 AP 的规划与设计，通过 WLAN Planner 工具进行 AP 点位设计和无线信号仿真，确保重点覆盖办公室、会议室。进一步做无线信道规划，并输出无线 AP 点位示意图、无线热图和网络设备清单。

【实验步骤】下面是具体的实验步骤。

第 1 步, 进入工程后默认位于"环境设置"工作区。单击其左上角的"新增楼栋"图标, 选择"室内"场景, 输入楼栋名称并导入建筑平面图, 如图 9-11 所示。单击"确定"按钮, 完成楼栋新增。

图 9-11 新增楼栋

第 2 步, 设置建筑平面图比例尺。在平面图中选择一定长度的墙体, 在弹出的"设置比例尺"对话框中设置实际长度并指定单位, 如图 9-12 所示。单击"确定"按钮, 完成比例尺设置。

图 9-12 设置建筑平面图比例尺

第 3 步, 在图 9-12 所示的页面中, 单击其右上角的"自动识别"按钮, WLAN Planner 会自动识别建筑平面图中的障碍物。如果自动识别的结果不准确, 则可以手工调整。本实验中, 自动识别障碍物的结果如图 9-13 所示。如果事先没有建筑平面图, 则可以在这里选择各种类型的障碍物手动进行绘制。

注意 手动绘制障碍物时可以通过使用一些小技巧来提高绘制效率。

　① 滑动鼠标滚轮可放大或缩小图纸。

　② 按住空格键并移动鼠标指针可移动图纸。

　③ 按住 Shift 键可画出直线。

　④ 按 Ctrl+Z 组合键可撤销操作。

图 9-13　自动识别障碍物的结果

　　第 4 步，单击"区域设置"标签，设置无线网络的覆盖范围、AP 布放范围、信号强度、业务需求和并发率等。首先绘制覆盖区域，方法是在"类型"组中选择"覆盖区域"选项，或者在"区域类型选择"下拉列表框中选择"覆盖区域"选项。单击该页面右上角的"自动识别"按钮，利用 WLAN Planner 的自动识别功能根据最外圈障碍物自动绘制闭合区域。也可以根据覆盖区域的形状（多边形或矩形）手动绘制覆盖区域。针对每个覆盖区域，可以设置其覆盖类型（VIP 覆盖、普通覆盖、简单覆盖）、并发率、终端情况等信息。使用同样的方法绘制 AP 布放区域，区域绘制结果如图 9-14 所示。

图 9-14　区域绘制结果

　　第 5 步，单击"设备布放"标签，设置 AP 点位、信道和功率。完成覆盖区域和 AP 布放区域的设置后，可以选择"布放方式"组中的"自动布放 AP"功能自动布放 AP，并按照自动布放配置步骤逐步操作，如图 9-15 所示。自动布放 AP 包括区域选择、AP 选型、信道设置和功率设置 4个步骤。可以对自动布放的结果进行调整，如选择其他类型的 AP、重新设置 AP 点位、计算信道和优化功率等。图 9-16 所示为对自动布放结果进行调整之后的 AP 点位图。

> **注意**　双击 AP 图标或者通过其右键"属性"菜单弹出 AP 属性对话框，可以在其中编辑 AP 属性，如款型、图标颜色、天线、信道和功率等。

图 9-15　自动布放 AP

图 9-16　对自动布放结果进行调整之后的 AP 点位图

第 6 步，单击"信号仿真"标签，选择右侧工具栏中的"打开仿真图"选项进行无线信号仿真，如图 9-17 所示。WLAN Planner 支持射线追踪和自由衰减两种仿真算法，前者的运算耗时更长。拖动工具栏下方的信号强度条可以调整信号仿真图显示的数据范围。

图 9-17　无线信号仿真

> **注意** 可以选择一个或多个 **AP** 并右键单击，在弹出的快捷菜单中选择"仿真"选项，进行局部仿真。

第 7 步，单击"导出报告"标签，可以导出网规报告、物料清单和漫游报告，如图 9-18 所示。WLAN Planner 还支持 3D 仿真功能，使用该功能可以评估网络规划是否合理及模拟漫游效果。3D 仿真功能的具体用法这里不再演示。

图 9-18　导出报告

拓展知识

WLAN Planner 工具常见问题及解答

WLAN Planner 是一款功能强大的 WLAN 规划工具，可以提高网络工程人员的工作效率。下面列举一些关于 WLAN Planner 的常见问题及处理方法。

（1）问题：导入 CAD 图纸后线条很粗。

解答：WLAN Planner 默认读取 CAD 图纸内部的比例尺。出现这个问题通常是因为图纸内部的比例尺太大，需要通过"调整清晰度"功能进行手动调整。

（2）问题：如何自动识别 CAD 图纸中的障碍物。

解答：只有在 CAD 图纸解析后的界面中才可以进行识别，图纸上传后只能进行手动绘制。

（3）问题：绘制障碍物、区域时如何操作图纸。

解答：滚动鼠标滚轮可以放大或缩小图像。长按空格键，图纸会跟随鼠标指针移动。

（4）问题：无法导出 CAD 图纸。

解答：只有当导入图纸是 CAD 图纸时，才可以导出 CAD 格式的报告。

（5）问题：不能自动布放 AP。

解答：自动布放 AP 需要满足几个条件，即在室内场景中、选择室内全向天线型的 AP，并且覆盖区域或楼层中存在多个障碍物。

（6）问题：新建项目后不能马上进行网络规划。

解答：新建项目后需要新增楼栋和楼层、导入图纸，此后才可以进行网络规划。

拓展实训

WLAN Planner 是一款功能强大的网页版 WLAN 规划工具，使用 WLAN Planner 可以提高网络规划的准确性、提高工作效率。请读者按照要求完成下面的实训内容。

【实训目的】

（1）了解 WLAN 规划的流程。

（2）了解 WLAN Planner 的功能和特点。

（3）熟悉 WLAN Planner 的使用方法。

【实训内容】

（1）在 WLAN Planner 中新建一个工程项目，设置必要的项目信息。

（2）为项目添加楼栋，导入工程图纸，设置图纸比例尺。

（3）自动识别图纸中的障碍物，根据图纸的标识添加相应的门、窗等障碍物。

（4）设置无线网络覆盖区域和 AP 布放区域。

（5）手动布放 AP，设置 AP 信道和功率。

（6）进行无线信号仿真，调整仿真示意图的数据显示范围。

（7）导出信号仿真报告。

项目小结

网络规划是无线网络建设过程的关键阶段。本项目重点介绍了如何进行 WLAN 规划。首先，任务 9.1 介绍了 WLAN 规划的基本概念及流程。WLAN 规划重点解决的是网络覆盖范围、网络容量、网络服务质量等问题，目标是在覆盖范围、容量、质量和成本等方面达到平衡。其次，任务 9.1 详细介绍了无线地勘的实施流程。无线地勘的主要目的是获取无线网络的实际环境信息以方便后续的网络设计。最后，任务 9.1 详细介绍了 WLAN 规划的主要内容，包括网络覆盖设计、网络容量设计和 AP 布放设计。任务 9.2 主要讲述了 WLAN Planner 工具的功能和特点，以及使用 WLAN Planner 进行网络规划的方法和步骤。WLAN Planner 是一款功能强大的网络规划工具，能够提高 WLAN 规划的准确性和网络工程人员的工作效率。在实施 WLAN 规划时，网络工程人员应学会使用 WLAN Planner 或其他类似工具辅助工作。

项目练习题

1. 选择题

（1）下列不属于无线网络建设流程的是（　　）。

  A. 需求收集   B. 网络规划   C. 安装施工   D. 安装应用

（2）下列关于 WLAN 规划的说法中，不正确的一项是（　　）。

  A. 网络规划是网络建设过程的关键阶段

  B. 网络规划主要关注网络设备的配置和调试

  C. 网络规划在很大程度上决定了网络的服务质量和用户满意度

  D. 合理的网络规划可以节省网络投资成本和网络建成后的运营成本

（3）（　　）不是网络规划的关注点。

  A. 无线地勘   B. AP 选型及部署

  C. 信号强度和覆盖范围   D. 无线信号干扰

（4）下列关于无线地勘的说法中，不正确的一项是（　　　）。

A. 无线地勘的主要目的是获取无线网络的实际环境信息

B. 无线地勘为网络规划提供了必要的基础环境信息

C. 可以不受限制地拍摄勘察现场的照片

D. 无线地勘一般要借助特定的软件和硬件

（5）（　　　）不是无线地勘的内容。

A. 获取环境现场建筑平面图 　　　　　　B. 确定障碍物的类型和位置

C. 确定覆盖区域存在的干扰源 　　　　　D. 确定 AP 的信道和功率

（6）（　　　）不是 WLAN Planner 的特点。

A. 免安装、免升级 　　　　　　　　　　B. 收费

C. 全场景 　　　　　　　　　　　　　　D. 高质量、高效率

2. 填空题

（1）无线网络建设包括_____、_____、_____、_____和_____等阶段。

（2）_____决定了网络系统的投资规模、基本架构和服务质量。

（3）网络建设需求收集的内容包括_____、_____、_____和_____等。

（4）在部署无线网络之前对无线网络的现场环境进行勘察和评价，称为_____。

（5）网络规划一般从_____、_____和_____等几个方面进行设计。

（6）无线地勘采集的信息包括_____、_____、_____和_____等。

（7）在 2.4GHz 频段中规划 AP 信道时，一般使用_____、_____和_____这 3个信道。

（8）在室外环境中一般采用_____的组网思路规划 AP 信道。

（9）网络覆盖设计主要关注_____和_____问题，而网络容量设计关注的则是_____问题。

（10）WLAN 可以分为_____和_____两种覆盖场景。

（11）WLAN 室内覆盖场景布放 AP 有_____和_____两种方式。

（12）WLAN Planner 的特点包括_____、_____、_____和_____。

3. 简答题

（1）简述 WLAN 规划的主要内容。

（2）简述无线网络的建设流程。

（3）简述无线地勘的主要内容。

（4）简述 AP 布放的基本原则。

（5）简述 WLAN Planner 的主要功能。